从零开始学技术—土建工程系列

建筑电工

孟文璐　主编

中国铁道出版社

2012年·北　京

内容提要

本书是按住房和城乡建设部、劳动和社会保障部发布的《职业技能标准》和《职业技能岗位鉴定规范》的内容，结合农民工实际情况，将农民工的理论知识和技能知识编成知识点的形式，系统地介绍了电缆线路、电气照明器具、电梯电气装置施工、电气设备、防雷及接地装置、线路敷设、母线装置及施工现场安全用电技术等。本书技术内容最新、最实用，文字通俗易懂，语言生动，并辅以大量直观的图表，能满足不同文化层次的技术工人和读者的需要。

本书可作为建筑业农民工职业技能培训教材，也可供建筑工人自学以及高职、中职学生参考使用。

图书在版编目(CIP)数据

建筑电工 / 孟文璐主编. — 北京：中国铁道出版社，2012.6
(从零开始学技术. 土建工程系列)
ISBN 978-7-113-13916-2

Ⅰ. ①建…　Ⅱ. ①孟…　Ⅲ. ①建筑工程—电工—基本知识　Ⅳ. ①TU85

中国版本图书馆 CIP 数据核字(2011)第 238231 号

书　　名：从零开始学技术—土建工程系列
建筑电工
作　　者：孟文璐

策划编辑：江新锡
责任编辑：徐　艳　　**电话**：010－51873193
助理编辑：董苗苗
封面设计：郑春鹏
责任校对：王　杰
责任印制：郭向伟

出版发行：中国铁道出版社(100054，北京市西城区右安门西街 8 号)
网　　址：http://www.tdpress.com
印　　刷：化学工业出版社印刷厂
版　　次：2012 年 6 月第 1 版　2012 年 6 月第 1 次印刷
开　　本：850mm×1168mm　1/32　印张：9.25　字数：237 千
书　　号：ISBN 978-7-113-13916-2
定　　价：24.00 元

从零开始学技术丛书
编写委员会

前　言

随着我国经济建设飞速发展，城乡建设规模日益扩大，建筑施工队伍不断增加，建筑工程基层施工人员肩负着重要的施工职责，是他们依据图纸上的建筑线条和数据，一砖一瓦地建成实实在在的建筑空间，他们技术水平的高低，直接关系到工程项目施工的质量和效率，关系到建筑物的经济和社会效益，关系到使用者的生命和财产安全，关系到企业的信誉、前途和发展。

建筑业是吸纳农村劳动力转移就业的主要行业，是农民工的用工主体，也是示范工程的实施主体。按照党中央和国务院的部署，要加大农民工的培训力度。通过开展示范工程，让企业和农民工成为最直接的受益者。

丛书结合原建设部、劳动和社会保障部发布的《职业技能标准》和《职业技能岗位鉴定规范》，以实现全面提高建设领域职工队伍整体素质，加快培养具有熟练操作技能的技术工人，尤其是加快提高建筑业基层施工人员职业技能水平，保证建筑工程质量和安全，促进广大基层施工人员就业为目标，按照国家职业资格等级划分要求，结合农民工实际情况，具体以“职业资格五级(初级工)”、“职业资格四级(中级工)”和“职业资格三级(高级工)”为重点而编写，是专为建筑业基层施工人员“量身订制”的一套培训教材。

同时，本套教材不仅涵盖了先进、成熟、实用的建筑工程施工技术，还包括了现代新材料、新技术、新工艺和环境、职业健康安全、节能环保等方面的知识，力求做到技术内容先进、实用，文字通俗易懂，语言生动，并辅以大量直观的图表，能满足不同文化层次的技术工人和读者的需要。

本丛书在编写上充分考虑了施工人员的知识需求，形象具体地阐述施工的要点及基本方法，以使读者从理论知识和技能知识两方面掌握关键点。全面介绍了施工人员在施工现场所应具备的技术及其操作岗位的基本要求，使刚入行的施工人员与上岗“零距离”接口，尽快入门，尽快地从一个新手转变成为一个技术高手。

从零开始学技术丛书共分三大系列，包括：土建工程、建筑安装工程、建筑装饰装修工程。

土建工程系列包括：

《测量放线工》、《架子工》、《混凝土工》、《钢筋工》、《油漆工》、《砌筑工》、《建筑电工》、《防水工》、《木工》、《抹灰工》、《中小型建筑机械操作工》。

建筑安装工程系列包括：

《电焊工》、《工程电气设备安装调试工》、《管道工》、《安装起重工》、《通风工》。

建筑装饰装修工程系列包括：

《镶贴工》、《装饰装修木工》、《金属工》、《涂裱工》、《幕墙制作工》、《幕墙安装工》。

本丛书编写特点：

(1)丛书内容以读者的理论知识和技能知识为主线，通过将理论知识和技能知识分篇，再将知识点按照【技能要点】的编写手法，读者将能够清楚、明了地掌握所需要的知识点，操作技能有所提高。

(2)以图表形式为主。丛书文字内容尽量以表格形式表现为主，内容简洁、明了，便于读者掌握。书中附有读者应知应会的图形内容。

编者

2012年3月

目　录

第一章　电缆线路

第一节　电缆桥架安装和桥架内电缆敷设

【技能要点 1】一般规定

由支、吊、托架支撑的托盘(槽)或梯架直线段、弯通非直线段组合而成,敷设电缆具有连续性的刚性结构系统,为电缆桥架。电缆桥架如图 1—1 所示。

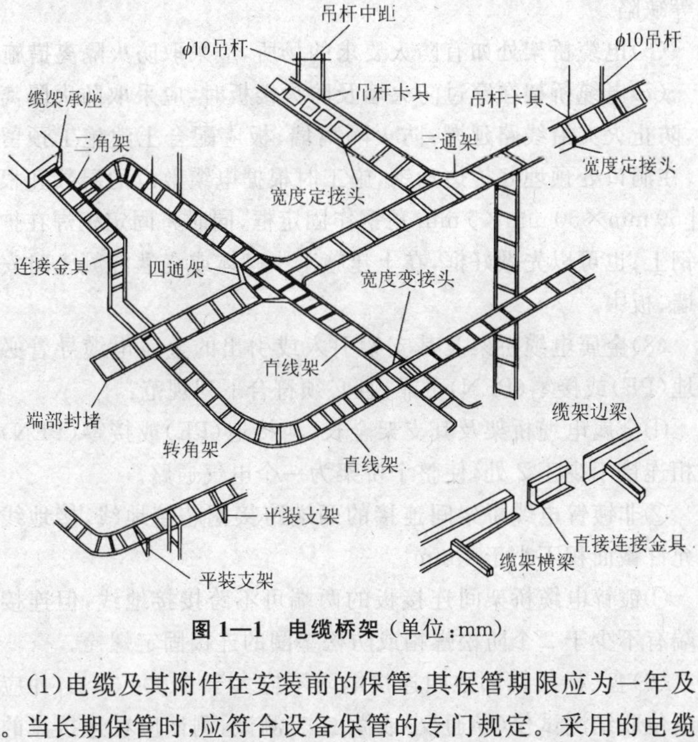

图 1—1　电缆桥架(单位:mm)

(1)电缆及其附件在安装前的保管,其保管期限应为一年及以下。当长期保管时,应符合设备保管的专门规定。采用的电缆及附件均应符合国家现行技术标准的规定,并应有合格证件,设备应有铭牌。电缆及其附件安装用的钢制紧固件，除地脚螺栓外，应用热镀锌制品。对有抗干扰要求的电缆线路，应按设计要求采取抗干扰措施。

(2)金属电缆桥架及其支架和引入或引出的金属电缆导管必须接地(PE)或接零(PEN)可靠。金属电缆桥架及支架全长应不少于2处与接地(PE)或接零(PEN)干线相连接。

(3)非镀锌电缆桥架间连接板的两端跨接线铜芯接地线，接地线最小允许截面积不小于4 mm^2。

(4)镀锌电缆桥架间连接板的两端不跨接接地线，但连接板两端不少于2个有防松螺帽或防松垫圈的连接固定螺栓。

(5)电缆敷设严禁有绞拧、铠装压扁、护层断裂和表面严重划伤等缺陷。

(6)电缆桥架处如有防火要求的场所，应采取防火隔离措施。

(7)电缆桥架在穿过防火墙及防火楼板时，应采取防火隔离措施，防止火灾沿线路延燃；防火隔离墙、板应配合土建施工预留洞口，在洞口处预埋好护边角钢，施工时根据电缆敷设的层数和根数用∟50 mm×50 mm×5 mm角钢作固定框，同时将固定柜焊在护边角钢上；也可以先做好框，在土建施工中砌体或浇灌混凝土时安装在墙、板中。

(8)金属电缆桥架及其支架引入或引出的金属电缆导管必须接地(PE)或接零(PEN)可靠，且必须符合下列规范：

①金属电缆桥架及其支架全长，与接地(PE)或接零(PEN)干线相连接不少于2处，使整个桥架为一个电气通路。

②非镀锌电缆桥架间连接的两端跨接铜芯接地线，接地线最小允许截面积不小于4 mm^2。

③镀锌电缆桥架间连接板的两端可不跨接接地线，但连接板两端有不少于2个防松螺帽或防松垫圈的连接固定螺栓。

(9)盘、梯架端部之间连接电阻不应大于0.000 33 Ω，并应用等电位联结测试仪(导通仪)或微Ω表测试，测试应在连接点的两侧进行，对整个桥架全长的两端连接电阻不应大于0.5 Ω或由设计决定，否则应增加接地点，以满足要求。接地孔应消除涂层，与涂层接触的螺栓有一侧的平垫应使用带爪的专用接地垫圈。

(10)伸缩缝或软连接处需采用编织铜线连接。沿桥架全长另敷设接地干线时，每段(包括非直线段)托盘、梯架应至少有一点与接地干线可靠连接；在接地部位的连接处应装置弹簧垫圈，以免松动。

(11)托盘、梯架直线段，可按单件标准长度选择。单件标准长度一般规定为 2、3、4、6 m。托盘、梯架的宽度与高度常用规格尺寸见表 1—1。各类弯通及附件规格应适合工程布置条件，并与托盘、梯架配套。支、吊架规格应按托盘、梯架规格层数、跨距等条件配置选择，并应满足荷载的要求。

表 1—1　钢制托盘、梯架常用规格表

高度(mm) \ 宽度(mm)	40	50	60	70	75	100	150	200
100	△	△	△	△				
200	△	△	△	△	△	△		
300	△	△	△	△	△	△		
400		△	△	△	△	△	△	
500			△	△	△	△	△	
600				△	△	△	△	
800					△	△	△	
1 000						△	△	
1 200							△	

注：符号△表示常用规格。

(12)电缆桥架应敷设在易燃易爆气体管和热力管道的下方，当设计无要求时，与管道的最小净距应符合表 1—2 的规定。

表 1—2 与管道的最小净距 (单位:m)

管道类别		平行净距	交叉净距
一般工艺管道		0.4	0.3
易燃易爆气体管道		0.5	0.5
热力管道	有保温层	0.5	0.3
	无保温层	1.0	0.5

【技能要点 2】电缆管的加工及敷设

(1)电缆管不应有穿孔、裂缝和显著的凹凸不平等现象,内壁应光滑;金属电缆管不应有严重锈蚀。硬质塑料管不得用在温度过高或过低的场所。

在易受机械损伤的地方和在受力较大处直埋时,应采用足够强度的管材。

(2)电缆管的加工应符合下列要求:

①管口应无毛刺和尖锐棱角,管口宜做成喇叭形。

②电缆管在弯制后,不应有裂缝和显著的凹瘪现象,其弯扁程度不宜大于管子外径的 10%;电缆管的弯曲半径不应小于所穿入电缆的最小允许弯曲半径。

③金属电缆管应在外表涂防腐漆或涂沥青,镀锌管锌层剥落处也应涂以防腐漆。

(3)电缆管的内径与电缆外径之比不得小于 1.5;混凝土管、陶土管、石棉水泥管除应满足上述要求外,其内径尚不宜小于 100 mm。

(4)每根电缆管的弯头不应超过 3 个,直角弯不应超过 2 个。

(5)电缆管明敷时应符合下列要求:

①电缆管应安装牢固;电缆管支持点间的距离,当设计无规定时,不宜超过 3 m。

②当塑料管的直线长度超过 30 m 时,宜加装伸缩节。

(5)电缆管的连接应符合下列要求:

①金属电缆管连接应牢固,密封应良好,两管口应对准。套接

的短套管或带螺纹的管接头的长度，不应小于电缆管外径的 2.2 倍。金属电缆管不宜直接对焊。

②硬质塑料管在套接或插接时，其插入深度宜为管子内径的 1.1～1.8 倍。在插接面上应涂以胶合剂粘牢密封；采用套接时套管两端应封焊。

(6)引至设备的电缆管管口位置，应便于与设备连接，并列敷设的电缆管管口应排列整齐。

(7)利用电缆的保护钢管作接地线时，应先焊好接地线；有螺纹的管接头处，应用跳线焊接，再敷设电缆。

(8)敷设混凝土、陶土、石棉水泥等电缆管时，其地基应坚实、平整，不应有沉陷。电缆管的敷设应符合下列要求：

①电缆管的埋设深度不应小于 0.7 m；在人行道下面敷设时，不应小于 0.5 m。

②电缆管应有不小于 0.1％的排水坡度。

③电缆管连接时，管孔应对准，接缝应严密，不得有地下水和泥浆渗入。

【技能要点 3】电缆桥架安装施工

电缆桥架安装前，应根据施工图确定始端到终端位置，沿图纸标定走向，找好水平、垂直、弯通，用粉线袋或画线沿桥架走向在墙壁、顶棚、地面、梁、板、柱等处弹线或画线，并均匀挡距画出支、吊、托架位置。

【技能要点 4】电缆桥架内电缆敷设施工

1. 电缆存放和二次搬运

(1)在运输装卸过程中，不应使电缆及电缆盘受到损伤。严禁将电缆盘直接由车上推下。电缆盘不应平放运输、平放贮存。

(2)运输或滚动电缆盘前，必须保证电缆盘牢固，电缆绕紧。充油电缆至压力油箱间的油管应固定，不得损伤。压力油箱应牢固，压力指示应符合要求。

滚动时必须顺着电缆盘上的箭头指示或电缆的缠紧方向。

(3)电缆及其附件到达现场后,应按下列要求及时进行检查:

①产品的技术文件应齐全。

②电缆型号、规格、长度应符合订货要求,附件应齐全;电缆外观不应受损。

③电缆封端应严密。当外观检查有疑问时,应进行受潮判断或试验。

④充油电缆的压力油箱、油管、阀门和压力表应符合要求且完好无损。

(4)电缆及其有关材料如不立即安装,应按下列要求贮存:

①电缆应集中分类存放,并应标明型号、电压、规格和长度。电缆盘之间应有通道。地基应坚实,当受条件限制时,盘下应加垫,存放处不得积水。

②电缆终端瓷套在贮存时,应有防止受机械损伤的措施。

③电缆附件的绝缘材料的防潮包装应密封良好,并应根据材料性能和保管要求贮存和保管。

④防火涂料、包带、堵料等防火材料,应根据材料性能和保管要求贮存和保管。

⑤电缆桥架应分类保管,不得因受力变形。

(5)电缆在保管期间,电缆盘及其包装应完好,标志应齐全,封端应严密。当有缺陷时,应及时处理。

充油电缆应经常检查油压,并做记录,油压不得降至最低值。当油压降至零或出现真空时,应及时处理。

2. 将电缆盘置入放线架

(1)将电缆盘滚到敷设电缆放线架前,滚动时应按电缆盘上所标箭头方向滚动,防止电缆松脱而混绞在一起。

(2)在滚动电缆盘前,应清理道路,道路应平整,无石块、砖头等硬物,道路如松软应铺装木板等,防止陷落,损伤电缆。

(3)电缆盘上的护板应齐全;当护板不齐全时,电缆外层应与地面保持 100 mm 及以上的距离,而且路面应平整才能滚动。

(4)将电缆滚至预定地点,将钢轴穿入线盘轴中,钢轴的强度和长度应与电缆线盘重量和宽度相适应，使线盘能活动自如。钢轴穿好后可用吊车吊上放线架；如无吊车可用千斤顶将线盘顶起架设在放线架。

(5)电缆盘放入支架距地面高度应为 50～100 mm，能自由转动并使钢轴保持平衡，防止线盘在转动时向一端移动，放电缆时，电缆端头应从线盘的上端放出。

3. 电缆敷设

(1)电缆敷设前应按设计和实际路径计算出每根电缆的长度，尽量减少电缆接头、合理使用每盘电缆。在放电缆一根电缆不够时，需有中间接头，应避开道路交叉处、建筑物的大门口和各种管道交叉处。在有多条电缆并列敷设时，电缆接头的位置必须错开，并不得少于 2 m，以保安全或方便以后检修。

(2)人工拉引敷设采用人力敷设电缆，应根据路径的长短组织劳力沿电缆敷设处走动，并以人力和滚轮相结合的方法拉引，如图 1—2 所示。人工拉引应注意人力分布要均匀合理，负荷适当，统一指挥。电缆施放中，电缆盘两侧须有负责转盘与刹盘滚动的专业人员，为避免电缆受拖拉损伤，电缆一定要放在滚轮上，拉引的速度应均匀适当。

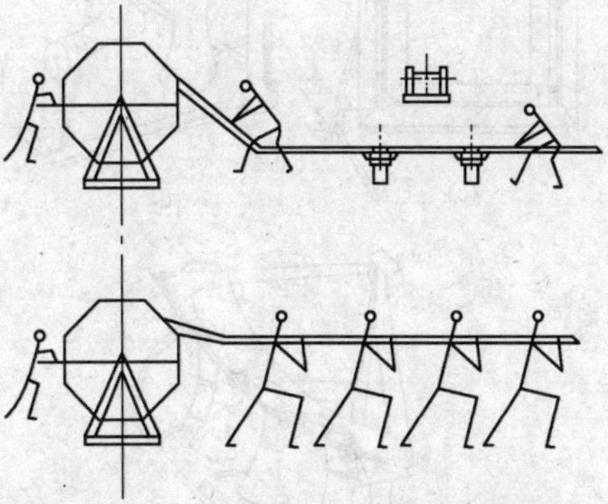

图 1—2　人工拉引电缆示意图

4. 机械牵引

主要牵引由机械来提供，大多由卷扬机组成，如图 1—3 所示。

目前有专用电缆牵引机，也可采用人工绞磨牵引。为保护电缆应装有测量拉力的装置，防止电缆不受拉力过大而损伤。当牵引机械拉到设置的电缆抗拉能力，可自行脱落，有条件的应装有测量敷设长度的测量装置。机械牵引应配合各种型式的滚轮，如图 1—4 所示，防止牵引时与地面磨擦而损坏。

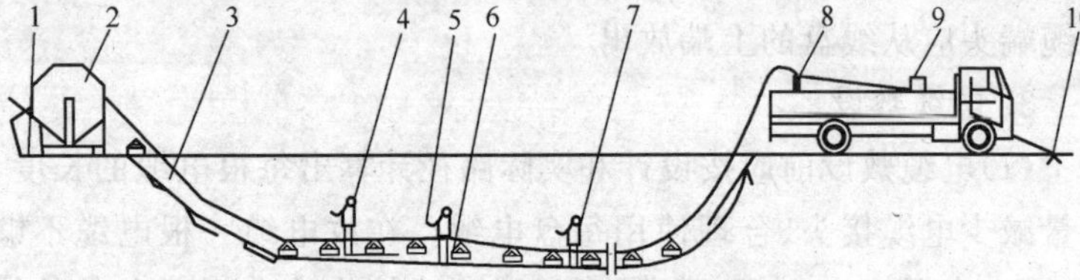

图 1—3　电缆机械牵引示意图

1—制动；2—电缆盘；3—电缆；4—滚轮监视人；5—牵引头监视人；6—防捻器；7—关轮监视人；8—张力计；9—卷扬机；10—锚碇装置

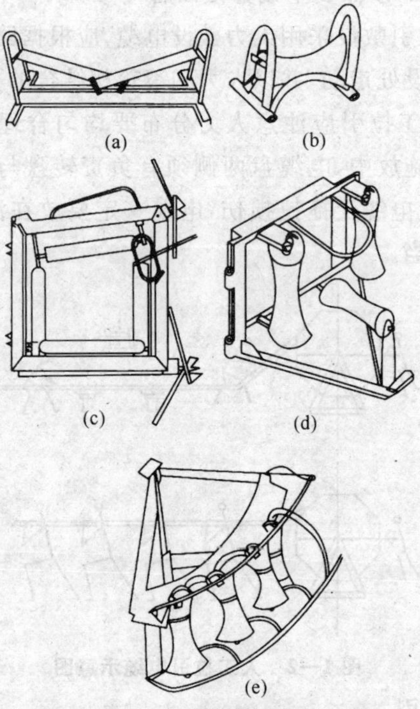

图 1—4　电缆敷设用的各种滚轮

5. 桥架内电缆敷设

桥架内电缆水平敷设:应将电缆按排列图敷设,单层摆放,排列整齐,不得交叉,拐弯处应以最大截面电缆弯曲半径为准。不同等级电压的电缆应分层敷设,高压电缆应敷设在最上层。同等电压的电缆沿桥架敷设时,电缆水平净距不得小于 35 mm。首层两端、转弯处两侧及每隔 5～10 m 应固定一次。

桥架电缆垂直敷设,一般宜自上而下敷设,在土建没拆吊车前,用吊车将电缆吊至楼层顶部;敷设前选好位置,架好电缆盘,电缆向下弯曲部位应用滑轮支撑电缆,在电缆轴和盘处以及楼层处应设制动和防滑措施;自下而上敷设时,低层小截面电缆可用滑轮和大绳人力牵引敷设,高层大截面电缆应用机械牵引敷设,敷设应按排列图进行,以免交叉,排列应整齐,间距应均匀,大于 45°倾斜的电缆每隔 2 m 处设固定点;垂直敷设于桥架内的电缆,每敷设一根应固定一根,全塑电缆每 1 m 应固定一次,其他电缆固定点为 1.5 m,控制电缆固定点应为 1 m。

电缆穿过防火墙及防火楼板时,应尽量水平或垂直敷设,应先垫上一层 60 mm 的泡沫石棉毡或矿棉,放一层电缆,再放一层 60 mm的泡沫石棉毡或矿棉,再放一层电缆,依次放置;电缆敷设完成后,用泡沫石棉毡或矿棉把洞堵严,有些小洞可用电缆防火堵料堵塞。墙洞两侧应用不小于 1.5 mm 厚的钢板将泡沫石棉毡或矿棉保护起来。在防火墙两侧 1 m 以内厚度达到 0.5～1 mm,对铠装油浸纸绝缘电缆,先包一层玻璃丝布,再涂防火涂料厚度 0.5～1 mm或直接涂 1～1.5 mm 防火涂料,做法如图1—5所示。也可用膨胀型防火材料,按产品技术要求封堵。

6. 电缆挂标志牌

标志牌规格应一致,并有防腐性能,挂装应牢固;标志牌应标明电缆编号、规格、型号、电压等级、电缆起始终点位置;电缆的两端、拐弯处,交叉处应挂标志牌,直线段每 30 m 应挂一次电缆标志牌。标志牌做法如图 1—6 所示。

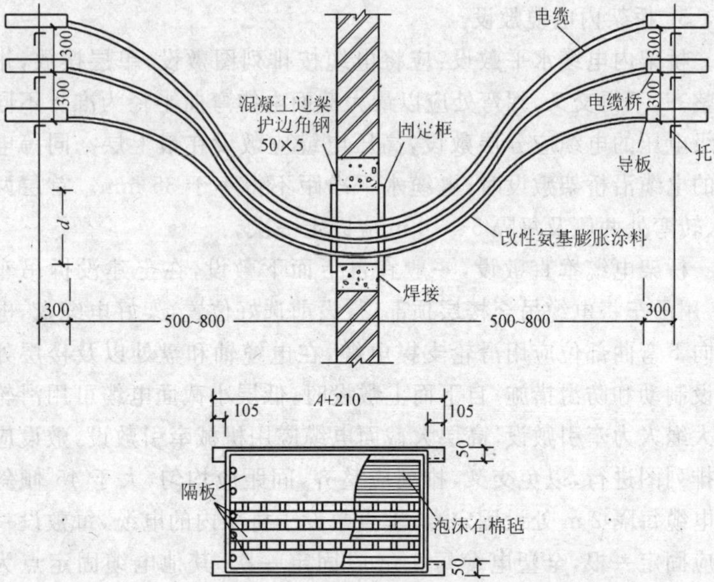

图 1—5 防火隔离段安装图（单位:mm）

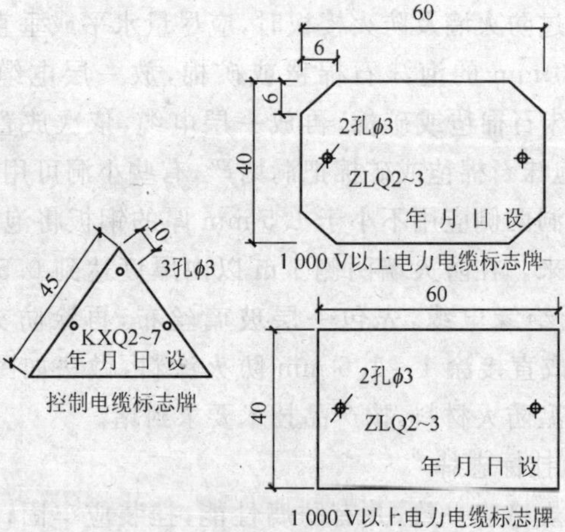

图 1—6 电缆标志牌（单位:mm）

【技能要点 5】质量标准

1. 主控项目

(1)金属电缆桥架及其支架和引入或引出的金属电缆导管必

须接地或接零可靠，且必须符合下列规定：

①金属电缆桥架及其支架全长应不少于 2 处与接地或接零干线相连接。

②非镀锌电缆桥架间连接板的两端跨接铜芯接地线，接地线最小允许截面积不小于 4 mm^2。

③镀锌电缆桥架间连接板的两端不跨接接地线，但连接板两端不少于 2 个有防松螺帽或防松垫圈的连接固定螺栓。

检验方法：观察检查。

(2)电缆敷设严禁有绞拧、铠装压扁、护层断裂和表面严重划伤等缺陷。

检验方法：观察检查。

2. 一般项目

(1)电缆桥架安装应符合下列规定：

①直线段钢制电缆桥架长度超过 30 m、铝合金或玻璃钢制电缆桥架长度超过 15 m 设有伸缩节；电缆桥架跨越建筑物变形缝处设置补偿装置。

②电缆桥架转弯处的弯曲半径不小于桥架内电缆最小允许弯曲半径。

③当设计无要求时，电缆桥架水平安装的支架间距为 1.5～3 m；垂直安装的支架间距不大于 2 m。

④桥架与支架间螺栓、桥架连接板螺栓固定紧固无遗漏，螺母位于桥架外侧；当铝合金桥架与钢支架固定时，有相互绝缘的防电化腐蚀措施；电缆桥架敷设在易燃易爆气体管道和热力管道的下方。

⑤敷设在竖井内和穿越不同防火区的桥架，按设计要求位置应设置防火隔堵措施。

⑥支架与预埋件焊接固定时，焊缝饱满；膨胀螺栓固定时，选用螺栓适配，连接紧固，防松零件齐全。

检验方法：观察检查和检查安装记录。

(2)桥架内电缆敷设应符合下列规定：

①大于45°倾斜敷设的电缆每隔2 m处设固定点。

②电缆出入电缆沟、竖井、建筑物、柜(盘)、台处以及管子管口处等做密封处理。

③电缆敷设排列整齐，水平敷设的电缆首尾两端、转弯两侧及每隔5～10 m处设固定点；敷设于垂直桥架内的电缆固定点距不大于表1—3的规定。

表1—3　电缆固定点的间距　(单位：mm)

电缆种类		固定点的间距
电力电缆	全塑型	1 000
	除全塑型外的电缆	1 500
控制电缆		1 000

检验方法：观察检查和检查安装记录。

(3)电缆的首端、末端和分支处应设标志牌。

检验方法：观察检查。

第二节　电缆沟内和电缆竖井内电缆敷设

【技能要点1】一般规定

(1)电缆沟内和电缆竖井内电缆敷设，应按已批准的设计文件施工。

(2)金属电缆支架、电缆导管必须接地或接零可靠。

(3)电缆敷设严禁有绞拧，铠装压扁，护层断裂和表面严重划伤等缺陷。

(4)并列安装的电缆其长度应一致，弯曲半径应为同心圆，且应满足直径最大的电缆弯曲半径及要求弯曲半径大的为依据。

(5)电缆敷设时，在电缆起、终端头与电缆接头附近应留有备用长度，支线电缆应在全长上留出适当余度，可作波浪形敷设。

【技能要点 2】直埋电缆施工

1. 放线定位

电缆沟定位放线，根据施工图将直埋电缆部分找准坐标位置，用经纬仪放线或确定位置后，拉上线或用白灰画线准备挖槽。

2. 电缆沟开挖

(1)根据定位放线、电缆的多少，确定挖槽的宽窄，土方量较大的可采用小型挖掘机开挖，土方量小的可采用人工挖掘。

(2)电缆的埋设深度距地面不小于 0.7 m，穿越农田时不应小于 1 m。在引入建筑物与建筑物交叉或绕过建筑物处，可根据实际情况埋浅点，但应采取保护措施。在寒冷地区，电缆应埋入冻土层以下，当无法深埋时，应加套管保护。

(3)电缆之间，电缆与其他管道、道路、建筑物等之间的平行和交叉时最小距离应符合表 1—4 的规定。

表 1—4 电缆之间，电缆与管道、道路、建筑物之间平行交叉时的最小净距

项目		最小净距(m)	
		平行	交叉
电力电缆间及其与控制电缆间	10 kV 及以下	0.10	0.50
	10 kV 以上	0.25	0.50
控制电缆间		—	0.50
不同使用部门的电缆间		0.50	0.50
热管道(管沟)及热力设备		2.00	0.50
油管道(管沟)		1.00	0.50
可燃气体及易燃液体管道(沟)		1.00	0.50
其他管道(管沟)		0.50	0.50
铁路路轨		3.00	1.00
电气化铁路路轨	交流	3.00	1.00
	直流	10.0	1.00
公路		1.50	1.00

续上表

项目	最小净距(m)	
	平行	交叉
城市街道路面	1.00	0.70
杆基础(边线)	1.00	—
建筑物基础(边线)	0.60	—
排水沟	1.00	0.50

注:1. 电缆与公路平行的净距,当情况特殊时可酌减。

2. 当电缆穿管或者其他管道有保温层等防护设施时;表中净距应从管壁或防护设施的外壁算起。

(4)直埋电缆的上下方需垫不小于 100 mm 厚的软土或沙层,并盖上混凝土板或用砖做保护盖板,其盖板宽度应超过电缆两侧各 50 mm。直埋电缆做法如图 1—7 所示。

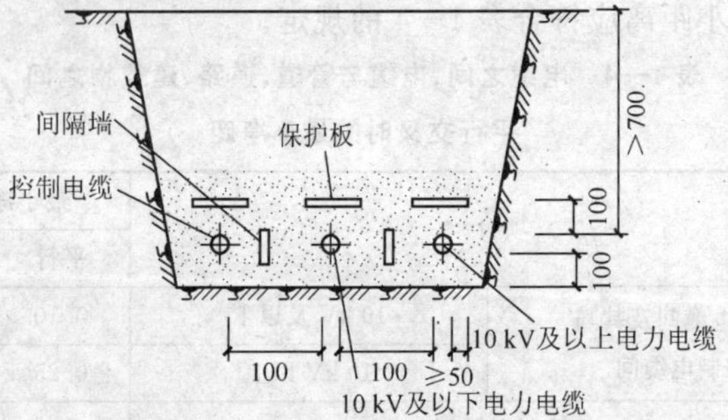

图 1—7 直埋电缆做法(单位:mm)

3. 电缆敷设

电缆敷设可用人力拉引或机械牵引,当电缆较重时,宜采用机械牵引,当电缆较短时,可采用人力拉引。

(1)一般常用慢速卷扬机直接牵引,牵引速度一般为 5~6 m/min。在牵引过程中应注意滑轮是否翻倒,张力是否适当,特别应注意电缆进出口或弯曲处,电缆的外型和外护层有无操作或压扁等不正常现象,弯曲处滚轮设置必须保持电缆的弯曲倍数,不得损伤电缆。

电缆敷设利用牵引机压紧机构,调节上下排滚之间的开合距离，使其距离小于电缆外径。当敷设电缆时，启动牵引机带动上下排滚胶轮各自向相反的方向运动，只要把电缆头穿入上下胶轮之间，电缆将随着胶轮的传动沿着电缆敷设的方向往前运动。当电缆头穿出牵引机后，用人工将电缆放到滑轮上，由牵引机推向前进，实现电缆敷设的机械化。

(2)人工拉引电缆也可采用绞磨牵引。

(3)电缆敷设完毕应检查是否有损伤，在电缆两端、中间接头处，电缆井内、电缆穿管处，垂直位差处均应有适当余量，为使维修用可作波浪状摆设，也可有意作Ω状敷设，并在隐蔽工程记录中表明。电缆头处如图1—8所示。

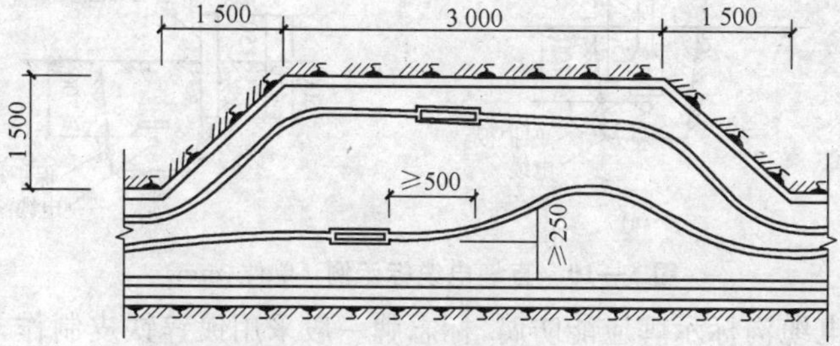

图1—8　电缆头处留有裕量(单位:mm)

(4)当电缆敷设完毕，经检查无问题并经监理或建设单位确认后可回填，先回填100 mm砂或软土，盖上混凝土或砖保护盖；混凝土保护盖可采用C15混凝土制作厚度35 mm，保护盖板也可采用C15钢筋混凝土制作，规格如图1—9所示；在分层回填土每200～300 mm夯实一次，填平填实，并做好隐蔽记录。

4. 装设标志牌和标志桩

直埋电缆在拐弯、接头、终端、进出建筑物等地设置明显标志桩或标示牌，注明线路编号、电压等级、电缆型号、截面、起止地点、线路长度等内容，以便维修或今后敷设管路及改造提供依据。

直线段上每隔50～100 m处应设标志桩，标志桩一般露出地面为150 mm，电缆标志桩做法如图1—10所示，标志桩一般采用C20钢筋混凝土预制埋设。

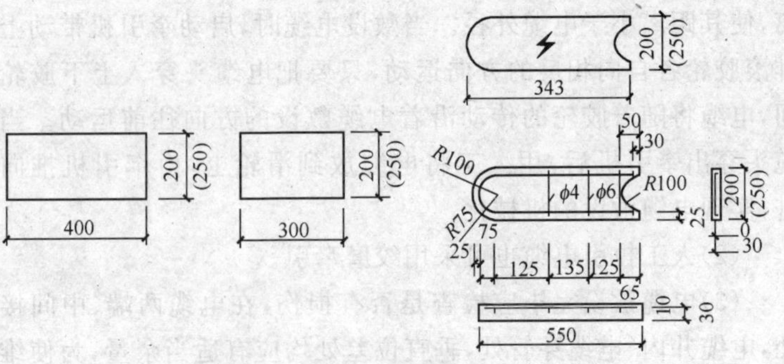

图 1—9　电缆保护板（单位:mm）

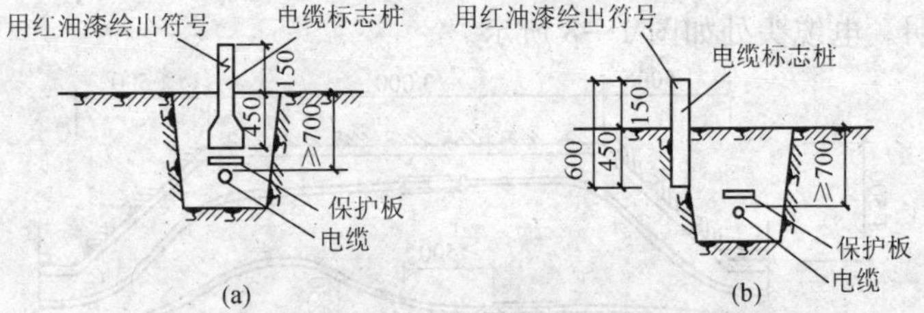

图 1—10　直埋电缆标示例（单位:mm）

电缆沟标示牌应能防腐，标志牌一般采用镀锌铁皮制作，规格为 150 mm×0.6 mm，符号及文字最好用钢印压制，如图 1—11 所示。标志牌固定在标志桩上，在有建筑物的地方标示牌应尽量安装在壕沟附近建筑物外墙上，安装高度底边距地面 450 mm。

直埋电缆进出建筑物处，进入室内的电缆管口低于室外地面者，对其电缆管口按设计要求或相应标准做防水处理，一般可按图 1—12 做法处理，电缆穿入管子后，管口应密封。

【技能要点 3】电缆沟和隧道的电缆敷设

1. 电缆支架制作安装

(1)电缆支架应根据设计要求制作支架，支架作好后应经热浸镀锌，如热浸镀锌确无条件时，应除锈干净，刷二度防锈漆，再进行安装。

(2)安装支架前应定位放线，保证支架整齐美观，横平竖直，如土建施工时已预埋铁件可进行焊接，焊接应牢固，焊缝应均匀，无夹渣、结瘤、气孔等缺陷；焊缝处应清理干净焊渣，补刷 2 次防锈漆。如无铁件可选用膨胀螺栓进行固定，必须保证牢固，平整整齐。

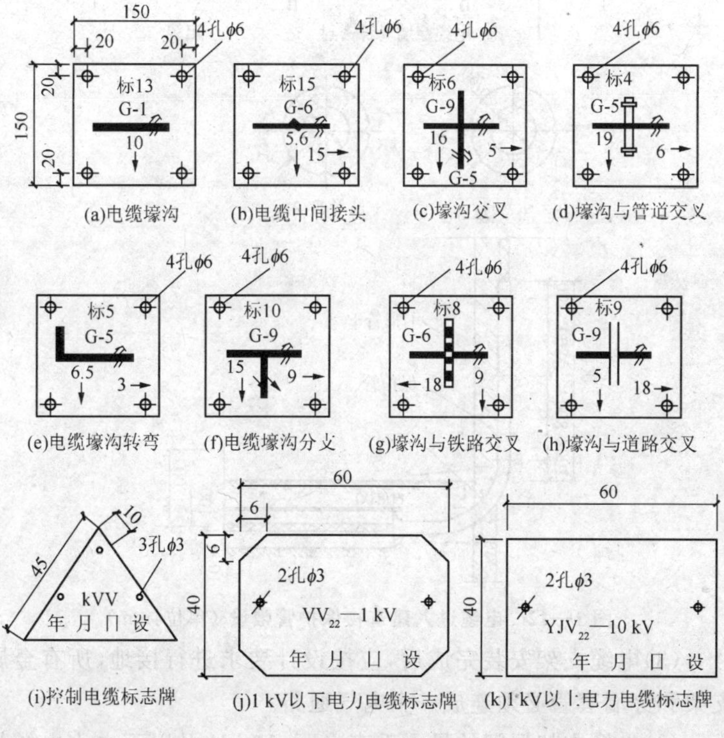

图 1—11 电缆标志牌（单位：mm）

注：1. 标示牌用 150 mm×150 mm×0.6 mm 镀锌铁皮制作，符号及文字最好用钢印压制。

2. 当电缆壕沟附近有建筑物时，应将电缆壕沟标示牌安装在建筑物外墙上，安装高度底边距地面 450 mm。

3. 电缆标志牌用 2 mm 厚的铅板或切割下之电缆铅皮制成，文字钢印压制，并用镀锌铁丝系在电缆上。

4. 标示牌符号说明如下以壕沟交叉牌为例：标 6(红色)－标示牌号，十(黑色)－电缆壕沟，G5，G9(黑色)－壕沟编号，(红色)－电压符号，→(黑色)－至标示设施方向，5，6(黑色)－至标示设施距离(m)。

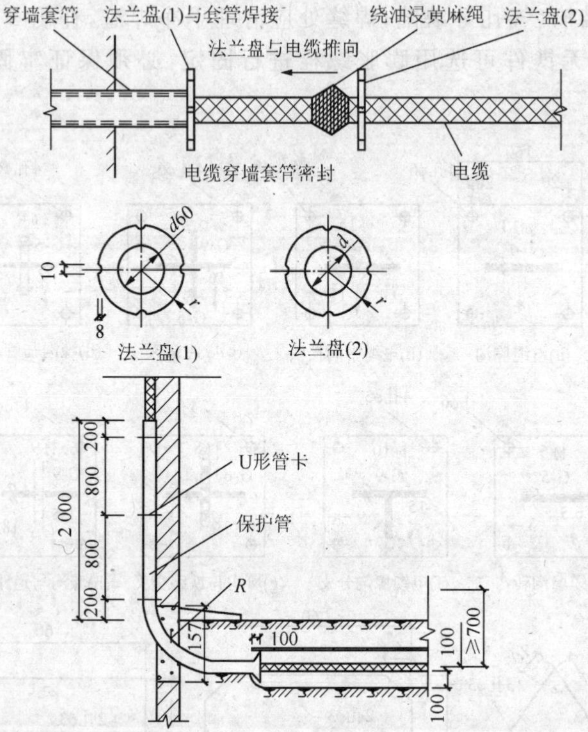

图 1—12　电缆进入建筑物保护管敷设（单位：mm）

(3)电缆支架安装完成后，应按设计要求进行接地，所有金属支架和穿墙套管必须连成一个电气通路。

(4)电缆支架层间的最小垂直净距：10 kV 及以下电力电缆为 150 mm，控制电缆为 100 mm。

(5)电缆支持点的间距应不大于表 1—5 的规定。

表 1—5　电缆支持点间距

电缆种类		敷设方式	
		水平(mm)	垂直(mm)
电力电缆	全塑性	400	1 000
	除全塑性外的电缆	800	1 500
控制电缆		800	1 000

(6)电缆与管道的最小净距在无设计要求时应符合表1—6的规定,电缆应敷设在易燃易爆气体管道下方。管道应根据设计要求进行接地或接零。

表1—6　电缆与管道的最小净距

管道类别		平行净距(mm)	交叉净距(mm)
一般工艺管道		400	300
易燃易爆气体管道		500	500
热力管道	有保温层	500	300
	无保温层	1 000	500

2. 电缆敷设

(1)电缆敷设前,应首先设计排列图,按排列图进行施放电缆;防止交叉,浪费人力物力。

(2)电力电缆和控制电缆应分开排列。

(3)电缆在支架上敷设时,高压应在上面,低压应在下面,控制电缆应在最下面;如两侧装设电缆支架,则电力电缆与控制电缆应分别装在两侧支架上。

(4)电缆在支架上水平敷设的间距:电力电缆间距不得小于35 mm,还不得小于电缆外径尺寸;不同等级电力电缆间及其与控制电缆间的最小净距为100 mm;控制电缆不作规定,但排列应整齐。

(5)电缆在支架上敷设,拐弯处的最小弯曲半径应符合电缆最小允许弯曲半径的规定,见表1—5。

(6)电缆固定,垂直电缆敷设或大于45°倾斜敷设的电缆在每个支架上均应固定。交流单芯电缆或分相后的每相电缆固定的夹具和支架,不应形成闭合铁磁回路。

(7)电缆与支架之间的固定可采用木夹板固定,如图1—13所示;用扁钢做卡子电缆与支架之间应用衬垫橡胶垫隔开,以保护电缆,如图1—14和图1—15所示。

(8)电缆通过建筑物伸缩缝应有补偿装置,在伸缩缝处将电缆弯曲,在变形缝两侧随电缆敷设一并考虑支架的埋设,如图1—16

所示。

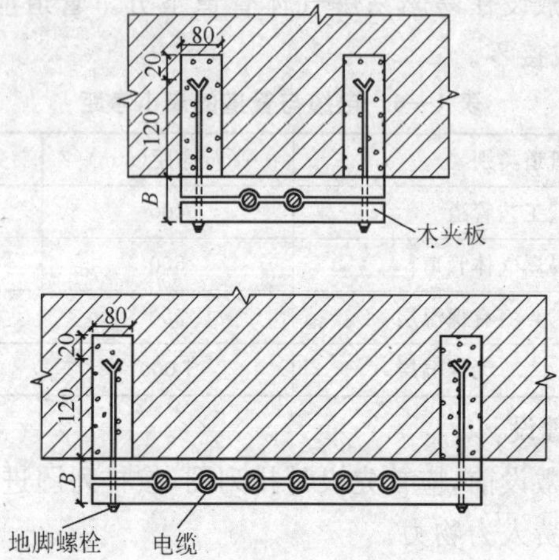

图 1—13　电缆在墙上用木夹板安装（单位：mm）

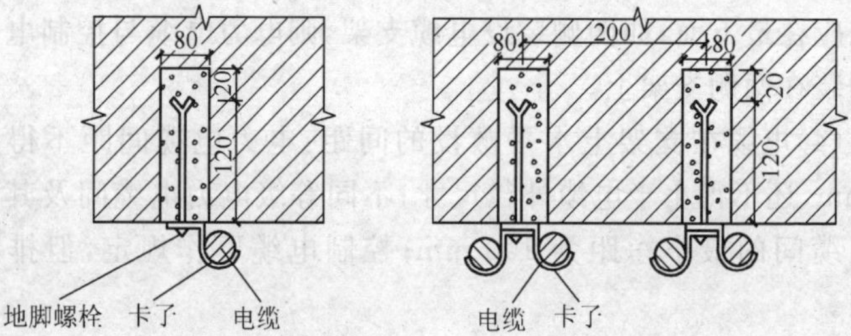

图 1—14　电缆在墙上用卡子安装（单位：mm）

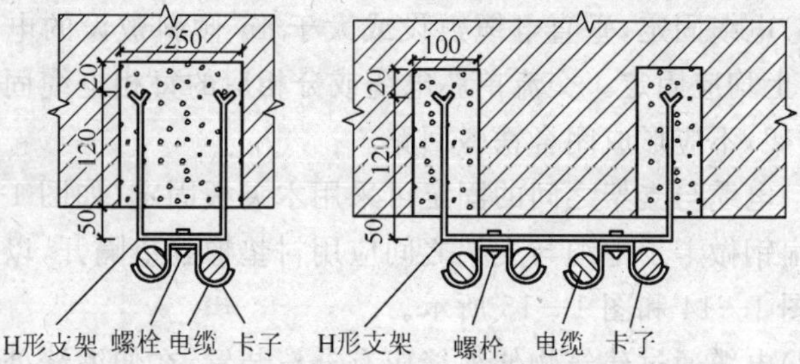

图 1—15　电缆在扁铁支架上安装（单位：mm）

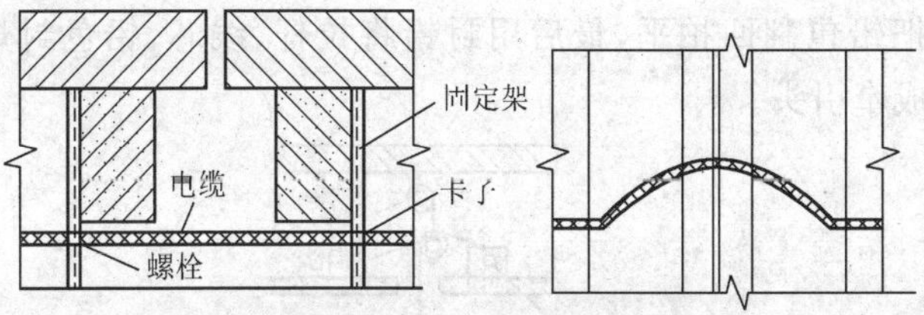

图 1—16　电缆过变形缝处敷设

3. 挂标志牌

(1)标志牌规格应一致，字迹应清晰不易脱落，可采用铅板或电缆铅皮平整后制成。用镀锌铁丝系在电缆上，也可采用塑料制品加工而成。

(2)标志牌应注明电缆编号、规格、型号、电压等级及起始位置。

(3)沿电缆敷设线路：两端、拐弯处、交叉处应挂标志牌，直线段每 30～50 m 应挂标志牌。

【技能要点 4】电缆竖井内电缆敷设

1. 电缆支架安装

电缆竖井内敷设，当设计无要求时，电缆最上层至竖井顶部或楼板距离不小于 120～200 mm；电缆支架最下端至地面的距离不小于 50～100 mm。

2. 电缆敷设

(1)电缆可从顶楼放在线架上往下放设，较为省力，也可将电缆放在底层放线架上，用卷扬机提升上去。电缆牵引方法如图 1—17 所示。

(2)电缆牵引前，检查电缆通道是否畅通，确认电缆能通过孔洞。

(3)当敷设条件较好，电缆承受拉力较小时，可在电缆端部套一特别的钢丝网套拖放电缆，如图 1—18 所示。当电缆敷设承受拉力较大时，则应在末端封焊牵引头(俗称和尚头)，使线芯和铅包同时承受拉力，作牵引头时，先将钢铠锯掉，将铅色剥成条状翻向钢铠末端，然后把线芯绝缘纸剥除，将拉杆插到线芯间用铜线绑牢，再把铅包翻回拍平，最后用封铅将拉杆、线芯、铅色封焊在一起，形成牵引头。

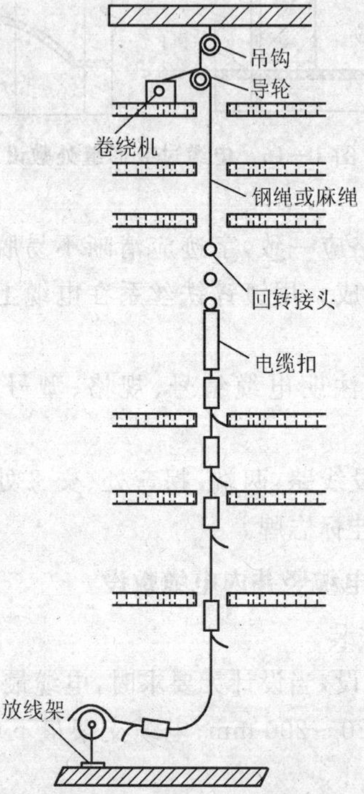

图 1—17　电缆牵引方法示意

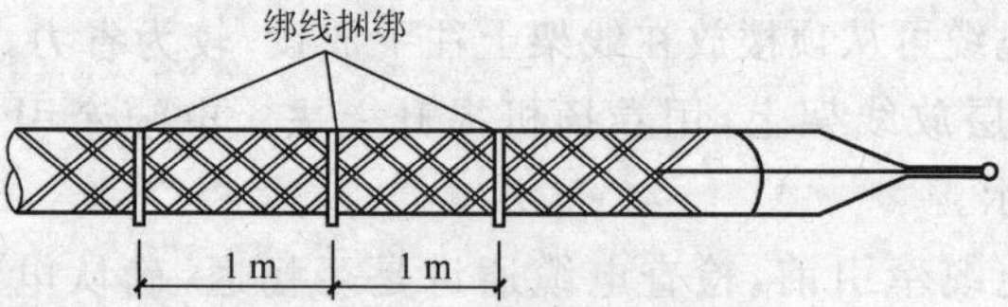

图 1—18　牵引绝缘线用钢丝网套

机械牵引电缆时，应在电缆牵引头或钢丝网套与牵引钢丝网之间装设防捻器（防扫牵引头）防止电缆绞拧。机械牵引电缆要慢慢牵引，速度不宜超过 15 m/min。

（4）竖井内穿越楼层或防火区的电缆桥架处，电缆管道，按设计要求位置，应有防火隔断措施，安装支架可采用门型支架或三角型支架安装，如图 1—19 所示。

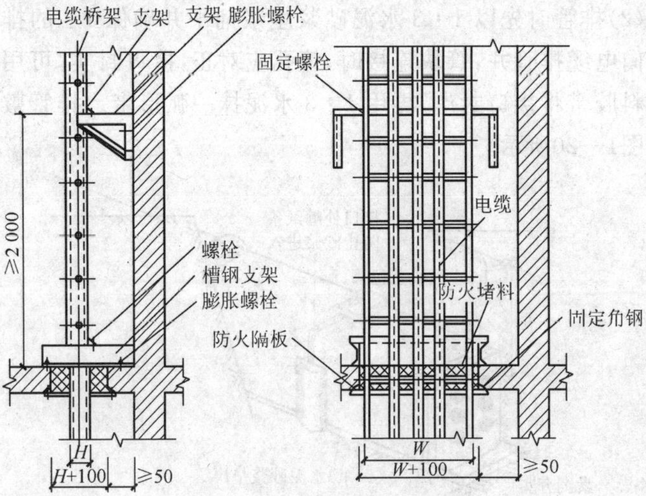

图 1—19　竖井内电缆桥架垂直安装（单位：mm）

【技能要点 5】电缆排管的安装

1. 一般要求

电缆排管应一次留足备用管孔，且不少于 2 孔，电缆的内径不应小于电缆外径的 1.5 倍，但电力电缆的管内径还不应小于 90 mm，控制电缆的管内径不小于 75 mm，电缆排管埋设深度顶部距地面的距离不小于 0.7 m。

2. 定位放线开槽

按施工图找出坐标位置定位放线，放线可拉线绳或用白灰在地面上画线，画出沟槽宽度，工程量较小可采用人工开挖，工程量大的可采用小型挖掘机，开挖的深度、宽度应满足设计和本标准的规定。

3. 沟槽处理

沟槽开挖后应进行处理，应平整，且应有 1‰ 排水坡度，沟底应夯实，并铺设 80 mm 的混凝土垫层，找平准备排管。

4. 铺设排管

(1)铺设排管前，应先清除孔内积灰和孔边毛刺，保持端头平整，孔内光滑。

(2)排管时先以 1∶3 水泥砂浆座浆铺平并确保 1‰的排水坡度坡向电缆排管井，管块连接时，管孔应对正，接口封实，可用皮纸或塑料胶带将接口封严，再用 1∶3 水泥抹一弧形带。排管敷设做法如图1—20所示。

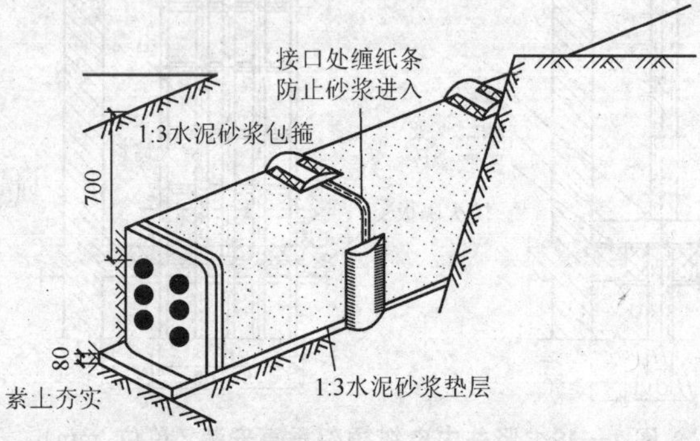

图 1—20　排管敷设图（单位：mm）

(3)当地面上均匀荷载超过 100 kN/m² 或排管通过公路、铁路及类似情况时，排管应采取加固措施，防止排管受到机械损伤，如图 1—21 所示。

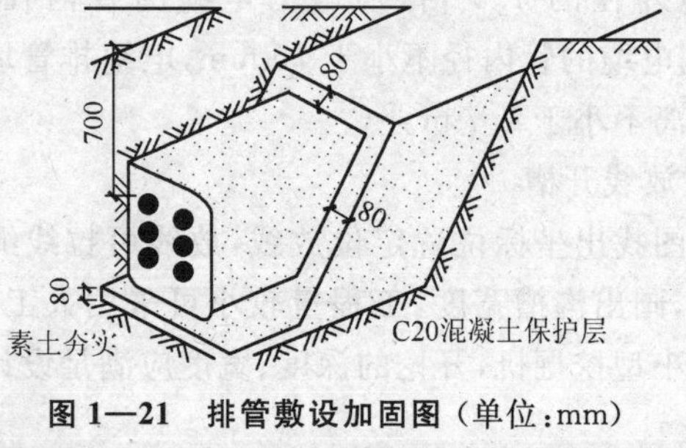

图 1—21　排管敷设加固图（单位：mm）

5. 砌筑电缆井

电缆排管在线路转角、分支处应设电缆入孔井，在直线段上，为便于牵引电缆也应设一定数量的电缆入孔井，一般不大于 150 m；电缆入孔井的净高不宜小于 1.8 m，其上部入孔直径不小于 0.7 m，电缆入孔井作法由设计定，可参照图 1—22 处理。

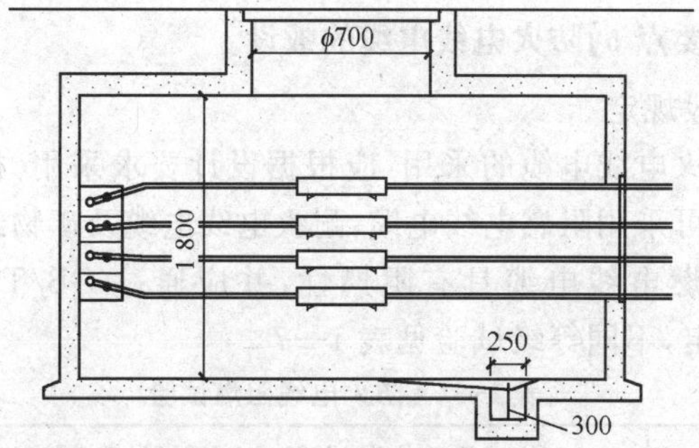

图 1—22 电缆排管入口井断面图（单位：mm）

6. 电缆排管疏通

电缆入孔井与排管敷设完毕，按要求进行回填土，然后从电缆井或电缆进口处进行疏通，清除杂物。清扫排管应用排管扫除器，如图 1—23 所示，清除时应来回拖拉，清除积污并刮平不平处，以防损伤电缆。

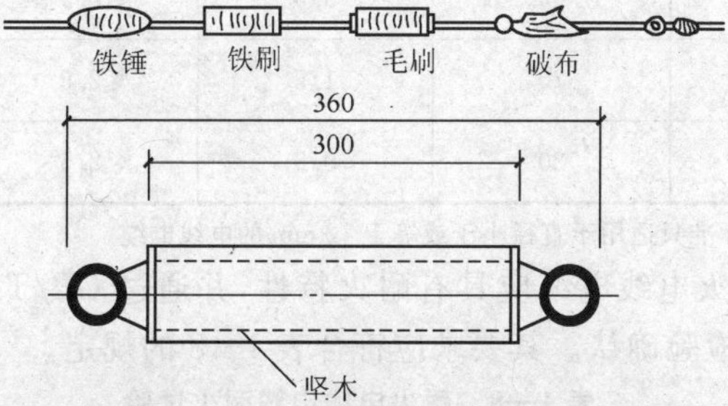

图 1—23 排管扫除器（单位：mm）

7. 电缆敷设

电缆敷设如图 1—24 所示。

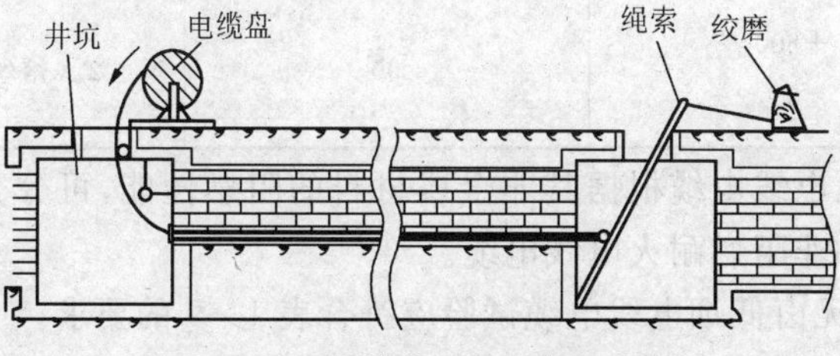

图 1—24 排管在入口处敷设电缆

【技能要点6】防火电线电缆的敷设

1. 一般规定

(1)防火电线电缆的采用,应根据设计要求采用,根据防火等级的要求,可采用阻燃电线电缆,耐火电线电缆及矿物绝缘电缆。

(2)阻燃电线电缆具有阻燃性,并应通过 GB/T 18380.3—2001 的规定,不同等级试验见表1—7。

表1—7　防火电缆阻燃试验

标准	GB/T 18380.3—2001(阻燃试验)			
阻燃级别	供火时间(min)	试用容量(L/m)	合格判定	
			焦化高度(m)	自息时间(min)
A	40	7	≤2.5	≤60
B	40	3.5	≤2.5	≤60
C	20	1.5	≤2.5	≤60
D	20	0.5	≤2.5	≤60

注:D级标准只适用于直径小于或等于12 mm的电线电缆。

(3)耐火电线电缆应具有耐火特性,并通过 GB/T 12666.6—1990 标准检验确认。其要求应符合表1—8的规定。

表1—8　耐火电线电缆耐火试验

GB/T 12666.6—1990(耐火试验)		
供火温度(℃)	供火时间(min)	合格判定
+800 0	90	2 A熔丝不断

耐火电线电缆根据其非金属材料的阻燃性能,可分为阻燃电线电缆和非阻燃耐火电线电缆。

(4)无卤低烟电线电缆试验应符合表1—9的要求。

表 1—9 无卤试验和低烟试验

GB/T 17650.2－1998(无卤试验)		GB/T 17651.2－1998(低烟试验)
pH 加权值	电导率	最小透光率
pH≥4.3	$r\leqslant10\ \mu s/mm$	$T\geqslant60\%$

无卤低烟阻燃电线电缆应具有无卤、低烟及阻燃性能，还应具有耐火性能。

(5)燃烧特性代号按无卤、低烟、阻燃耐火顺序排列，其代号见表 1—10。

表 1—10 燃烧特性代号

名称	代号
阻燃 A 级	ZA
阻燃 B 级	ZB
阻燃 C 级	ZC
阻燃 D 级	ZD
耐火	N
无卤低烟	WD

2. 防火电线电缆的敷设

(1)应对电缆桥架和电缆井道采取有效的防火封堵或分隔措施。阻燃电线电缆和阻燃耐火电线电缆可在同一电缆桥架内敷设。敷设在同一电缆桥架的电缆，当非金属材料容量大于14 L/m时，宜采取隔离措施。

(2)电线电缆敷设在有防火封堵或分隔措施的通道中，应考虑防火封堵或分隔措施对电缆载流量的影响。

(3)电力电线电缆在电缆桥架敷设时，应考虑散热的需要，不宜在耐火金属线槽内敷设。

(4)电力电线电缆与非电力电线电缆宜分开敷设，如需在同一电缆桥架内敷设时，宜采取隔离措施。电缆防火封堵，可根据不同情况，分别采用防火胶泥、耐火隔板、填料阻火包、防火帽等方式方法。

(5)引至消防设备的二路电源线路可在同一电缆桥架内敷设。电缆在垂直井道内敷设时,宜采用电缆梯架。

(6)电线电缆在吊顶或地板内敷设时,宜采用金属管、金属线槽或金属托架。

(7)电线明敷时,在特级、一级场所应采用金属管或金属线槽敷设,在二级场所宜采用金属管或金属线槽敷设。

(8)电线暗敷时,宜采用金属管或阻燃型硬质塑料管敷设,并应敷设在不燃体结构内。消防设备线路暗敷时,尚应满足其保护层厚度不小于 30 mm 的要求。

【技能要点 7】质量标准

1. 主控项目

(1)金属电缆支架、电缆导管必须接地或接零可靠。

检验方法:观察检查。

(2)电缆敷设严禁有绞拧、铠装压扁、护层断裂和表面严重划伤等缺陷。

检验方法:观察检查。

2. 一般项目

(1)电缆支架安装应符合下列规定:

①当设计无要求时,电缆支架最上层至竖井顶部或楼板的距离不小于 150～200 mm;电缆支架最下层至沟底或地面的距离不小于 50～100 mm。

②当设计无要求时,电缆支架层间最小允许距离应符合表 1—11的规定。

表 1—11　电缆支架层间最小允许距离　(单位:mm)

电缆种类	支架层间最小距离
控制电缆	120
10 kV 及以下电力电缆	150～200

③支架与预埋件焊接固定时,焊缝饱满;用膨胀螺栓固定时,选用螺栓适配,连接紧固,防松零件齐全。

检验方法：观察检查、实测和检查安装记录。

(2)电缆在支架上敷设，转弯处的最小允许弯曲半径应符合规定。

检验方法：实测和检查安装记录。

(3)电缆敷设固定应符合下列规定：

①垂直敷设或大于45°倾斜敷设的电缆在每个支架上固定。

②交流单芯电缆或分相后的每相电缆固定用的夹具和支架，不形成闭合铁磁回路。

③当设计无要求时，电缆与管道的最小净距应符合规定，且敷设在易燃易爆气体管道和热力管道的下方。

④敷设电缆的电缆沟和竖井，按设计要求位置设置防火隔堵措施。

检验方法：观察检查、实测和检查安装记录。

(4)电缆的首端、末端和分支处应设标志牌。

检验方法：观察检查。

第三节　电缆头制作、接线

【技能要点1】一般规定和准备工作

(1)电缆终端与接头的制作，应由经过培训的熟悉工艺的人员进行。

(2)电缆终端及接头制作时，应严格遵守制作工艺规程；充油电缆尚应遵守油务及真空工艺等有关规程的规定。

(3)在室外制做6 kV及以上电缆终端与接头时，其空气相对湿度宜为70%及以下；当湿度大时，可提高环境温度或加热电缆。110 kV及以上高压电缆终端与接头施工时，应搭临时工棚，环境湿度应严格控制，温度宜为10 ℃～30 ℃。制做塑料绝缘电力电缆终端与接头时，应防止尘埃、杂物落入绝缘内。严禁在雾或雨中施工。

(4)在室内及充油电缆施工现场应备有消防器材。室内或隧道中施工应有临时电源。

(5)剥切电缆时不得伤害线芯绝缘。包缠绝缘层时应注意清洁，以防止污物与潮气侵入绝缘层。绝缘纸(带)的搭接应均匀，层间应无空隙及褶皱。

(6)电缆终端头的出线应保持电气要求必需的间距，其电缆头部带电部分之间及至接地部分的距离，应符合表1—12中的规定。电缆头引出线最小绝缘长度，应符合表1—13中的规定。

表1—12　电缆头带电部分之间及至接地部分的距离

电压(kV)		最小距离(mm)
户内	6	100
	10	125
户外	6～10	200

表1—13　电缆头引出最小绝缘长度

电压(kV)	最小绝缘长度(mm)	电压(kV)	最小绝缘长度(mm)
6	270	10	315

(7)弯曲电缆芯线时，其芯线弯曲半径不得小于表1—14中所规定的电缆芯线最小允许弯曲半径。

表1—14　电缆芯线的最小弯曲半径

电缆及其结构类别		最小允许弯曲半径
油浸纸绝缘电缆	圆形芯线	芯线外径的10倍
	扇形芯线	芯线扇形最大高度的10倍
	分相铅包	缆芯铅包直径的12.5倍
橡胶或塑料电缆		芯线外径的3倍

(8)电缆终端头、中间接头的金属外壳、铠装、铅(铝)包及屏蔽层均应作可靠的接地处理，铠装电力电缆头的接地线应采用铜绞线或镀锡铜编织线，截面不小于表1—15中的规定。

表1—15 电缆头接地铜绞线的最小允许截面

铜芯电缆截面(mm^2)	铝芯电缆截面(mm^2)	接地线截面(mm^2)
35及以下	50及以下	16
50～120	70～150	16
150～240	185～300	25

注:电缆芯线截面积为16 mm^2 及以下,接地线截面积与电缆芯线截面积相等。

(9)35 kV及以下电缆终端与接头应符合下列要求:

①形式、规格应与电缆类型(如电压、芯数、截面、护层结构和环境要求)一致。

②结构应简单、紧凑,便于安装。

③所用材料、部件应符合技术要求。

④主要性能应符合现行国家标准《额定电压26/35 kV及以下电力电缆附件基本性能要求》的规定。

(10)采用的附加绝缘材料除电气性能应满足要求外,尚应与电缆本体绝缘具有相容性。两种材料的硬度、膨胀系数、抗张强度和断裂伸长率等物理性能指标应接近。橡塑绝缘电缆应采用弹性大、粘接性能好的材料作为附加绝缘。

(11)电缆线芯连接金具,应采用符合标准的连接管和接线端子,其内径应与电缆线芯紧密配合,间隙不应过大;截面宜为线芯截面的1.2～1.5倍。采用压接时,压接钳和模具应符合规格要求。

(12)控制电缆在下列情况下可有接头,但必须连接牢固,并不应受到机械拉力。

①当敷设的长度超过其制造长度时。

②必须延长已敷设竣工的控制电缆时。

③当消除使用中的电缆故障时。

(13)制作电缆终端和接头前,应熟悉安装工艺资料,做好检查,并符合下列要求:

①电缆绝缘状况良好,无受潮;塑料电缆内不得进水;充油电缆施工前应对电缆本体、压力箱、电缆油桶及纸卷桶逐个取油样,

做电气性能试验，并应符合标准。

②附件规格应与电缆一致；零部件应齐全无损伤；绝缘材料不得受潮；密封材料不得失效。壳体结构附件应预先组装，清洁内壁；试验密封，结构尺寸符合要求。

③施工用机具齐全、清洁，便于操作，消耗材料齐备、清洁，塑料绝缘表面的溶剂宜遵循工艺导则准备。

④必要时应进行试装配。

【技能要点 2】制作要求

(1)制作电缆终端与接头，从剥切电缆开始应连续操作直至完成，缩短绝缘暴露时间。剥切电缆时不应损伤线芯和保留的绝缘层。附加绝缘的包绕、装配、热缩等应清洁。

(2)充油电缆线路有接头时，应先制作接头；两端有位差时，应先制作低位终端头。

(3)电缆终端和接头应采取加强绝缘、密封防潮、机械保护等措施。6 kV 及以上电力电缆的终端和接头，尚应有改善电缆屏蔽端部电场集中的有效措施，并应确保外绝缘相间和对地距离。

(4)35 kV 及以下电缆在剥切线芯绝缘、屏蔽、金属护套时，线芯沿绝缘表面至最近接地点(屏蔽或金属护套端部)的最小距离应符合表 1—16 的要求。

表 1—16　电缆终端和接头中最小距离

额定电压(kV)	最不距离(mm)	额定电压(kV)	最不距离(mm)
1	50	10	125
6	100	35	250

(5)塑料绝缘电缆在制作终端头和接头时，应彻底清除半导电屏蔽层。对包带石墨屏蔽层应使用溶剂擦去碳迹；对挤出屏蔽层，剥除时不得损伤绝缘表面，屏蔽端部应平整。

(6)三芯油纸绝缘电缆应保留统包绝缘 25 mm，不得损伤。剥除屏蔽碳墨纸，端部应平整。弯曲线芯时应均匀用力，不应损伤绝缘纸；线芯弯曲半径不应小于其直径的 10 倍。包缠或灌注、填充绝缘材料时，应消除线芯分支处的气隙。

(7)充油电缆终端和接头包绕附加绝缘时，不得完全关闭压力箱。制作中和真空处理时，从电缆中渗出的油应及时排出，不得积存在瓷套或壳体内。

(8)电缆线芯连接时，应除去线芯和连接管内壁油污及氧化层。压接模具与金具应配合恰当。压缩比应符合要求。压接后应将端子或连接管上的凸痕修理光滑，不得残留毛刺。采用锡焊连接铜芯，应使用中性焊锡膏，不得烧伤绝缘。

(9)三芯电力电缆接头两侧电缆的金属屏蔽层(或金属套)、铠装层应分别连接良好，不得中断。直埋电缆接头的金属外壳及电缆的金属护层应做防腐处理。

(10)三芯电力电缆终端处的金属护层必须接地良好；塑料电缆每相铜屏蔽和钢铠应锡焊接地线。电缆通过零序电流互感器时，电缆金属护层和接地线应对地绝缘，电缆接地点在互感器以下时，接地线应直接接地；接地点在互感器以上时，接地线应穿过互感器接地。

(11)装配、组合电缆终端和接头时，各部件间的配合或搭接处必须采取堵漏、防潮和密封措施。铅包电缆铅封时应擦去表面氧化物；搪铅时间不宜过长，铅封必须密实无气孔。充油电缆的铅封应分两次进行，第一次封堵油，第二次成形和加强，高位差铅封应用环氧树脂加固。

塑料电缆宜采用自粘带、粘胶带、胶粘剂(热熔胶)等方式密封；塑料护套表面应打毛，粘接表面应用溶剂除去油污，粘接应良好。

电缆终端、接头及充油电缆供油管路均不应有渗漏。

(12)充油电缆供油系统的安装应符合下列要求：

①供油系统的金属油管与电缆终端间应有绝缘接头，其绝缘强度不低于电缆外护层。

②当每相设置多台压力箱时，应并联连接。

③每相电缆线路应装设油压监视或报警装置。

④仪表应安装牢固，室外仪表应有防雨措施，施工结束后应进行整定。

⑤调整压力油箱的油压，使其在任何情况下都不应超过电缆允许的压力范围。

(13)电缆终端上应有明显的相色标志，且应与系统的相位一致。

(14)控制电缆终端可采用一般包扎，接头应有防潮措施。

【技能要点3】10(6)kV交联聚乙烯电力电缆户内、外干包式电缆终端头制作与安装

1. 电缆头附件点件检查

开箱检查实物是否配套且符合装箱单数量，外观有无异常现象，按操作顺序摆放在大瓷盘中。

2. 绝缘电阻测试

将电缆封口打开，检查电缆是否受潮，用2 500 V摇表测试绝缘电阻值，应不小于200 MΩ，电缆摇测完毕，应将芯线分别对地放电。

3. 剥去外护层

(1)先将电缆用支架或卡子垂直固定，从电缆端口量取750 mm(户内量取550 mm)剥去外护层，如图1—25和图1—26所示。

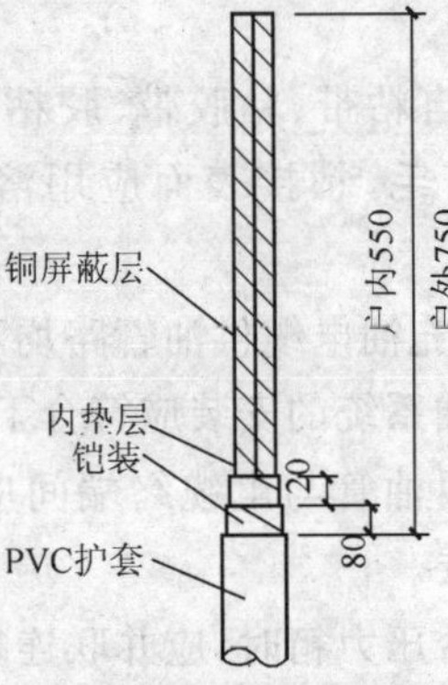

图1—25　剥除电缆护层（单位：mm）

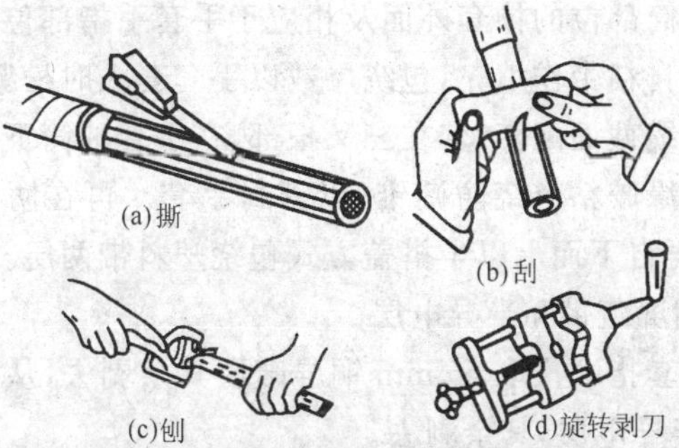

图 1—26　几种剥切半导电层的方法

4. 剥去铠装

从铠装断口量取 30 mm 铠装，并去污清理干净，用钢带卡子或 2 mm 铜丝将地线扎紧后，准备焊接，其余铠装剥去再剥内垫层(绕包层)，从铠装断口量取 20 mm 内垫层，其余内垫层剥去。然后，摘去填充物，分开芯线。

5. 焊接地线

用编织铜线作电缆钢带及屏蔽引出接地线，先将编织线拆开分成 3 份，重新编织分别缠绕各相，用电烙铁、焊锡焊在铜屏蔽带上。用砂布打光钢带焊接区，用铜丝绑扎后，然后和钢带焊接牢固，如图 1—27 所示。在密封处的地线用焊锡填满纺织线，形成防潮段。

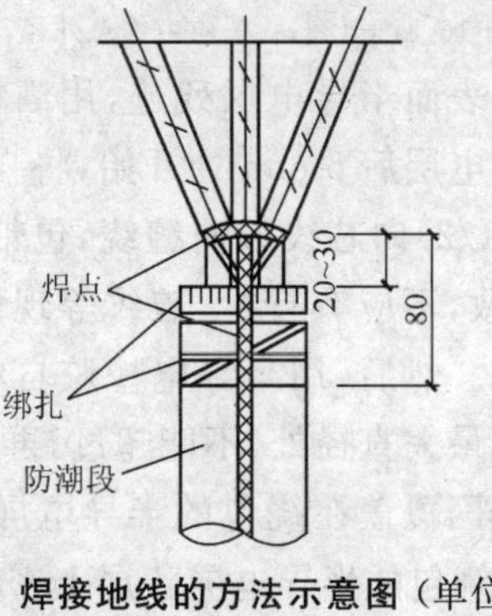

图 1—27　焊接地线的方法示意图(单位:mm)

6. 包绕自粘带，套塑料手套

首先包绕绝缘自粘带，应使自粘带尽量平整，绝缘自粘带在相应于手套袖筒部位的护套外面及相应于手套手指部位的屏蔽层外面包绕绝缘自粘带作填充，包绕层数以手套套入时松紧合适为宜。手套应与电缆截面配套，套在三叉根部，在手套袖筒下部及指套上部分别用绝缘胶粘包绕防潮锥，以密封手套。再在防潮锥外面先自上而下，再自下而上以半搭盖方式包绕塑料带两层。

7. 剥铜屏蔽带和半导电层

由手指套指端量取 55 mm 铜屏蔽层其余剥去，从屏蔽层端量取 20 mm 半导电层，其余剥去。

8. 制作应力锥

制作应力锥如图 1—28 所示。

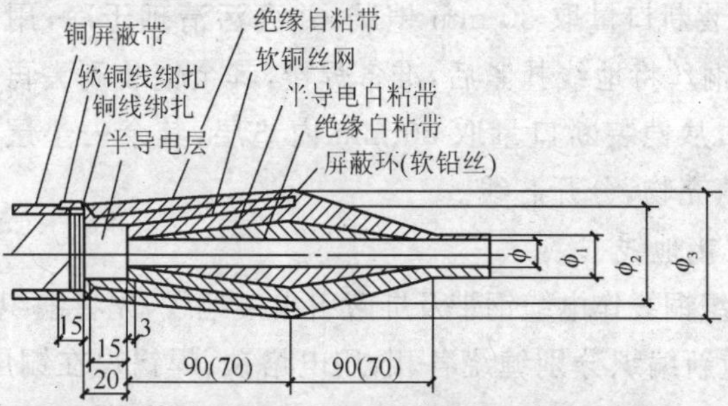

图 1—28　制作应力锥示意图（单位：mm）

ϕ—电缆线芯绝缘外径；ϕ_2—应力锥屏蔽外径；ϕ_1—增绕绝缘外径，

$\phi_1=\phi+16[\phi_1+12]$；$\phi_3$—应力锥总外径，$\phi_3=\phi_2+4$

清除电缆绝缘表面半导电层残迹，用酒精将电缆表面擦拭干净。从各芯线半导电层后 5 mm 处开始，将自粘带拉伸，以半搭盖方式（上层压下层 1/2）向芯线方向缠绕，包带要拉紧，延伸松紧程度适宜，且平整一致，不应有打折、皱纹等现象，反复往返，缠绕成橄榄形的增强绝缘。然后，用半导电橡胶自粘带从电缆半导电屏蔽层上开始绕包到最大直径处，不能超过，再返回到电缆半导电层上。再用屏蔽铜丝网覆盖在绕包的半导电屏蔽层上（也可用直径为 2 mm 的熔丝在绕包的半导电屏蔽层上密集缠绕），下端与电缆屏蔽铜带搭接，搭接长度不小于 10 mm，并绑扎牢固，用直径为 5 mm的粗熔丝做一屏蔽环套在应力最大直径处，并与铜网焊接起来。

当采用绕包应力带时，如图 1—29 所示。绕包应力带应从电缆半导电层(也可搭接在铜带上)开始，半搭盖绕包，如用非复合应力带的，须拉伸 200%，绕包时银灰色朝外；包绕到规定尺寸后，再回到原来位置；在绕包层下端覆盖在电缆半导电层的一段应力带外边包一层半导电自粘带，与屏蔽铜带搭接。

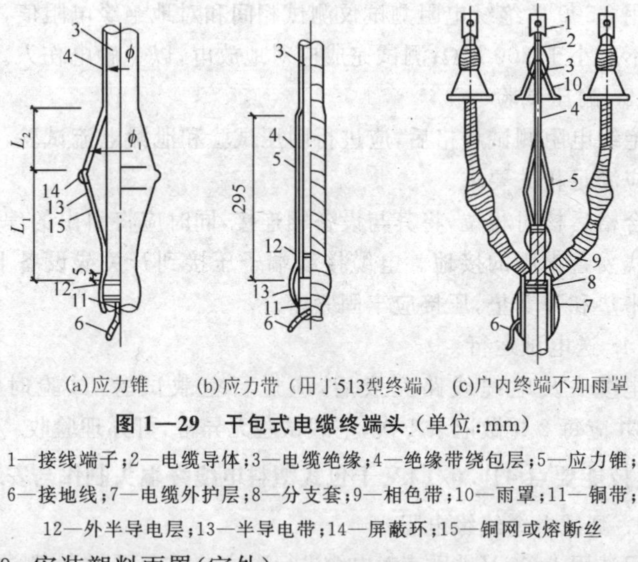

图 1—29 干包式电缆终端头(单位:mm)

1—接线端子；2—电缆导体；3—电缆绝缘；4—绝缘带绕包层；5—应力锥；6—接地线；7—电缆外护层；8—分支套；9—相色带；10—雨罩；11—铜带；12—外半导电层；13—半导电带；14—屏蔽环；15—铜网或熔断丝

9. 安装塑料雨罩(室外)

按图示尺寸和设备的位置，确定线芯的长度，锯去多余芯线，然后在芯线末端(靠近接线端子接管处)的芯线绝缘上，用塑料胶粘带包缠一突起的雨罩座，套上雨罩。

10. 接线

剥去芯线末端绝缘，长度应为端子接管孔深加 5 mm，选择与线芯截面相适应的接线端子，将接管内壁和线芯表面擦拭干净，并清除氧化层和油迹，然后进行压接或焊接。压接完后用绝缘自粘带在端子接管上端至雨罩上端一段内，包缠成防潮锥体，再在防潮锥外用 PVC 粘胶带自上而下，再自下而上半搭盖方式包绕两层。

11. 套防雨罩包绕线芯绝缘层及相色标志

户外先套防雨罩用绝缘自粘带在端子接管下端或雨罩下端(户外型)起,至电缆分支手套指端(包括应力锥),自上而下,再自下而上,以半搭盖方式包缠两层。最后在应力锥上端的线芯绝缘保护层外,用黄绿红 3 色 PVC 粘胶带包缠 2～3 层,作为相色标志。

12. 进行绝缘电阻测试

用 2 500 V 绝缘电阻测试仪测试相间和对地绝缘电阻值,该电阻值不应小于 200 MΩ;测试完成应对地放电,以免触电伤人。

13. 耐压试验

绝缘电阻测试合格后,应进行耐压试验和泄漏电流试验,试验结果应满足相关要求。

合格后核对相位,将其与设备相连接,同时应将引出的编织软接地线妥善牢固的接地。电缆接线端子压接到开关或设备上,并应加平垫和弹簧垫,压接应牢固紧密。

14. 送电试运行

电缆头及电缆线路完成后,应进行空载试验,试验时间为 24 h,并应每 2 h 做记录 1 次,空载试验无异常,可办理验收。

【技能要点 4】0.6/1 kV 干包式塑料电缆终端头制作与安装

1. 测试电缆绝缘电阻

可选用 1 000 V 兆欧表对电缆进行测试,首先打开封头,测试相间对地均应在 10 MΩ 以上;测试完毕后应对地放电,防止触电伤人。

兆欧表使用要点

(1)测量前,应切断被测设备的电源,并进行充分放电(约需 2～3 min),以确保人身和设备安全。

(2)擦试被测设备的表面,使其保持清洁、干燥,以减小测量误差。

(3)将兆欧表放置平稳,并远离带电导体和磁场,以免影响测量的准确度。

(4)对有可能感应出高电压的设备,应采取必要的措施。

(5)对兆欧表进行一次开路和短路试验，以检查兆欧表是否良好。试验时，先将兆欧表“线路(L)”、“接地(E)”两端钮开路，摇动手柄，指针应指在“↓”位置；再将两端钮短接，缓慢摇动手柄，指针应指在“0”处。否则，表明兆欧表有故障，应进行检修。

(6)兆欧表接线柱与被测设备之间的连接导线，不可使用双股绝缘线、平行线或绞线，而应选用绝缘良好的单股铜线，并且两条测量导线要分开连接，以免因绞线绝缘不良而引起测量误差。

(7)兆欧表在测量时，还须注意摇表上L端子应接电气设备的带电体一端，而E端子应接设备外壳或接地线。在测量电缆的绝缘电阻时，除把兆欧表接地端接入电气设备接地外，另一端接线路后，还须将电缆芯之间的内层绝缘物接保护环，以消除因表面漏电而引起读数误差。

(8)测量电容器的绝缘电阻时应注意，电容器的击穿电压必须大于兆欧表发电机发出的额定电压值。测试电容后，应先取下兆欧表表线再停止摇动手柄，以免已充电的电容向兆欧表放电而损坏仪表。

(9)使用兆欧表时，要保持一定的转速，接兆欧表的规定一般为120 r/min，容许变动±20%，在1 min后取一稳定读数。测量时不要用手触摸被测物及兆欧表接线柱，以防触电。

(10)测量时，所选用兆欧表的型号、电压值以及当时的天气、温度、湿度和测得的绝缘电阻值，都须一一记录下来，并据此判断被测设备的绝缘性能是否良好。

2. 剥去电缆铠甲，焊接接地线

(1)剥去电缆铠甲：根据电缆与设备连接的所需长度，根据电缆头套型号尺寸要求，剥除外护套。电缆头套的型号尺寸由厂家配套供应，见表1—17。0.6/1 kV干包塑料电缆终端头制作示意如图1—30所示。

(2)焊接地线：在剥去铠甲前，应在塑料外护套上留20～50 mm铠甲，用零号砂布或钢锉将铠甲打光，用直径2 mm裸铜线将规定的接地线牢固的绑扎在钢带上，也可用钢带的 1/2 做卡子，采用咬口的方法将卡子打牢，防止钢带松脱，应打两道卡子，卡子间距为 15 mm。

表 1—17　电缆头套型号尺寸

序号	型号	规格尺寸		适用范围	
		L(mm)	D(mm)	四芯(mm²)	铠装四芯(mm²)
1	VDT－1	86	20	10～16	10～16
2	VDT－2	101	25	25～35	25～35
3	VDT－3	122	32	50～70	50～70
4	VDT－4	138	40	95～120	95～120
5	VDT－5	150	44	150	150
6	VDT－6	158	48	185	185

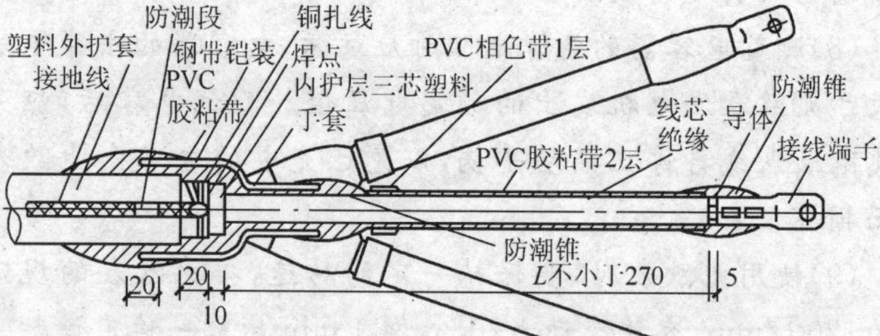

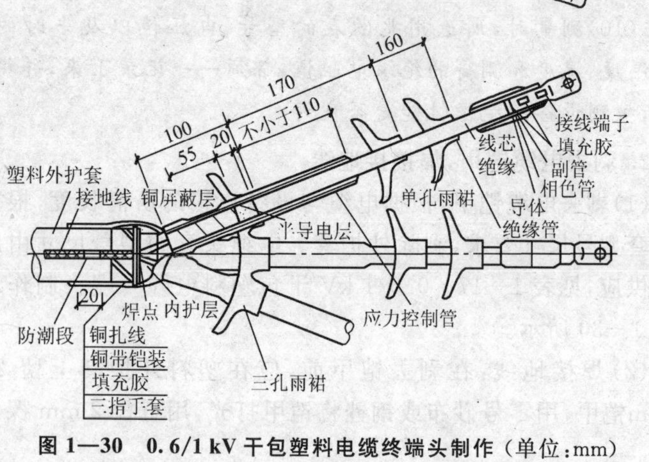

图 1—30　0.6/1 kV 干包塑料电缆终端头制作（单位：mm）

(3)在绑扎或卡子向上 5 mm 处锯一环形深痕，深度为钢带的 2/3，不得锯透，以便剥除电缆铠甲。

(4)用螺丝刀在锯痕尖角处将钢带挑起，用钳子将钢带撕掉或用钳子从电缆端部将钢带撕掉，在锯口处用钢锉处理钢带毛刺，使其光滑；应注意不要伤及内护层。

钳子的使用

使用钳子时是用右手操作。将钳口朝内侧，便于控制钳切部位，作小指伸在两钳柄中间来抵住钳柄，张开钳头，这样分开钳柄灵活。

电工常用的钢丝钳有 150 mm、175 mm、200 mm 及 250 mm 等多种规格，可根据内线或外线工种需要选购。钳子的齿口也可用来紧固或拧松螺母。

钳子的刀口可用来剖切软电线的橡皮或塑料绝缘层。

钳子的刀口也可用来切剪电线、钢丝。剪 8 号镀锌钢丝时，应用刀刃绕表来回割几个，然后只需轻轻一扳，钢丝即断。

铡口也可以用来切断电线、钢丝等较硬的金属线。

钳子的绝缘塑料管耐压 500 V 以上，有了它可以带电剪切电线。使用中切忌乱扔，以免损坏绝缘塑料管。

切勿把钳子当锤子使。

不可用钳子剪切双股带电电线，会短路的。

用钳子缠绕抱箍固定接线时，钳子齿口夹住钢丝，以顺时针方向缠绕。

修口钳，俗称尖嘴钳，也是电工(尤其是内线电工)常用工具之一。主要用来剪切线径较细的单股与多股线，以及给单股导线接头弯圈、剥塑料绝缘层等。

用尖嘴钳弯导线接头的操作方法是：先将线头向左折，然后紧靠螺杆依顺时针方向向右弯即成。

尖嘴钳稍加改制可作剥线尖嘴钳，方法是：用电钻在尖嘴钳剪线用的刀刃前段钻 0.8 mm、1.0 mm 两个槽孔，再分别用1.2 mm、

1.4 mm 的钻头稍扩一下，使这两个槽孔有一个薄薄的刃口。这样，一个又能剪线又能剥线的尖嘴钳就改成了。

剥线钳为内线电工、电机修理、仪器表电工常用的工具之一。它适宜于塑料、橡胶绝缘电线、电缆芯线的剥皮。使用方法是：将待剥皮的线头置于钳头的刃中，用手将两钳柄一捏，然后一松，绝缘皮便与芯线脱开。

(5)将地线采用焊锡焊接于电缆钢带上，焊接应牢固，不应有虚焊现象，焊接时不应将电缆焊伤。

3. 包绕电缆

(1)从钢带切口向上 10 mm 处向电缆端头方向剥去统包绝缘层。

(2)根据电缆头的型号尺寸，按照电缆头套长度和内径，用 PVC 粘胶带采用半搭盖法包绕电缆；包绕时应紧密，松紧一致，无折皱，形成枣核状，以手套套入紧密为宜。

4. 塑料手套安装

选择与电缆截面配套相适应的塑料手套，套在三叉根部，在手套袖筒下部及指套上部分别用 PVC 粘胶带包绕防潮锥，防潮锥外径为线芯绝缘外径加 8 mm。

5. 包绕线芯绝缘层

用 PVC 粘胶带在电缆分支手套指端起至电缆端头，自上而下，再自下而上以半搭盖方式包绕两层；然后在应力锥上端的线芯绝缘保护层外，用黄、绿、红 3 色 PVC 粘胶带包绕 2～3 层，作为相色标志。

6. 安装防雨裙(户外)

(1)固定三孔防雨裙，将三孔防雨裙按图尺寸套入，然后加热颈部固定。

(2)固定单孔防雨裙按图示尺寸套入单孔防雨裙，加热颈部固定。

7. 压接电缆芯线接线端子

(1)量接线端子孔加深 5 mm，剥除线芯绝缘，并在线芯上涂导电脂。

(2)将线芯插入端子管内，用压线钳子压紧接线端子，压接应在两道以上。

(3)压接完后用PVC粘胶带在端子接管上端至导体绝缘端一段内，包缠成防潮锥体。防潮锥外径为线芯绝缘外径加8 mm。

8. 试验

(1)用1 000 V兆欧表测试电缆绝缘电阻。

(2)达到10 MΩ可采用2 500 V绝缘电阻测试仪，测试1 min无击穿现象为合格。

(3)如达不到10 MΩ，应做1 kV交流工频耐压试验，测试时间1 min无闪络击穿现象为符合要求。

9. 电缆头固定安装

(1)将做好的终端头的电缆固定在预先做好的电缆头支架上，线芯分开。

(2)根据接线端子的型号，选用螺栓将电缆接线端子压接在设备上，注意应使螺栓自上而下或从内向外穿，平垫和弹簧垫应安装齐全。

10. 用电试运

试验合格可送电空载试验24 h，无异常且记录齐全，可办交接检验；试验时监理应站在旁边。

【技能要点5】电缆的防火与阻燃

(1)对易受外部影响着火的电缆密集场所或可能因着火蔓延而酿成严重事故的电缆回路，必须按设计要求的防火阻燃措施施工。

(2)电缆的防火阻燃尚应采取下列措施：

①在电缆穿过竖井、墙壁、楼板或进入电气盘、柜的孔洞处，用防火堵料密实封堵。

②在重要的电缆沟和隧道中，按要求分段或用软质耐火材料设置阻火墙。

③对重要回路的电缆，可单独敷设于专门的沟道中、耐火封闭槽盒内或对其施加防火涂料、防火包带。

④在电力电缆接头两侧及相邻电缆 2～3 m 长的区段施加防火涂料或防火包带。

⑤采用耐火或阻燃型电缆。

⑥设置报警和灭火装置。

(3)防火阻燃材料必须经过技术或产品鉴定,在使用时,应按设计要求和材料使用工艺提出施工措施。

(4)涂料应按一定浓度稀释,搅拌均匀,并应顺电缆长度方向进行涂刷,涂刷厚度、次数、间隔时间应符合材料使用要求。

(5)包带在绕包时,应拉紧密实,缠绕层数或厚度应符合材料使用要求。绕包完毕后,每隔一定距离应绑扎牢固。

(6)在封堵电缆孔洞时,封堵应严实可靠,不应有明显的裂缝和可见的孔隙,孔洞较大者应加耐火衬板后再进行封堵。

(7)阻火墙上的防火门应严密,孔洞应封堵;阻火墙两侧电缆应施加防火包带或涂料。

【技能要点 6】质量标准

1. 主控项目

(1)高压电力电缆直流耐压试验必须按《建筑电气工程施工质量验收规范》(GB 50303—2002)第 3.1.8 条的规定交接试验合格。

检验方法:检查试验记录。

(2)低压电线和电缆,线间和线对地间的绝缘电阻值必须大于 0.5 MΩ。

检验方法:检查绝缘电阻测试记录。

(3)铠装电力电缆头的接地线应采用铜绞线或镀锡铜编织线,截面积不应小于表 1—18 的规定。

表 1—18　电缆芯线和接地线截面积　(单位:mm^2)

电缆芯线截面积	接地线截面积
120 及以下	16
150 及以下	25

注:电缆芯线截面积在 16 mm^2 及以下,接地线截面积与电缆芯线截面积相等。

检验方法：观察检查和检查安装记录。

(4)电线、电缆接线必须准确，并联运行电线，电缆的型号、规格、长度、相位应一致。

检验方法：观察检查和检查安装记录。

2. 一般项目

(1)芯线与电器设备的连接应符合下列规定：

①截面积在 10 mm^2 及以下的单股铜芯线和单股铝芯线直接与设备、器具的端子连接。

②截面积在 2.5 mm^2 及以下的多股铜芯线拧紧搪锡或接续端子后与设备、器具的端子连接。

③截面积大于 2.5 mm^2 的多股铜芯线，除设备自带插接式端子外，接续端子后与设备或器具的端子连接；多股铜芯线与插接式端子连接前，端部拧紧搪锡。

检验方法：观察检查和检查安装记录。

(2)电线、电缆的芯线连接金具(连接管和端子)，规格应与芯线的规格适配，且不得采用开口端子。

检验方法：观察检查。

(3)电线、电缆的回路标记应清晰，编号准确。

检验方法：观察检查。

第二章　电气照明器具

第一节　室内灯具安装

【技能要点1】一般规定

(1)为保证电气照明装置的施工质量,确保安全运行和使用功能,必须严格控制照明器具接线相位的准确性。

(2)照明灯具使用的导线,应能确保灯具能够承受一定的机械力并可靠地安全运行,其工作电压等级不应低于交流500 V。最小线芯截面应符合设计和规范的有关规定。导线线芯最小截面要求见表2—1。

表2—1　导线线芯最小截面

灯具的安装场所及用途		线芯最小截面(mm^2)		
		铜芯软线	铜线	铝线
灯头线	民用建筑室内	0.4	0.5	2.5
	工业建筑室内	0.5	0.8	2.5
	室外	1.0	1.0	2.5
移动用电设备导线	生活用	0.4	—	—
	生产用	1.0	—	—

(3)固定灯具带电部件的绝缘材料以及提供防触电保护的绝缘材料,应耐燃烧和防明火。

(4)灯具的外形、灯头及其接线应符合下列规定:

①灯具及其配件齐全,无机械损伤、变形、涂层剥落和灯罩破裂等缺陷。

②软线吊灯的软线两端做保护扣,两端芯线搪锡;当装升降器时,套塑料软管,采用安全灯头。

③除敞开式灯具外,其他各类灯具灯泡容量在100 W及以上

者采用瓷质灯头。

④连接灯具的软线盘扣、搪锡压线，当采用螺口灯头时，相线接于螺口灯头中间的端子上。

⑤灯头的绝缘外壳不破损和漏电；带有开关的灯头，开关手柄无裸露的金属部分。

检验方法：观察检查。

(5)当设计无要求时，灯具的安装高度应符合规定。一般敞开式灯具，灯头对地面距离不小于下列数值(采用安全电压时除外)：

①室外：2.5 m(室外墙上安装)。

②厂房：2.5 m。

③室内：2 m。

④软吊线带升降器的灯具在吊线展开后：0.8 m。

(6)当灯具距地面高度小于 2.4 m 时，灯具的可接近裸露导线必须接地或接零可靠，并应有专用接地螺栓，且有标识。

(7)当在混凝土和砖混结构中，安装电气照明装置时，应采用预埋吊钩、铁件、木砖(应防腐处理)、螺钉、膨胀螺栓、尼龙塞或塑料塞固定；严禁使用木楔。当设计无规定时，上述固定件的承载能力应与电气照明装置的重量相匹配。

(8)软线吊灯，灯具重量在 0.5 kg 及以下时，采用软电线自身悬吊安装；当软线吊灯灯具重量大于 0.5 kg 时，灯具安装固定采用吊链，且软电线均匀编叉在吊链内，使电线不受拉力，编叉间距应根据吊链长度控制在 50～80 mm。

(9)当吊灯灯具重量大于 3 kg 时，应采用预埋吊钩或螺栓固定，灯具重量大于 5 kg 时应按灯具重量的 2 倍做过载试验，按记录表鲁 DQ—026 作好试验记录。

(10)灯具固定应牢固可靠，禁止使用木楔。每个灯具固定用的螺钉或螺栓不应少于 2 个；当绝缘台直径为 75 mm 及以下时，可采用 1 个螺钉或螺栓固定。

(11)采用钢管作灯具的吊杆时，钢管内径不应小于 10 mm；钢管壁厚度不应小于 1.5 mm。

(12)花灯吊钩圆钢直径不应小于灯具挂销直径,且不应小于6 mm。大型花灯的固定及悬吊装置,应按灯具重量的2倍做过载试验,并做好试验记录。

【技能要点2】灯具检查

(1)根据灯具的安装场所检查灯具是否符合要求。

①易燃和易爆场所应采用防爆式灯具。

②有腐蚀性气体及特别潮湿的场所应采用封闭式灯具,灯具的各部件应做好防腐处理。

③除开敞式外,其他各类等灯具的灯泡容量在100 W以上者均应采用瓷灯口。

(2)灯内配线检查:

①灯内配线应符合设计要求,并应注意统一配线颜色以区分相线与零线。

②穿入灯箱的导线在分支连接处不得承受额外应力和磨损,多股软线的端头需盘圈,涮锡。

③灯箱内的导线不应过于靠近热光源,并应采取隔热措施。

④使用螺灯口时,相线必须压在灯芯柱上。

【技能要点3】测位画线,预留预埋固定件或打眼安装固定件

(1)根据施工图纸要求土建施工时,在混凝土结构上需安装灯具时,应配合预埋铁件、螺丝、螺栓、支架、木砖等,应先测位画线,成排灯具预留应挂通线,确保安装位置正确,再按画线预埋铁件、螺丝、螺栓、吊钩、木砖等。

(2)没要求预留预埋件的灯具,安装前应先测位画线,确保灯具位置准确,成排灯具横平竖直,根据灯具的重量匹配膨胀螺栓,尼龙胀塞、塑料胀塞等,然后用电锤打眼,安装固定件。

【技能要点4】灯具组装

1. 软线吊灯组装

(1)软线应采用编织线(紫花线)应按灯具需要长度,留有适当裕量截断,剥出一定长度扭紧,线头应用焊锡膏,用焊锡挂锡,不得用酸去污挂锡。

(2)挂锡后应按顺时针方向弯钩压在接线螺丝上,吊盒与灯头两端应结保险扣。编织线带点一根应接相线,无点的接零线,如采用螺口灯头,相线应接在螺口灯座的中心簧片的接线螺丝上,如图2—1所示。

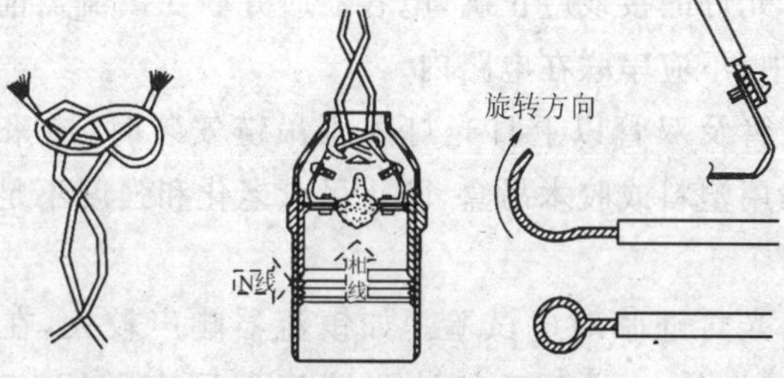

(a)导线结扣做法　(b)灯头接线及导线连接

图 2—1　螺口灯作法图

2. 组合式吸顶花灯的组装

(1)选择适宜的场地,将灯具的包装箱、保护薄膜拆开铺好。

(2)按照说明书及示意图把各个灯口装好。如有端子板或瓷接头,应按要求将导线接在端子上。

(3)灯内穿线的长度应适宜,多股软线头应搪锡。

(4)应注意统一配线颜色以区分相线与零线,对于螺口灯座中心簧片应接相线,不得混淆。

(5)理顺灯内线路,用线卡或尼龙扎带固定导线以避开灯泡发热区。

(6)组装完成做临时通电试验,确认合格后准备安装。

3. 吊顶花灯的组装

(1)选择适宜的场地,将灯具的包装箱,保护薄膜拆开铺好。

(2)首先将导线从各个灯座口穿到灯具本身的接线盒内。导线一端盘圈、搪锡后接好灯头。理顺各个灯头的相线与零线,另一端区分相线与零线后分别引出电源接线,最后将电源结线从吊杆中穿出。

(3)组装完成通临时电试验,确认合格后准备安装。

4. 日光灯组装

(1)日光灯配线,可采用多股塑料铜芯软线,软线头应挂锡,如采用吊链安装,应将导线编叉在吊链内,从灯箱引入吊盒,为防止导线磨损,灯箱导线出口处应套软管保护导线。

(2)日光灯的接线应正确,电容器应并联在镇流器前侧的电源电路配线中,不应串联在电路内。

(3)双管及双管以上日光灯采用吊链安装时,应采用金属吊盒,不应采用塑料或胶木吊盒,防止吊盒老化和强度不足灯具脱落伤人。

(4)日光灯通临时电试验。如镇流器响声较大,在灯具运行1 h后测量,把拾音器置于与被测镇流器同高并距出线端边缘10 cm处,用噪音仪测量,如测量值超过35 dB时应更换。

【技能要点5】灯具安装接线

1. 普通座式灯头的安装

(1)将电源留有一定裕量,备有维修长度,将导线穿入木台或塑料台上,用螺钉或自攻螺丝将木台或塑料台固定在预埋件、木砖或灯头盒上,也可用尼龙胀塞或塑料胀塞固定。

(2)剥去导线皮,将导线穿入座灯头,区分相线与零线,螺口灯头灯座中心簧片应接相线,不得混淆,用螺丝固定座式灯座,将导线接在接线螺丝上,去掉多余导线,安上灯套,有灯罩安上灯罩,并安上灯泡。

2. 吊线式灯头的安装

(1)将电源线穿入固定灯具的台座上,导线应留有裕量,备有维修长度,用螺钉或自攻螺丝将台座固定在预埋件、木砖或灯头盒上,也可用胀管螺栓、尼龙胀塞或塑料胀塞固定。

(2)剥去导线皮,将导线穿入吊线盒,区分相线与零线,不可混淆,用螺丝将吊盒固定台座上,将导线压在吊线盒的接线柱上,在将组合好的灯具穿入吊盒盖,压接在相应的接线柱上,扣上吊盒盖，装上灯罩灯泡。

3. 日光灯安装

(1)吸顶日光灯安装，根据定位画线确定日光灯的位置，将日光灯贴紧建筑物表面。日光灯的灯箱应完全遮盖住灯头盒，对着灯头盒的位置打好进线孔，将电源线甩入灯箱，在进线孔处应套上塑料管以保护导线。找好灯头盒螺孔或预埋件的位置，在灯箱的底板上用电钻打好孔，用机螺丝或螺丝拧牢固，在灯箱的底板上用电钻打好孔，用机螺丝或螺丝拧牢固。在灯箱的另一端应使用胀管螺栓或预埋件用螺丝进行固定，如果日光灯是安装在吊顶上的，应该用自攻螺丝将灯箱固定在龙骨上。灯箱固定好后，将电源线压入灯箱内的端子板(瓷接头)上或将导线扭紧挂锡包扎一层橡皮绝缘胶带和两层绝缘胶带或两层塑料绝缘胶带，把灯具的反光板固定在灯箱上，并将灯箱调整顺直。最后把日光灯管启辉器等装好。

(2)吊杆、吊链日光灯安装：根据定位画线的位置，将电源引上安装日光灯的底盘，然后安装固定好灯具底盘，将组装好的日光灯的引线与电源线进行连接，有接线端子的，应压接在端子上，无端子的将灯具导线和灯头盒中甩出的电源线连接，并用橡皮胶带和黑胶布或塑料胶带分层包扎紧密。理顺接头扣于法兰盘内，法兰盘吊盒的中心应与底座中心对正，用螺丝将其拧牢固。调整好灯具，将灯管启辉器等装好。

4. 各型花灯安装

(1)各型组合式吸顶花灯安装：根据预埋件或螺栓及灯头盒位置。在灯具的托板上用电钻开好安装孔和出线孔，安装时将托板托起，将电源线和从灯具甩出的导线连接并包扎严密。应尽可能的把导线塞入灯头盒内，然后把托板的安装孔对准预埋件或螺栓，使托板四周和顶棚贴紧，用螺丝或螺母将其拧紧，调整好位置和各个灯口，悬挂好灯具的各种装饰物，并上好灯管或灯泡，并安装灯罩。

(2)吊式花灯安装：将灯具托起，并把预埋好的吊钩、吊杆挂入或插入灯具内，把吊挂销钉插入后将固定销钉的小销钉其尾部掰成燕尾状，并且将其压平。导线接好头，包扎严实。理顺后向上推起灯具上部的扣碗，将接头扣于其内，且将扣碗紧贴顶棚，拧紧固定螺丝。调整好各个灯口上好灯泡，最后配上灯罩。

5. 光带的安装

光带架按设计已完成，根据灯具的外形尺寸确定其支架的支撑点，再根据灯具的具体重量经过认真核算，选用型材制作支架。做好后，根据灯具的安装位置，用预埋件或用胀管螺栓把支架固定牢固。轻型光带的支架可以直接固定在主龙骨上；大型光带必须先下好预埋件，将光带的支架用螺丝固定在预埋件上，固定好支架，将光带的灯箱用机螺丝固定在支架上，再将电源线引入灯箱与灯具的导线连接并包扎绝缘带紧密（光带电源线配管应采用钢管或可挠性金属软管），调整各个灯口和灯脚，装上灯泡和灯管，上好灯罩，最后调整灯具的边框应与顶棚面的装修直线平行。如果灯具对称安装，其纵向中心轴线应在同一直线上，偏斜不应大于5 mm。

6. 壁灯的安装

先根据灯具的外形选择或制作灯具底盘把灯具摆放在上面，四周留出的余量要对称，然后用电钻在底盘上开出线孔和安装孔，在灯具的底盘上也开好安装孔。将灯具的灯头线从底盘的入线孔甩出，在墙壁上的灯头盒内接头，并包扎严密，将接头塞入盒内。把底盘对正灯头盒，贴紧墙面，可用机螺丝将底盘直接固定在盒子耳朵上，也可采用胀管固定。调整底盘或灯具使其平正不歪斜，再用机螺丝将灯具拧在底盘上，如有灯头盒也可不加底盘把灯具直接固定在墙壁上。最后配好灯泡、灯管和灯罩，安装在室外的壁灯，其台板或灯具底盘与墙面之间应加防水胶垫，并应打好泄水孔。

7. 嵌入式灯具的安装

应预先提交有关位置及尺寸交有关人员开孔或已按设计嵌入式灯框已做好；配管应到位，不应有外露导线，将吊顶内引出的电源线与灯具电源的接线端子可靠连接；将灯具推入安装孔固定；上好灯罩，调整灯具或边框，灯具应对称安装，其纵横向中心轴线应在同一直线上，偏差不应大于 5 mm。

8. 投光灯安装

根据预埋的铁件或支架制作固定灯具的底板；如预埋铁件，应按投光灯底座的大小，制作支架和底板，先用角钢（∟50×5）切割做成支架，用不小于 30 mm 厚的钢板切割成底板，并按投光灯底座固定螺孔将支架和底板画线，用电钻钻孔，然后将支架采用焊接固定在预埋件上，再将底板采用焊接或螺栓固定在支架上；如原已将支架预埋好，可制作底板，将底板按投光灯底座固定螺孔画线，用电钻钻孔，然后将底板固定在支架上，底板可采用焊接或螺栓固定；去污除锈，涂刷二度防锈漆，二度面漆，色泽根据实际情况定；如采用镀锌钢材，螺栓连接可不涂刷油漆。

底板固定好后，将投光灯用螺栓固定在底板上，然后从接线盒将电源线加保护管（金属软管或塑料软管）连接在灯的电源端子上，保护管应到位，管头应封闭好，灯具电源导线连接，应采用焊接或压接，包扎好绝缘带，两层橡皮胶带，两层黑胶布或塑料胶带。

清擦灯具，调好灯的投光位置。

【技能要点 6】通电试运行

灯具安装完毕后，经检查确认牢固无变形，绝缘测试检查合格后，方允许通电试运行。通电后应仔细检查和巡视，检查灯具的控制是否灵活、准确；开关与灯具控制顺序是否对应，灯具有无异常噪声，如日光灯音量超过 35 dB 或发现其他问题应立即断电，查出原因并修复。

【技能要点 7】质量标准

1. 主控项目

(1)灯具的固定应符合下列规定：

①灯具重量大于 3 kg 时，固定在螺栓或预埋吊钩上。

②软线吊灯，灯具重量在 0.5 kg 及以下时，采用软线自身吊

装;大于 0.5 kg 的灯具采用吊链,且软电线编叉在吊链内,使电线不受力。

③灯具固定牢固可靠,不使用木楔。每个灯具固定螺钉或螺丝不少于 2 个;当绝缘台直径在 75 mm 及以下时,采用 1 个螺钉或螺栓固定。

检验方法:观察检查。

(2)花灯吊钩圆钢直径不应小于灯具挂销直径,且不应小于 6 mm。大型花灯的固定及悬吊装置,应按灯具重量的 2 倍做过载试验。

检验方法:观察检查并检查过载试验记录。

(3)当钢管做灯杆时,钢管内径不应小于 10 mm,钢管厚度不应小于 1.5 mm。

检验方法:实际测量。

(4)固定灯具带电部件的绝缘材料以及提供防触电保护的绝缘材料,应耐燃烧和防明火。

检验方法:检查材料和实验记录。

(5)当灯具距地面高度小于 2.4 m 时,灯具的可接近裸露导体必须接地或接零可靠,并应有专用接地螺栓,且有标识。

检验方法:观察检查。

2. 一般项目

(1)引向每个灯具的导线线芯最小截面积应符合表 2—1 的规定。

检验方法:观察检查。

(2)装有白炽灯泡的吸顶灯具,灯泡不应紧贴灯罩;当灯泡与绝缘台间距离小于 5 mm 时,灯泡与绝缘台间应采取隔热措施。

检验方法:观察检查和检查安装记录。

(3)安装在重要场所的大型灯具的玻璃罩,应采取防止玻璃碎裂后向下溅落的措施。

检验方法:观察检查。

(4)投光灯的底座及支架应固定牢固,枢轴应沿需要的光轴方向拧紧固定。

检验方法:观察检查。

(5)安装在室外的壁灯应有泄水孔,绝缘台与墙面之间应有防水措施。

检验方法:观察检查。

第二节　室外灯具安装

【技能要点1】一般规定

(1)建筑物景观照明灯、航空障碍标志灯和庭院灯安装,必须按已批准的设计文件进行施工,施工中不得自行修改设计方案,如因需要修改设计时,应经原设计单位的同意方可进行。

(2)为保证建筑物景观照明灯、航空障碍标志灯和庭院灯安装质量,确保安全运行和使用功能,必须严格控制灯具接线的相位正确性;不带电的金属外壳必须保护接地。

(3)灯头应采用防水灯头,其规格、型号和技术性能必须符合设计要求。

(4)灯具导线、电缆应有合格证,并应有"CCC"认证标志及证书复印件;技术文件应齐全。

(5)型号、规格及外观质量应符合设计要求和国家标准的规定。

(6)灯具及其配件应齐全,并应无机械损伤、变形、油漆剥落和灯罩破裂等缺陷,灯具表面应无气泡、裂纹、铁粉、肿胀、明显的擦伤和毛刺,并具有良好的光泽。

(7)电气照明装置的接线应牢固,灯具配线电压不应低于交流750 V,并且严禁裸露,电气接触应良好;需接地或接零的灯具、开关、插座等非带电金属部分,应有明显标志的专用接地螺钉。

(8)塑料台、木台应有足够的强度,受力后无弯翘变形现象;塑料台应是阻燃或难燃材料,木台应经防火处理。

(9)成套灯具的绝缘电阻值不应小于2 MΩ,并应现场抽样检测。

【技能要点 2】景观照明灯安装

1. 定位放线

按施工图要求，找出景观照明灯的位置，放线必须正确，确保景观灯投光的准确性；景观落地式灯具安装在人员密集流动性大的场所时，应设置围栏防护；如条件不允许无围栏防护，安装高度应距地面 2.5 m 以上；金属构架和灯具金属外壳及金属软管，应做保护接地线，连接牢固可靠，标识明显。

2. 检查组装灯具

景观灯的种类很多，如：庭院灯、庭台楼阁、水上喷泉及水中小品等，均是用灯光衬托，勾勒出物景的美。所以灯具的安装方式不同，有埋地的、落地的、立柱式、墙上的、空中的、屋面的等安装形式，但各种灯具均应先检查配件是否齐全，灯与灯具配套的支架座根据需要进行加工，如在结构上安装，应提前预埋铁件或直接安装支架，灯具落地式，埋地式的基座几何尺寸与灯箱匹配。其结构形式和材质必须符合设计要求。

3. 灯具安装

(1)每套灯具的导电部分对地绝缘电阻值大于 2 MΩ。

(2)金属构架和灯具的可接近裸露导体及金属软管的接地或接零可靠，且有标识。

(3)灯的安装位置应根据设计图纸而定，投光的角度和照度与景观协调一致，固定灯具应牢固，固定灯具的螺栓应加防松垫圈、灯具的接线应接在接线盒内，接线应采用压接或焊接，绝缘包扎紧密，应包扎两层橡皮胶布，两层塑料胶带，接地应牢固、标志应清晰。接线盒应密封防水。

(4)景观灯的路线宜采用 TN－S 系统或 TT 系统，接地电阻应不小于 2 MΩ，每个分支回路应设置漏电保护开关。

(5)立柱式路灯、落地式路灯、特种园艺灯等，灯具与基础固定可靠，地脚螺栓备帽齐全。灯具的接线盒或熔断器盒，盒的防水密封垫完整。

(6)金属立柱及灯具可接近裸露导体接地或接零可靠。接地线单设干线，干线沿庭院灯布置位置形成环网状，且不少于2处与接地装置引出线连接。由干线引出支线与金属灯柱及灯具的接地端子连接，且有标识。

(7)灯具的自动通、断电源控制装置动作准确，每套灯具熔断器盒内熔丝齐全，规格与灯具适配。

(8)杆上照明灯(路灯)安装：

①灯具如有配套固定卡具可直接安装，如无配套卡具应先加工卡具并镀锌，所有紧固件及配件均应为镀锌制品。

②每套杆上照明灯(路灯)、庭园灯，应在相线上装设熔断器，由架空线引入路灯的导线，在灯具入口处应做防水弯。采用埋地电缆的，应在杆的接线盒处加熔断器。

③路灯照明器安装的高度和纵向间距是道路照明设计中需要确定重要数据。参考数据见表2—2。

表2—2　路灯安装高度参考数据　　　　(单位：m)

灯具	安装高度	灯具	安装高度
125～250 W荧光高压汞灯	≥5	60～100 W白炽灯或	≥4～6
250～400 W高压钠灯	≥6	50～80 W荧光高压汞灯	

④每套灯具的导线部分对地绝缘电阻值必须大于2 MΩ。

⑤灯具的接线盒或熔断器盒，其盒盖的防水密封垫应完整。

⑥金属结构支托架及立柱、灯具，均应做可靠保护接地线，连接牢固可靠。接地点应有标识。

⑦灯具供电线路上的通、断电自控装置动做正确，每套灯具熔断器盒内熔丝齐全，规格与灯具适配。

⑧装在架空线路电杆上的路灯，应固定可靠，紧固件齐全、拧紧、灯位正确。每套灯具均配有熔断器保护。

4. 调试送电试运行

灯具安装好后应认真调试，调试设计与监理应参加，对灯具的投光角度、强度、方位、射程、效果应做现场指导，直至达到满意效果为止，调试满意后可送电试运行，试运行24 h，无问题时可验收交付使用。

【技能要点 3】霓虹灯安装

1. 放线定位

按设计图纸要求和现场条件进行测量，定位放线将固定灯具及变压器的支架确定，如需预埋铁件应配合土建进行预埋，或将铁件标在土建图上由土建埋设。

2. 支架制作安装

(1)霓虹灯管支架：一般用型钢制作成框架，根据霓虹灯的大小制作支架，由设计出图制作，框架应牢固、美观，室外应抗风压和腐蚀，安装前应刷两遍防锈漆将支架固定在预埋件上，可采用电焊焊接；如没埋设铁件可采用膨胀螺栓固定，但必须满足强度要求，设计应提出意见。

(2)变压器支架：霓虹灯变压器应尽量靠近灯管安装，可以减短高压接线，室外安装变压器离地高度不应低于 3 m 应加护栏，变压器安装应放在金属箱内，箱两侧应开百叶窗通风散热，应有防雨措施，应根据放金属箱的实际情况用型钢做支架，支架可安装在墙上、屋面上，也可座在混凝土座墩上，但必须牢固、可靠。

3. 灯具制作组装

霓虹灯管一般由直径 10～20 mm 的玻璃管，经先放样弯制做成。灯管两端各装一个电极，玻璃管内抽成真空后，再充入氖、氦等惰性气体作为发光的介质，在电极的两端加上高压，电极发射电子激发管内惰性气体，使电流导通灯管发出红、绿、蓝、黄、白等不同颜色的光束。

4. 霓虹灯管安装

灯管安装是用专用的绝缘支架固定或用各种玻璃、瓷制、塑料制的绝缘支持件固定，有的可用 0.5 的裸铜线扎紧。灯管固定后，与建筑物、构筑物表面距离不小于 20 mm，安装在人不易触及的地方。管端供电电压为高压，因此从变压器 2 次引进霓虹灯的导线应采用额定电压大于 15 kV 的高压绝缘电线，也可采用裸铜线外套玻璃保护管的做法。高压线之间、高压导线与敷设面之间的距离均不应小于 50 mm；高压导线支持点间的距离，在水平敷设时为

0.5 m;垂直敷设时,支持点间的距离为 0.75 m。高压导线在穿越建筑物时,应穿双层玻璃管加强绝缘,玻璃管两端须露出建筑物两侧,长度各为 50～80 mm。

室内或橱窗里的小型霓虹灯管安装时,在框架上拉紧已套上透明玻璃管的镀锌铁丝,组成 200～300 mm 间距的网格,然后将霓虹灯管用 ϕ0.5 mm 的裸铜丝或弦线等与玻璃管绞紧即可,如图 2—2所示。橱窗内装有霓虹灯时,橱窗门应与霓虹灯变压器一次侧开关有联锁装置,确保开门不接通霓虹灯电源,保证人身安全。

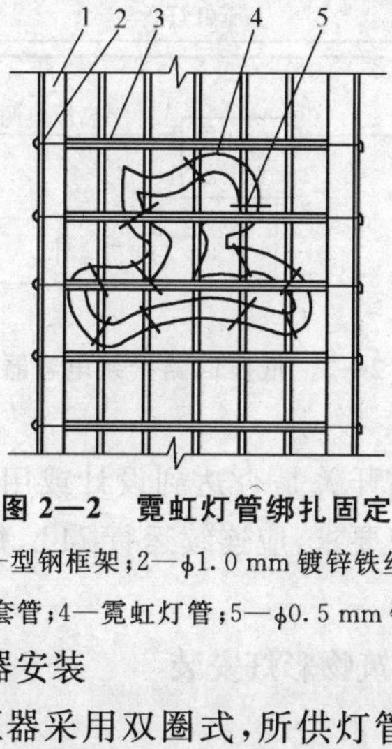

图 2—2　霓虹灯管绑扎固定

1—型钢框架;2—ϕ1.0 mm 镀锌铁丝;
3—玻璃套管;4—霓虹灯管;5—ϕ0.5 mm 铜丝扎紧

5. 霓虹灯变压器安装

霓虹灯专用变压器采用双圈式,所供灯管长度不大于允许负载长度,室外变压器及金属箱应牢固安装在支架、构架或混凝土座墩上。金属箱的百叶窗应挂钢板网,防止小动物飞禽进入,造成短路;霓虹灯支架及霓虹灯变压器的铁芯、金属外壳,输出端的一端以及保护箱等均应进行可靠的接地。

6. 霓虹灯一次电源

霓虹灯配电线路不得与其他照明设备共用一个回路。对于容量不超过 4 kW 的霓虹灯,可采用单相供电;对超过 4 kW 的大型霓虹灯,应三相供电、三相平衡。霓虹灯的控制,根据需要而选定,定时开关或控制开关。

控制箱一般装设在邻近霓虹灯的房间内。为防止在检修霓虹灯时触及高压，在霓虹灯与控制箱之间应加装电源控制开关和熔断器，在检修灯管时，先断开控制箱开关再断开现场的控制开关，以防止造成误合闸而使霓虹灯管带电的危险。

霓虹灯通电后，灯管内会产生高频噪声电波，它将辐射到霓虹灯的周围，严重干扰电视机和收音机的正常使用。为了避免这种情况，在低压回路上接装一个适合的电容器就可以达到目的。低压回路接装电容器如图 2—3 所示。

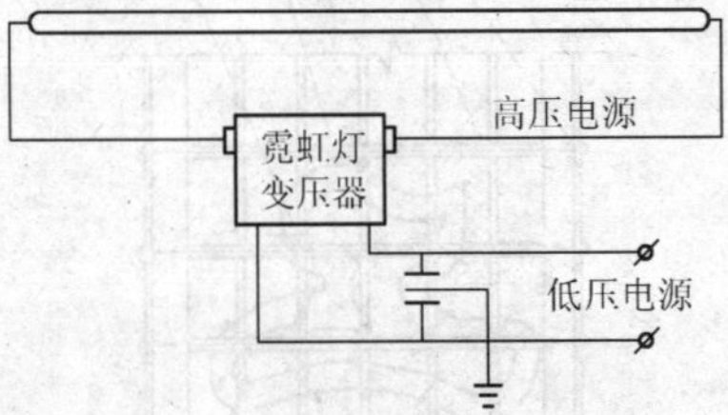

图 2—3　低压回路接装电容器图

7. 调试、试运行

调试应调试控制开关是否达到设计或用户的要求效果，能满足设计的目的和用户要求，应连续运行 24 h，每 2 h 做好记录，无异常可组织验收。

【技能要点 4】建筑物彩灯安装

1. 放线定位

按施工图要求先放线定位，预制铁件及预埋件，安装敷设线路及灯具，以保证线路灯具安装位置正确，整齐美观。

2. 灯具组装

检查灯具有无破损，连接灯头导线，分清相线零线，宜将零线用浅蓝色，也可将悬挂彩灯按尺寸将灯具接在悬挂导线上，连接灯头的导线及导线接头均应挂锡，灯头应临时通电试亮。

3. 固定式彩灯安装

采用定型的彩灯灯具，灯具的底座有溢水孔，雨水可自然排出，彩灯的普通做法如图 2—4 所示。灯具的间距500～600 mm，灯泡功率不宜超过 15 W，每个回路不宜超过 1 kW。连接彩灯的每段管路应用管卡固定，管卡固定可采用塑料胀塞，灯具两旁钢管可用 ϕ6 mm 的镀锌圆钢焊接跨接，镀锌钢管应采用不小于 4 mm^2 两端挂锡的铜导线跨接，且应用配套的镀锌卡子卡接牢固；彩灯穿管导线应使用橡胶铜导线或护套铜芯线。

固定式彩灯可直接安装在灯头盒上，先将灯具与灯头盒的电源线连接好，并包扎好绝缘，垫好防水垫，上紧螺钉固定灯具即可。也可将彩灯底座直接用塑料胀塞固定，先将灯头线与电源线连接，包扎好绝缘，将灯座压住配管上紧自攻螺钉即可。

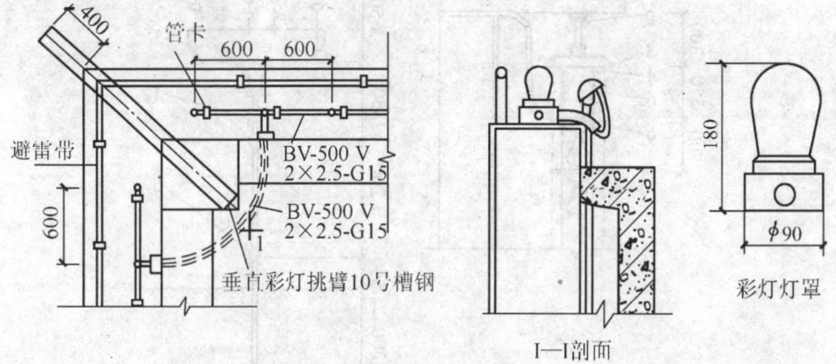

图 2—4　固定式彩灯装置做法图（单位：mm）

建筑物顶部彩灯管路按明管敷设，应使用钢管或热浸镀锌钢管，且有防雨功能。管路间，管路与灯头盒间螺纹连接，金属导管及彩灯的构架，钢索等可接近裸露导体接地或接零可靠。彩灯装置的钢管应与避雷带(网)进行连接，并在靠近避雷带(网)引下线附近，采用 ϕ8 mm 镀锌圆钢与避雷带相连；节日彩灯的供电回路应在进入建筑物入口端，装设低压阀型避雷器。

4. 悬挂式彩灯安装

多用于勾画建筑物造型无法装设固定式的部位。悬挂式彩灯是用型钢与镀锌钢索拉紧固定，采用防水灯头连同线路一起悬挂于钢索上，做法如图 2—5 所示。悬挂式彩灯导线应采用绝缘强度不低于 750 V 的橡胶铜导线，截面不小于 4 mm^2，灯头线与干线的连接应牢固，绝缘包扎紧密，应包扎两层橡皮绝缘胶布，两层塑料胶带。导线所载有的灯具的重量的拉力不应超过该导线的允许机械强度，灯的间距一般为500～700 mm，距地3 m以下的位置上不允许装设灯具。固定钢丝绳的拉板可不设地锚拉环，可在墙或柱子上预埋铁件或支架，将拉板固定在支架上。也可以用支架拉直一根带绝缘套管的（塑料管）钢丝绳，两端必须有绝缘子，将导线用尼龙卡子敷设于钢丝绳上，导线宜采用护套线。

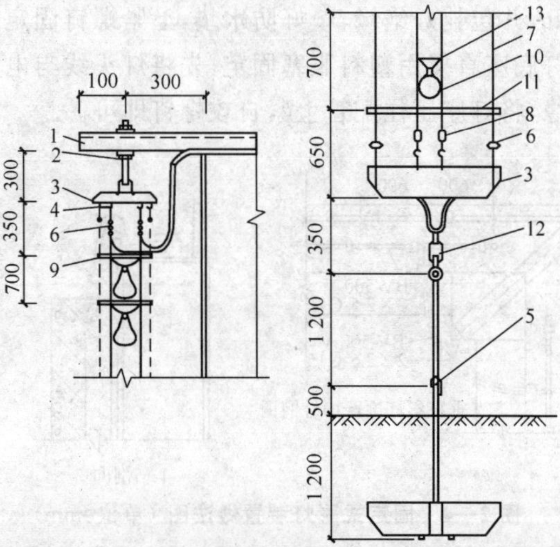

图 2—5　垂直彩灯安装做法（单位：mm）

1—角钢；2—拉索；3—拉板；4—拉钩；5—地锚环；6—钢索元宝卡子；7—镀锌钢索；8—绝缘子；9—绑扎线；10—铜导线；11—硬塑管；12—花篮螺丝；13—接头

悬挂式彩灯安装：先将悬挂挑臂的型钢及结构形式按设计要求固定，作好防腐处理，挑臂槽钢如是镀锌件应采用螺栓固定连接，严禁焊接。

吊挂钢索：应为镀锌钢索，直径应大于或等于4.5 mm，吊挂应采用开口吊钩螺栓在挑臂槽钢上固定，两侧应有螺帽，并应加平垫及弹簧垫圈，螺母安装紧固。常规应采用直径大于或等于10 mm的开口吊钩螺栓，地锚（水泥拉线盘和镀锌圆钢拉线棒组成）应为架空外线用拉线盘，埋置深度应大于1 500 mm。底把采用ϕ16 mm圆钢，花篮螺栓应是镀锌制品件。

将拉板两侧钢索通过计算或尺量，两根拉索平衡一致，用钢索元宝卡子卡牢，然后将彩灯线绑扎在拉钩下的绝缘子上，再将拉板挂在挑臂下的拉索上；下部将拉板挂在地锚环上或墙、杆上支架设的花篮螺栓上，将花篮螺栓紧到两侧钢索平衡垂直无弯曲，将彩灯导线穿入下端绝缘子，将导线拉直紧固，然后按灯具的间距，在灯具的上方用绝缘绑线，将切割好的塑料管，固定钢索和导线，塑料管长度大于钢索宽度 20 mm，再将垂直彩灯电源线连接。

5. 调试试运行

彩灯安装完成后应进行调试，首先应对线路绝缘测试，绝缘电阻值不应小于 2 MΩ，有闪烁要求的应调试到符合设计或建设单位认可，再进行 24 h 试运行并做好记录，运行无问题可组织验收。

【技能要点 5】航空障碍标志灯安装

航空障碍灯是一种特殊的预警灯具，已广泛应用于高层建筑和构筑物。除应满足灯具安装的要求外，还有它特殊的工艺要求。一般高层建筑物应根据建筑的地理位置、建筑高度及当地航空部门的要求，考虑是否设置航空障碍标志灯的问题。

【技能要点 6】质量标准

1. 一般规定

障碍标志灯应装设在建筑物或构筑物的最高部位。当最高部位平面面积较大或为建筑群时，除在最高端装设障碍标志灯外，还应在其外侧转角的顶端分别装设，最高端装设的障碍标志灯光源不宜少于 2 个。障碍标志灯的水平、垂直距离不大于 45 m。在烟囱顶上设置障碍标志灯时应安装在低于烟囱口 1.5～3 m 的部位，并呈三角形水平排列。

灯具的选型根据安装高度决定：低光强的（距地面 60 m 以下装设时采用）为红色光，其有效光强大于 1 600 Cd。高光强的（距地面 150 m 以上装设时采用）为白色光，有效光强随背景亮度而定。灯具的电源按主体建筑中最高负荷等级要求供电。灯具安装牢固可靠，且设置维修和更换光源的措施。

2. 灯支架制作

(1)钢材的品种、型号、规格、性能等,必须符合设计要求和国家现行技术标准的规定,并应有产品质量合格证。

(2)按设计或灯具实际要求尺寸测量,画线要准确,采取机械切割的切割面应平直,确保平整光滑,无毛刺。

(3)焊接:应采用与母材材质相匹配焊条施焊。焊缝表面不得有裂纹、焊瘤、气孔、夹渣、咬边、未焊满、根部收缩等缺陷。

(4)制孔:螺栓孔的孔壁应光滑、孔的直径必须符合设计要求。

(5)组装:型钢拼缝要控制拼接缝的间距,确保形体的规整,几何尺寸准确,结构和造型符合设计要求。

(6)灯支架制作完成后,有条件的应进行热浸镀锌,无法进行热浸镀锌的应进行防腐,先除锈,刷两遍防锈漆。安装后刷两遍面漆。

3. 放线定位

按设计图纸将轴线从承重结构控制轴线直接引上,将需预埋的金属构件或固定螺栓安装尺寸标注清楚,可配合土建施工将预埋铁件或螺栓安装在混凝土中,也可将图纸提供给土建,请土建在施工时将铁件或螺栓埋入混凝土,因为灯座应与屋面板同时浇筑。

4. 灯架安装

航空障碍灯有的安装在屋面上,如图 2—6 所示。有的安装在侧墙上,如图 2—7 所示。灯架的联结件必须是热浸镀锌件,各部结构件规格应符合设计要求。承重结构的定位轴线和标高、预埋件、固定螺栓(锚栓)的规格和位置、紧固应符合设计要求。

屋面航空障碍灯底座,如预留铁件可采用电焊,如留有螺栓可用螺帽紧固,并应设置防松动装置,紧固必须牢固可靠。

墙上灯架如原预留铁件可采用焊接,如没预留铁件可采用膨胀螺栓固定。

铁件焊接处或非镀锌件,应除锈干净,应刷两度防锈漆和两度面漆。

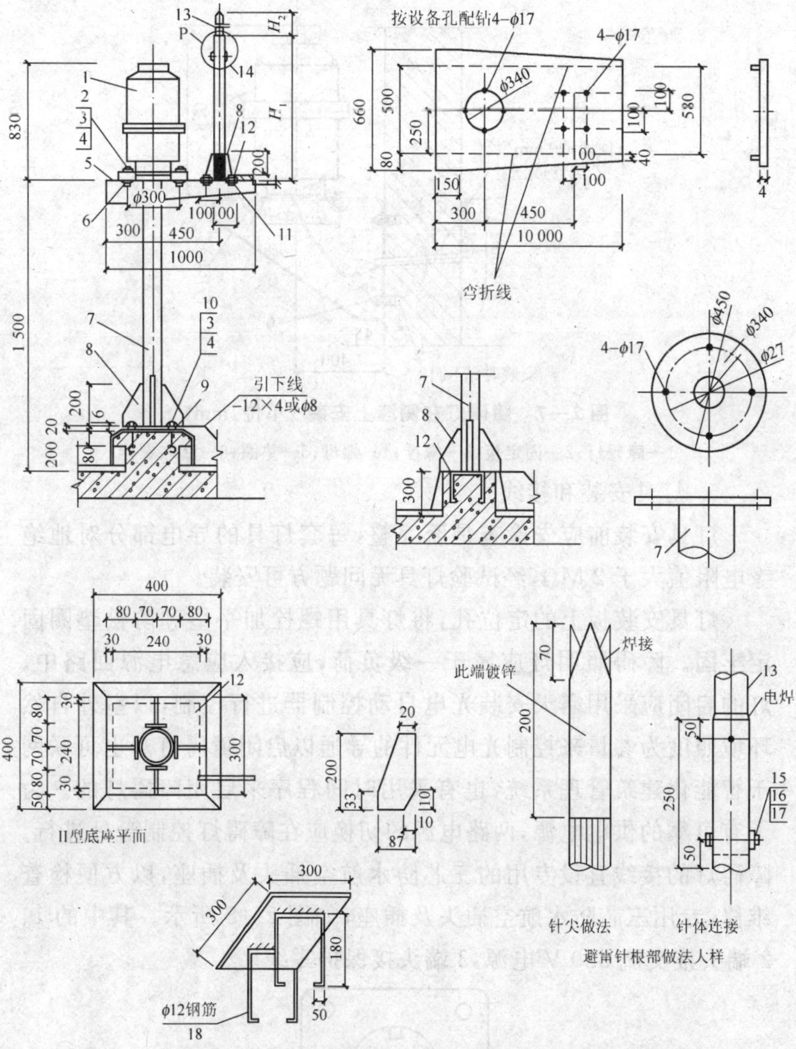

图 2—6 障碍灯在屋面上安装（单位:mm）

1—航空障碍灯;2,10,11,15—螺栓;3,16—螺母;4,17—垫圈;5—固定板;6—托盘;7—立柱;8—肋板;9,12—底板;13—避雷阵尖;14—避雷针体;18—钢筋

注:底座有两种类型,由选用者确定。底座与屋面板同时捣制并预埋螺栓或底板铁脚。

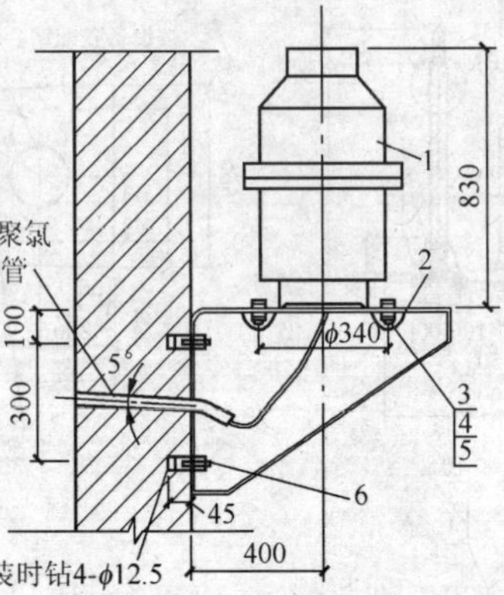

图 2—7　障碍灯在侧墙上安装（单位：mm）

1—障碍灯；2—固定板；3—螺栓；4—螺母；5—垫圈；6—膨胀螺栓

5. 灯具安装和接线

灯具安装前应先检查是否完整，每套灯具的导电部分对地绝缘电阻值大于 2 MΩ，经试验灯具无问题方可安装。

灯具安装板上的定位孔，将灯具用螺栓加平垫和防松垫圈固定牢固。障碍照明灯应属于一级负荷，应接入应急电源回路中。灯的启闭应采用露天安装光电自动控制器进行控制，以室外自然环境照度为参量来控制光电元件的导通以启闭障碍灯。也可联网于智能化建筑管理系统，也有采用时间程序来启闭障碍灯的。为了有可靠的供电电源，两路电源的切换应在障碍灯控制盘处进行。障碍灯的接线宜设专用的三芯防水航空插头及插座，以方便检查维修，专用三芯防水航空插头及插座，如图 2—8 所示。其中的 1、2 端头接交流 220 V 电源，3 端头接保护零线。

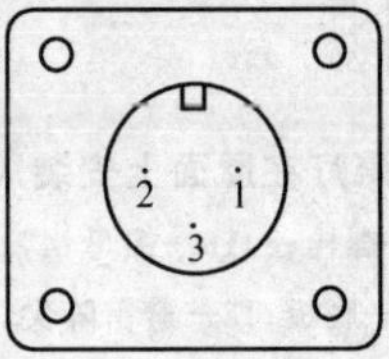

图 2—8　PLZ 型航空灯插座接线图

6. 试运行

灯具安装完毕应试调试运行，调试应按设计要求先做线路绝缘测试，调试灯起闭状态，是否满足设计或运行需要，达到要求应正常运行 24 h 后，可组织验收。

第三节　开关、插座、风扇安装

【技能要点 1】一般规定

(1)各种开关、插座和吊扇规格、型号必须符合设计要求，并经"CCC"认证的产品，且有证明文件复印件和产品合格证。

(2)各种开关、插座面板接线盒无碎裂，应具有足够的强度，表面光滑平整，无弯翘变形等现象。

(3)风扇的各种零配件应齐全，扇叶无变形和受损现象，吊杆上的悬挂销钉必须装设防震橡皮垫及防松装置，涂层完整，调速器等附件适配。

【技能要点 2】定位画线

(1)暗装开关插座及风扇在配线施工中已定位预留，在安装前应复测位置是否符合规范或施工图要求，如达不到要求应调整或重新安装接线盒。

(2)明装开关插座及风扇，在配线时也已画线定位，但应进行复核，以满足规范或设计要求。

【技能要点 3】清理底座

(1)暗装开关插座及风扇安装，开关、插座盒应采用专用盒，安装前应将预埋盒子内残存的灰块、杂物剔掉清除干净，再用湿布将盒内灰尘擦净。若盒子有锈蚀，须除锈刷漆。

(2)明装开关、插座及风扇应在定位画线处，用电锤按开关、插座及风扇的荷载重量打眼，将膨胀螺栓、塑料胀塞或尼龙胀塞按固定位置，置入固定点。

【技能要点 4】开关安装

1. 开关安装要求

(1)同一建筑物、构筑物的开关采用同一系列的产品，开关的通断位置一致，操作灵活，接触可靠。

(2)相线应经开关控制，不得设置软线引至床边的床头开关。

(3)开关安装位置便于操作，不得安装于单扇门后，开关边缘距门框边缘的距离为 0.15～0.2 m，开关距地高度为 1.3 m；拉线开关距地高度为 2～3 m。层高小于 3 m 时，拉线开关距顶板不小于 100 mm，拉线出口垂直向下。

(4)同一室内安装的开关高低差不应大于 5 mm；相同型号并列安装高低差不应大于 1 mm，并列安装的拉线开关的相邻间距不小于 20 mm。

(5)开关安装位置及控制顺序应与灯位相对应。

(6)多尘潮湿场所和户外应选用防水开关或加装保护箱。

(7)在易燃、易爆和特别潮湿的场所，开关应分别采用防爆型、密闭型或安装在其他场所控制。

2. 开关接线

(1)开关接线应控制相线，接点接触可靠，操作灵活，先将配线甩出的导线留出维修长度，用剥皮钳剥出线芯或用电工刀削出线芯，长度适宜，注意不要碰伤线芯。将导线按顺时针方向盘绕在开关、插座对应的接线柱上，然后旋紧压头。也可以将线芯直接插入接线孔内，再用顶丝将其压紧，注意线芯不得外露。多股线应挂锡再进行压接。

电工刀的使用

(1)用电工刀剖削电线绝缘层时，可把刀略微翘起一些，用刀刃的圆角抵住线芯。切忌把刀刃垂直对着导线切割绝缘层，因为这样容易割伤电线线芯。

(2)导线接头之前应把导线上的绝缘剥除。用电工刀切剥时，刀口千万别伤着芯线。

(3)电工刀的刀刃部分要磨得锋利才好剥削电线，但不可太锋利，太锋利容易削伤线芯；磨得太钝，则无法剥削绝缘层。磨刀刃一般采用磨刀石或油磨石，磨好后再把底部磨点倒角，即刃口略微圆一些。

(4)对双芯护套线的外层绝缘的剥削，可以用刀刃对准两芯线的中间部位，把导线一剖为二。

(5)圆木与木槽板或塑料槽板的吻接凹槽，就可采用电工刀在施工现场切削。通常用左手托住圆木，右手持刀切削。

(6)用民工刀可以削制木榫、竹榫。

(7)多功能电工刀的锯片，可用来锯割木条、竹条，制作木榫、竹榫。

(8)多功能电工刀除了刀片外，还有锯片、锥子、扩孔锥等。

(9)在硬杂木上拧螺钉很费劲时，可先用多功能电工刀上的锥子锥个洞，这时拧螺钉便省力多了。

(10)圆木上需要钻穿线孔，可先用锥子钻出小孔，然后用扩孔锥将小孔扩大，以利较粗的电线穿过。

(11)电线、电缆的接头处常使用塑料或橡皮带等做加强绝缘，此种带可用多功能电工刀的剪子剪断。

(12)电工刀上的钢尺，可用来检测电器尺寸。

(2)暗开关、插座的面板应紧贴墙面，应用配套螺丝紧固，四周无缝隙，安装牢固，表面光滑整洁、无碎裂、划伤，装饰帽齐全。

(3)明装开关、插座应装在塑料台(木台)上，将导线由塑料(木)台的出线孔穿出，将塑料(木)台用螺丝固定在盒子上或塑料(尼龙)胀塞上，调整好位置，以保证开关安装平整顺直，如明配线应将塑料(木)台，在进线侧割口将导线引进，槽板配线割口应与槽板吻合，压住槽板。然后用螺栓紧固塑料(木)台，再用剥皮钳或电工刀剥去线皮，将导线穿入开关或插座，将开关、插座调整好位置，应平整垂直，用螺栓紧固，按顺时针将芯线压接在接线螺栓上或插入接线柱用顶螺丝压紧，多余线应切去，多股线应挂锡。

【技能要点5】插座安装

1. 插座安装要求

(1)车间及试验室的插座安装高度距地面不小于0.3 m；特殊

场所暗装的插座不小于 0.15 m。

(2)托儿所幼儿园及小学等,儿童活动场所应采用安全插座,若采用普通插座,其安装高度不应低于 1.8 m。

(3)同一室内安装的插座高低差不应大于 5 mm;成排安装的插座高低差不应大于 1 mm。

(4)在潮湿场所,应采用密封良好并带保护接地线触头的防水防溅插座,安装高度不低于 1.5 m。在特殊潮湿和有易燃、易爆气体及粉尘的场所不应装设插座。

(5)当交流、直流或不同电压等级的插座安装在同一场所时,应有明显的区别,且必须选择不同结构、不同规格和不能互换的插座,其配套的插头,应按交流、直流或不同电压等级区别使用。

(6)当接插有触电危险家用电器的电源时,应采用能断开电源的带开关插座,开关断开相线。

2. 插座接线

(1)将配线甩出的导线留出维修长度,用剥皮钳或电工刀削出芯线,长度适宜,不要碰伤芯线,将芯线插入线孔,用顶丝压紧,芯线不得外露,多股线应挂锡再压接。

(2)插座接线应符合下列规定:

①单相两孔插座,面对插座的右孔或上孔与相线连接,左孔或下孔与零线连接;单相三孔插座,面对插座的右孔与相线连接,左孔与零线连接。

②单相三孔、三相四孔及三相五孔插座的接地或接零线接在上孔。插座的接地端子不与零线端子连接。同一场所的三相插座,接线的相序一致。

③接地或接零线在插座间不串联连接。

④插座箱是由多个插座组成的,众多插座导线连接时,应采用 LC 型压接帽压接总头后,然后再做分支线连接;也可将导线绞接在一起用焊锡焊牢,再做分支线连接,也可采用端子排相线应采用带绝缘保护罩的端子排进行分支连接。

(3)住宅插座回路应单独装设漏电保护装置。插座应使用户使用Ⅰ类和Ⅱ类家用电器。

(4)地平插座应采用专用插座,有保护面板,面板与地面齐平或紧贴地面,插座与盖板固定均应牢固、密封良好。

【技能要点6】风扇安装

1. 风扇安装要求

(1)同一室内安装的吊扇开关高度应一致,高低差不大于5 mm,并列安装的高低差不大于1 mm,且控制有序不错位。吊扇安装高度不得低于2.5 m。

(2)壁扇安装高度下侧边缘距地面不小于1.8 m,且接地或接零牢固。

(3)风扇接线用剥皮钳或电工刀将配线预留导线剥去线皮,长度适易、风扇有接线柱可压接在接线柱上,无接线柱,导线应采用压线帽压接或采用绞接再挂锡焊接,接线应牢固、正确,绝缘包扎应牢固。

2. 吊扇组装

(1)不改变扇叶角度。扇叶的固定螺钉防松零件齐全。

(2)吊杆之间、吊杆与电机之间的螺纹连接,其啮合长度每端不小于20 mm,且防松零件齐全紧固。

(3)检查接线应正确无误。

3. 吊扇安装

(1)将吊扇托起,并把预埋的吊钩将吊扇的耳环挂牢,然后接好电源接头,向上推起吊杆上的扣碗,将接头扣于其内,紧贴建筑物顶棚表面,拧紧固定螺丝。

(2)吊扇挂钩应安装牢固,吊扇挂钩的直径不应小于吊扇悬挂销钉的直径,且不得小于8 mm。吊扇悬挂销钉应装设防震橡胶垫;销钉的防松装置应齐全、可靠。

(3)涂层完整,表面无划痕、无污染,吊杆上下扣碗安装牢固到位;同一室内并列安装的吊扇开关高度一致,且控制有序不错位。

4. 壁扇安装

(1)连接电源线和保护线或线,包扎绝缘应牢固,壁扇底座采用尼龙塞或膨胀螺栓固定;尼龙塞或膨胀螺栓的数量不应少于两个,且直径不应小于 8 mm。壁扇底座固定牢固可靠。

(2)壁扇的安装,底座平面的垂直偏差不大于 2 mm,涂层完整,表面无划痕、无污染,防护罩无变形。

(3)壁扇防护罩扣紧,固定可靠。

【技能要点 7】通电试验

开关、插座风扇安装完毕后,应对各支路绝缘进行测试,合格后进行通电试验。

(1)开关通电试验

应反复试验开关是否通断灵活、接触可靠,将开关作开启位置同灯具一起通电试验。

(2)插座安装完成后,全数用插座三相检测仪检测插座接线是否正确及漏电开关动作情况,并且用漏电检测仪检测插座的所有漏电开关动作时间,不合格的必须更换;插座通电应按设计要求加负荷,所加负荷不得超过插座标注荷载,按"建筑物照明通电试运行"中进行试验。

(3)吊扇通电运转时,扇叶无明显颤动和异常声响。

(4)壁扇通电运转时,扇时和防护罩无明显颤动和异常声响。

(5)通电试验如发现问题应先断开电源,查找原因进行修复。

【技能要点 8】质量标准

1. 主控项目

(1)当交流、直流或不同电压等级的插座安装在同一场所时,应有明显的区别,且必须选择不同结构、不同规格和不能互换的插座;配套的插头应按交流、直流或不同电压等级区别使用。

检验方法:观察检查和检查安装记录。

(2)插座接线应符合下列规定:

①单项两孔插座,面对插座的右孔或上孔与相线连接,左孔或

下孔与零线连接;单项三孔插座,面对插座的右孔与相线连接,左孔与零线连接。

②单相三孔、三相四孔及三相五孔插座的接地(PE)或接零(PEN)线接在上孔。插座的接地端子不与零线端子连接。同一场所的三相插座,接线的相序一致。

③接地(PE)或接零(PEN)线在插座间不串联连接。

(3)特殊情况下插座安装应符合下列规定:

①当接插有触电危险家用电器的电源时,采用能断开电源的带开关插座,开关断开相线。

②潮湿场所采用密封型并带保护地线触头的保护型插座,安装高度不低于1.5 m。

检验方法:观察检查。

(4)照明开关安装应符合下列规定:

①同一建筑物、构筑物的开关采用同一系列的产品,开关应通断位置一致,操作灵活、接触可靠。

②相线经开关控制;民用住宅无软线引至床边的床头开关。

检验方法:观察检查。

(5)吊扇安装应符合下列规定:

①吊扇挂钩安装牢固,吊扇挂钩的直径不小于吊扇挂销直径,且不小于8 mm;有防震橡胶垫;挂销的防松零件齐全、可靠。

②吊扇扇叶距地高度不小于2.5 m。

③吊扇组装不改变扇叶角度,扇叶固定螺栓防松零件齐全。

④吊杆间、吊杆与电机间螺纹连接,啮合长度不小于20 mm,且防松零件齐全紧固。

⑤吊扇接线正确,当运转时扇叶无明显颤动和异常声响。

检验方法:观察检查和检查安装记录。

2. 一般项目

(1)插座安装应符合下列规定:

①当不采用安全插座时,托儿所、幼儿园及小学等儿童活动场所安装高度不小于1.8 m。

②暗装的插座面板紧贴墙面，四周无缝隙，安装牢固，表面光滑整洁，无碎裂、划伤，装饰帽齐全。

③车间及试(实)验室的插座安装高度距地面不小于0.3 m；特殊场所暗装的插座不小于0.15 m；同一室内插座安装高度一致。

④地面插座面板与地面齐平或紧贴地面，盖板固定牢固，密封良好。

检验方法：观察检查和检查安装记录。

(2)照明开关安装应符合下列规定：

①开关安装位置便于操作，开关边缘距门框边缘的距离为0.15～0.2 m，开关距地面高度为1.3 m；拉线开关距地面高度为2～3 m。层高小于3 m时，拉线开关距顶板不小于100 mm，拉线出口垂直向下。

②相同型号并列安装及同一室内开关安装高度一致，且控制有序不错位。并列安装的拉线开关的相邻间距不小于20 mm。

③暗装的开关面板应紧贴墙面，四周无缝隙，安装牢固，表面光滑整洁、无碎裂、划伤，装饰帽齐全。

检验方法：观察检查和检查安装记录。

(3)吊扇安装应符合下列规定：

①涂层完整，表面无划痕、无污染，吊杆上下扣碗安装牢固到位。

②同一室内并列安装的吊扇开关高度一致，且控制有序不错位。

检验方法：观察检查和检查安装记录。

(4)壁扇安装应符合下列规定：

①壁扇下侧边缘距地面高度不小于1.8 m。

②涂层完整，表面无划痕、无污染，防护罩无变形。

检验方法：观察检查和检查安装记录。

第三章　电梯电气装置施工

第一节　电梯电源、照明及配线

【技能要点1】电梯电源和照明

(1)电梯电源应专用,并应由建筑物配电间直接送至机房。

(2)电梯电源的电压波动范围不应超过±7%。

(3)机房照明电源应与电梯电源分开,并应在机房内靠近入口处设置照明开关。

(4)电梯机房内应有足够的照明,其地面照度不应低于 200 lx(勒克斯)。

(5)电梯主开关的安装应符合下列规定:

①每台电梯均应设置能切断该电梯最大负荷电流的主开关。

②主开关不应切断下列供电电路:

a. 轿厢照明、通风和报警;

b. 机房、隔层和井道照明;

c. 机房、轿顶和底坑电源插座。

③主开关的位置应能从机房入口处方便、迅速地接近。

④在同一机房安装多台电梯时,各台电梯主开关的操作机构应装设识别标志。

(6)轿厢照明和通风电路的电源可由相应的主开关进线侧获得,并在相应的主开关近旁设置电源开关进行控制。

(7)轿顶应装设照明装置或设置以安全电压供电的电源插座。

(8)轿顶检修用 220 V 电源插座(2P+PE 型)应装设明显标志。

(9)井道照明应符合下列规定:

①电源宜由机房照明回路获得,且应在机房内设置具有短路

保护功能的开关进行控制。

②照明灯具应固定在不影响电梯运行的井道壁上，其间距不应大于7 m。

③在井道的最高和最低点0.5 m以内各装设一盏照明灯。

(10)电气设备接地应符合下列规定：

①所有电气设备的外露可导电部分均应可靠接地或接零；

②电气设备保护线的连接应符合供电系统接地型式的设计要求；

③在采用三相四线制供电的接零保护(即TN)系统中，严禁电梯电气设备单独接地。

(11)电梯轿厢可利用随行电缆的钢芯或芯线作保护线。当采用电缆芯线作保护线时不得少于2根。

(12)采用计算机控制的电梯，其“逻辑地”应按产品要求处理。当产品无要求时，可按下列方式之一进行处理：

①接到供电系统的保护线(PE线)上。

当供电系统的保护线与中性线为合用时(TN-C系统)，应在电梯电源进入机房后将保护线与中性线分开(TN-C-S系统如图3—1所示)，该分离点(A点)的接地电阻值不应大于4 Ω；

②悬空“逻辑地”；

③与单独的接地装置连接，该装置的对地电阻值不得大于4 Ω。

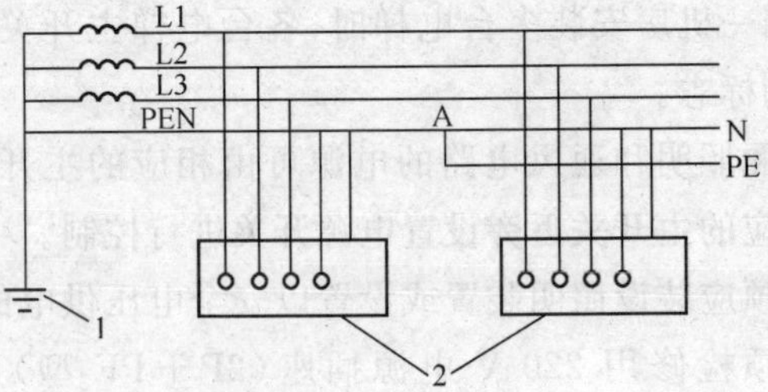

图3—1　TN-C-S系统

1—电源接地极；2—外露可导电部分

【技能要点 2】配线

(1)电梯电气装置的配线,应使用额定电压不低于 500 V 的铜芯绝缘导线。

(2)机房和井道内的配线应使用电线管或电线槽保护,严禁使用可燃性材料制成的电线管或电线槽。铁制电线槽沿机房地面敷设时,其壁厚不得小于 1.5 mm。

不易受机械损伤的分支线路可使用软管保护,但长度不应超过 2 m。

(3)轿顶配线应走向合理,防护可靠。

(4)电线管、电线槽、电缆架等与可移动的轿厢、钢绳等的距离:机房内不应小于 50 mm;井道内不应小于 20 mm。

(5)电线管安装应符合下列规定:

①电线管应用卡子固定,固定点间距均匀,且不应大于 3 m;

②与电线槽连接处应用锁紧螺母锁紧,管口应装设护口;

③安装后应横平竖直,其水平和垂直偏差应符合下列要求:

a. 机房内不应大于 2‰;

b. 井道内不应大于 5‰,全长不应大于 50 mm。

④暗敷时,保护层厚度不应小于 15 mm。

(6)电线槽安装应符合下列规定:

①安装牢固,每根电线槽固定点不应少于 2 点。并列安装时,应使槽盖便于开启。

②安装后应横平竖直,接口严密,槽盖齐全、平整、无翘角;其水平和垂直偏差应符合下列要求:

a. 机房内不应大于 2‰;

b. 井道内不应大于 5‰,全长不应大于 50 mm。

③出线口应无毛刺,位置正确。

(7)金属软管安装应符合下列规定:

①无机械损伤和松散,与箱、盒、设备连接处应使用专用接头;

②安装应平直,固定点均匀,间距不应大于 1 m,端头固定应牢固。

(8)电线管、电线槽均应可靠接地或接零,但电线槽不得作保护线使用。

(9)接线箱、盒的安装应平正、牢固、不变形，其位置应符合设计要求。当无设计规定时，中线箱应安装在电梯正常提升高度的1/2加高1.7 m处的井道壁上。

(10)导线(电缆)的敷设应符合下列规定：

①动力线和控制线应隔离敷设。有抗干扰要求的线路应符合产品要求。

②配线应绑扎整齐，并有清晰的接线编号。保护线端子和电压为220 V及以上的端子应有明显的标记。

③接地保护线宜采用黄绿相间的绝缘导线。

④电线槽弯曲部分的导线、电缆受力处，应加绝缘衬垫，垂直部分应可靠固定。

⑤敷设于电线管内的导线总截面积不应超过电线管内截面积的40%，敷设于电线槽内的导线总截面积不应超过电线槽内截面积的60%。

⑥线槽配线时，应减少中间接头。中间接头宜采用冷压端子，端子的规格应与导线匹配，压接可靠，绝缘处理良好。

⑦配线应留有备用线，其长度应与箱、盒内最长的导线相同。

(11)随行电缆的安装应符合下列规定：

①当设中线箱时，随行电缆架应安装在电梯正常提升高度的1/2加高1.5 m处的井道壁上。

②随行电缆安装前，必须预先自由悬吊，消除扭曲。

③随行电缆的敷设长度应使轿厢缓冲器完全压缩后略有余量，但不得拖地。多根并列时，长度应一致。

④随行电缆两端以及不运动部分应可靠固定。

⑤圆型随行电缆应绑扎固定在轿底和井道电缆架上，绑扎长度应为30～70 mm。绑扎处应离开电缆架钢管100～150 mm(如图3—2、图3—3所示)。

⑥扁平型随行电缆可重叠安装，重叠根数不宜超过3根，每2根间应保持30～50 mm的活动间距。扁平型电缆的固定应使用

楔形插座或卡子(如图 3—4 所示)。

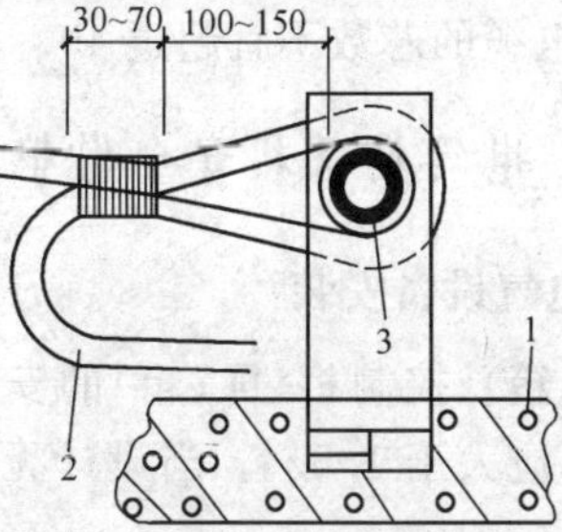

图 3—2　井道内随行电缆绑扎(单位:mm)

1—井道壁;2—随行电缆;3—电缆架钢管

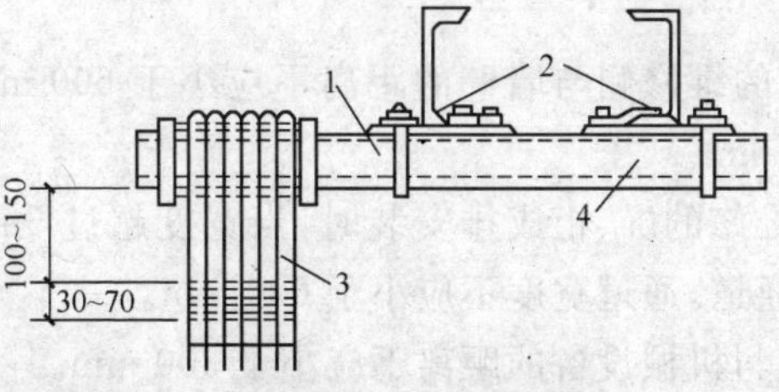

图 3—3　轿底随行电缆绑扎(单位:mm)

1—轿底电缆架;2—电梯底梁;3—随行电缆;4—电缆架钢管

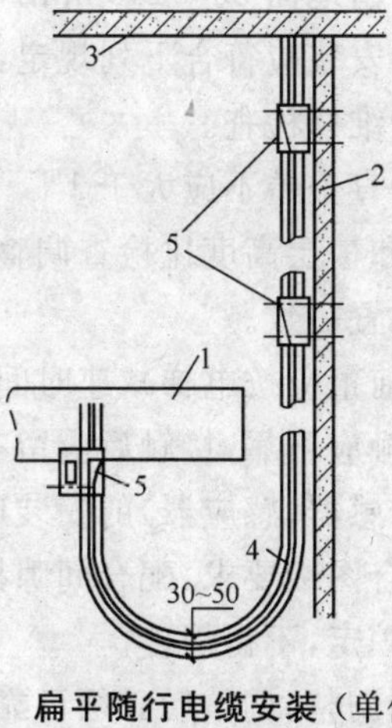

图 3—4　扁平随行电缆安装(单位:mm)

1—轿厢底梁;2—井道壁;3—机房地板;4—扁平电缆;5—楔形插座

(12)随行电缆在运动中有可能与井道内其他部件挂、碰时,必须采取防护措施。

(13)圆型随行电缆的芯数不宜超过40。

第二节　电气设备和安全保护装置安装

【技能要点1】电气设备安装

(1)配电柜(屏、箱)、控制柜(屏、箱)的安装应布局合理,固定牢固,其垂直偏差不应大于1.5‰。当设计无要求时,安装位置应符合下列规定:

①屏、柜应尽量远离门、窗,其与门、窗正面的距离不应小于600 mm。

②屏、柜的维修侧与墙壁的距离不应小于600 mm;其封闭侧不宜小于50 mm。

③双面维修的屏、柜成排安装时,当宽度超过5 m时,两端均应留有出入通道,通道宽度不应小于600 mm。

④屏、柜与机械设备的距离不应小于500 mm。

⑤机房内配电柜(屏)、控制柜(屏)应用螺栓固定于型钢或混凝土基础上,基础应高出地面50～100 mm。

(2)机械选层器的安装应符合下列规定:

①位置合理,便于维修检查。

②固定牢固,其垂直偏差不应大于1‰。

③应按机械速比和楼层高度比检查调整动、静触头位置,使之与电梯运行、停层的位置一致。

④换速触头的提前量应按电梯减速时间和平层距离调节。

⑤触头动作和接触应可靠,接触后应留有压缩余量。

(3)井道和轿顶传感器(感应器)的安装应符合下列规定:

①安装位置应符合图纸要求,配合间隙按产品说明进行调整。

②支架应用螺栓固定,不得焊接。

③应能上下、左右调整,调整后必须可靠锁紧,不得松动。

④安装后应紧固、垂直、平整,其偏差不宜大于1 mm。

(4)层门(厅门)召唤盒、指示灯盒及开关盒的安装应符合下列规定：

①盒体应平正、牢固、不变形；埋入墙内的盒口不应突出装饰面。

②面板安装后应与墙面贴实，不得有明显的凹凸变形和歪斜。

③安装位置当无设计规定时，应符合下列规定（如图 3—5、图 3—6 所示）。

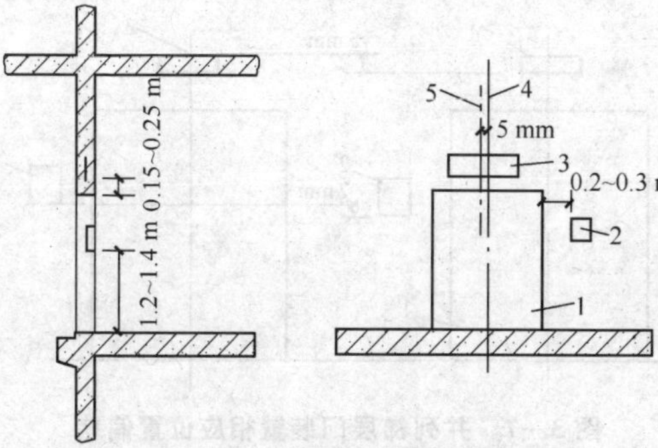

图 3—5　单梯层门装置位置

1—层门（厅门）；2—召唤盒；3—层门指示灯盒；
4—层门中心线；5—指示灯盒中心线

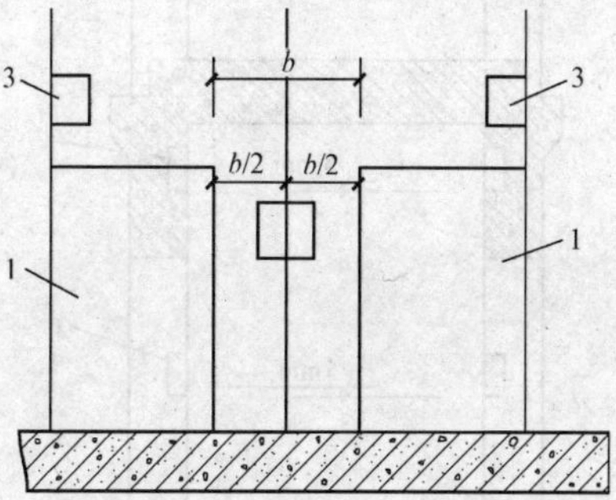

图 3—6　并联、群控电梯召唤盒

1—层门（厅门）；2—召唤盒；3—层门指示灯盒

a. 层门指示灯盒应装在层门口以上 0.15～0.25 m 的层门中心处。指示灯在召唤盒内的除外。

b. 层门指示灯盒安装后，其中心线与层门中心线的偏差不应大于 5 mm。

c. 召唤盒应装在层门右侧距地 1.2～1.4 m 的墙壁上，且盒边与层门边的距离应为 0.2～0.3 m。

d. 并联、群控电梯的召唤盒应装在两台电梯的中间位置。

④在同一候梯厅有 2 台及以上电梯并列或相对安装时，各层门对应装置的对应位置应一致，并应符合下列规定(如图 3—7、图 3—8 所示)：

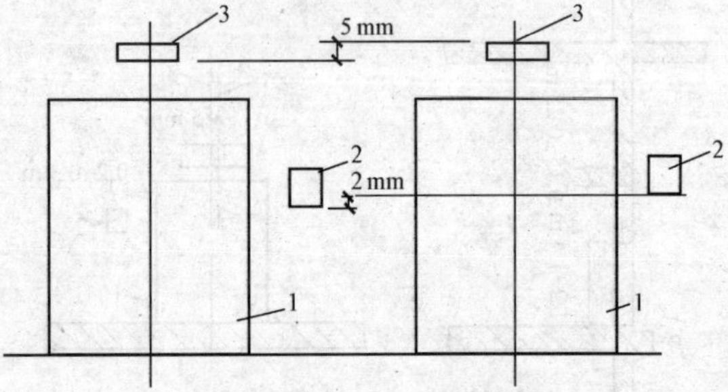

图 3—7 并列梯层门装置相应位置偏差

1—层门(厅门)；2—召唤盒；3—层门指示灯盒

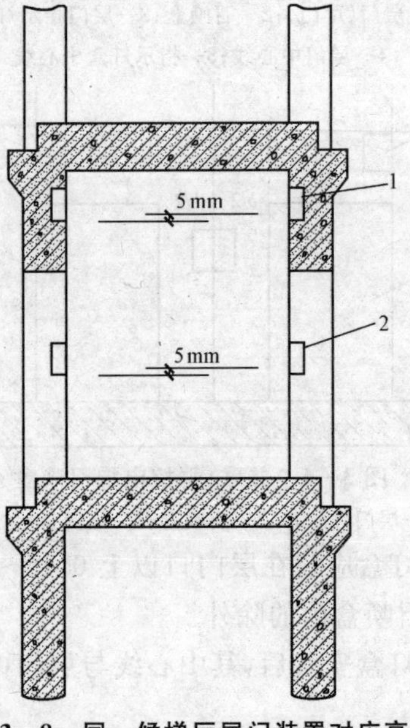

图 3—8 同一候梯厅层门装置对应高差

1—层门指示灯盒；2—召唤盒

a. 并列梯各层门指示灯盒的高度偏差不应大于 5 mm；

b. 并列梯各召唤盒的高度偏差不应大于 2 mm；

c. 各召唤盒距层门边的距离偏差不应大于 10 mm；

d. 相对安装的电梯，各层门指示灯盒的高度偏差和各召唤盒的高度偏差均不应大于 5 mm。

(5)具有消防功能的电梯，必须在基站或撤离层设置消防开关。消防开关盒宜装于召唤盒的上方，其底边距地面的高度宜为 1.6～1.7 m。

(6)层门闭锁装置应采用机械—电气联锁装置，其电气触点必须有足够的断开能力，并能使其在触点熔接的情况下可靠断开。

(7)层门闭锁装置的安装应符合下列规定：

①固定可靠，驱动机构动作灵活，且与轿门的开锁元件有良好的配合；

②层门关闭后，锁紧元件应可靠锁紧，其最小啮合长度不应小于 7 mm；

③层门锁的电气触点接通时，层门必须可靠地锁紧在关闭位置上；

④层门闭锁装置安装后，不得有影响安全运行的磨损、变形和断裂。

【技能要点 2】安全保护装置

(1)电梯的各种安全保护开关必须可靠固定，不得采用焊接固定；安装后不得因电梯正常运行时的碰撞和钢绳、钢带、皮带的正常摆动使开关产生位移、损坏和误动作。

(2)与机械相配合的各安全保护开关，在下列情况时应可靠断开，使电梯不能起动或立即停止运行：

①选层器钢带(钢绳、链条)张紧轮下落大于 50 mm 时；

②限速器配重轮下落大于 50 mm 时；

③限速器速度接近其动作速度的 95%时。对额定速度1 m/s 及以下电梯最迟可在限速器达到其动作速度时；

④安全钳拉杆动作时；

⑤任一曳引绳断开时；

⑥电梯载重量超过额定载重量的10%时；

⑦任一厅、轿门未关闭或未锁紧时；

⑧安全窗开启时；

⑨液压缓冲器被压缩时。

(3)电气系统中的安全保护装置应进行下列检查：

①错相、断相、欠电压、过电流、弱磁、超速、分速度等保护装置应按产品要求检验调整；

②开、关门和运行方向接触器的机械或电气联锁应动作灵活可靠；

③急停、检修、程序转换等按钮和开关，动作应灵活可靠。

(4)极限、限位、缓速开关碰轮和碰铁的安装应符合下列规定：

①碰铁应无扭曲变形，开关碰轮动作灵活；

②碰铁安装应垂直，允许偏差为1‰，全长不应大于3 mm。碰铁斜面除外；

③开关、碰铁应安装牢固。在开关动作区间，碰轮与碰铁应可靠接触，碰轮边距碰铁边不应小于5 mm；

④碰轮与碰铁接触后，开关接点应可靠断开，碰轮沿碰铁全长移动不应有卡阻，且碰轮应略有压缩余量；

⑤强迫缓速开关的安装位置应按产品设计要求安装。

(5)极限和限位开关的安装位置应符合设计要求，当设计无要求时，碰铁应在轿厢地槛超越上、下端站地槛50～200 mm范围内。接触碰轮，使开关迅速断开，且在缓冲器被压缩期间开关始终保持断开状态。

(6)交流电梯极限开关的安装应符合下列规定：

①钢绳应横平竖直，导向轮不应超过2个。轮槽应对成一条直线，且转动灵活。导向轮架加装延长杆时，延长杆应有足够的强度。

②上、下极限碰轮应与牵动钢绳可靠固定。

③牵动钢绳应沿开关断开方向在闸轮上复绕不少于2圈，且

不得重叠。

④安装后应连续试验5次，均应动作灵活可靠。

(7)轿厢自动门的安全触板安装后应灵活可靠，其动作的碰撞力不应大于5 N。光电及其他形式的防护装置功能必须可靠。

第三节 调整试车和工程交接验收

【技能要点1】调整试车

(1)试运转前应按下列要求进行检查：

①机房温度应保持在5～40 ℃之间，在25 ℃时环境相对湿度不应大于85%；

②机械和电气设备的安装，应具备调整试车条件；

③电气设备外露导电部分的保护线连接应符合GB 50303—2002第2.0.10条的规定；

④电气接线应正确，连接可靠，标志清晰；

⑤曳引电动机过电流、短路等保护装置的整定值应符合设计要求；

⑥继电器、接触器动作应正确可靠，接点接触应良好；

⑦电气设备导体间及导体与地间的绝缘电阻值应符合下列规定：

a. 动力设备和安全装置电路不应小于0.5 MΩ；

b. 低电压控制回路不应小于0.25 MΩ。

(2)电气安全保护装置的安装与调整应符合本规范的规定。

(3)检修速度调试运行应符合下列规定：

①制动器的调整应符合下列要求：

a. 制动力和动作行程应按设备的要求调整；

b. 制动器闸瓦在制动时应与制动轮接触严密。松闸时与制动轮应无摩擦，且间隙的平均值不应大于0.7 mm；

②全程点动运行应无卡阻，各安全间隙应符合要求；

③检修速度不应大于 0.63 m/s；

④自动门运行应平稳、无撞击；

⑤平衡系数应调整为 40%～50%。

(4)额定速度调试运行应符合下列要求：

①轿厢内置入平衡负载，单层、多层上下运行，反复调整，升至额定速度，起动、运行、减速应舒适可靠，平层准确；

②在工频下，曳引电动机接入额定电压时，轿厢半载向下运行至行程中部时的速度应接近额定速度，且不应超过额定速度的5%。加速段和减速段除外。

(5)运转试验应符合下列要求：

①运转功能应符合设计要求，指令、召唤、选层定向、程序转换、起动运行、截车、减速、平层等装置功能正确可靠，声光信号显示清晰正确；

②调整上、下端站的换速、限位和极限开关，使其位置正确，功能可靠；

③空载、半载和满载试验应符合下列要求：

a. 在通电持续率为 40%的情况下，往返升降各 2 h；

b. 电梯运行应无故障，起动应无明显的冲击，停层应准确平稳；

c. 制动器动作应可靠；

d. 制动器线圈温升不应超过 60 ℃；减速机油的温升不应超过 60 ℃，且温度不得超过 85 ℃。

(6)超载试验应符合下列要求：

①应在轿厢内置入 110%的额定负载，在通电持续率为 40%的情况下，往返运行 0.5 h；

②电梯应安全可靠地起动、运行；

③减速机、曳引电动机应工作正常，制动器动作应可靠。

(7)平层准确度应符合表 3—1 的规定。

表 3—1　平层准确度

电梯类别	额定速度(m/s)	平层准确度(mm)
交流双速	≤0.63	=15
交流双速	≤1.00	=30
交直流调速	≤2.00	=15
交直流调速	≤2.50	=10

(8)技术性能测试应符合下列规定：

①电梯的加速度和减速度的最大值不应超过 1.5 m/s^2。额定速度大于 1 m/s、小于 2 m/s 的电梯，平均加速度和平均减速度不应小于 0.5 m/s^2。额定速度大于 2 m/s 的电梯，平均加速度和平均减速度不应小于 0.7 m/s^2；

②乘客、病床电梯在运行中，水平方向的振动加速度不应大于 0.15 m/s^2，垂直方向的振动加速度不应大于 0.25 m/s^2；

③乘客、病床电梯在运行中的总噪声应符合下列规定：

a. 机房噪声不应大于 80 dB；

b. 轿厢内噪声不应大于 55 dB；

c. 开关门过程中噪声不应大于 65 dB。

【技能要点 2】工程交接验收

在交接验收时，应提交下列资料和文件：

(1)电梯类别、型号、驱动控制方式、技术参数和安装地点。

(2)制造厂提供的随机文件和图纸。

(3)变更设计的实际施工图及变更证明文件。

(4)安全保护装置的检查记录。

(5)电梯检查及电梯运行参数记录。

第四章　电气设备

第一节　变压器、箱式变电所安装

【技能要点1】一般规定

(1)变压器、箱式变电所的容量、规格及型号必须符合设计要求。附件、备件齐全，油浸变压器油位正常，无渗油现象，有出厂合格证及技术数据文件。

变压器的分类及铭牌

1. 变压器的分类

电力变压器可以将高电压变换成低电压或将低电压变换成高电压。其分类和表示符号列于表4—1中。电力变压器的产品型号在新的标准中有所改动，但新与旧的变动不大。

表4—1　电力变压器的分类和表示符号

序号	分类	类别	代表符号	
			新型号	旧型号
1	椢数	单相	D	D
		三相	S	S
2	绕组外绝缘介质	变压器油	—	—
		空气	G	K
		成型固体	C	C
3	冷却方式	油浸自冷式	不表示	J
		空气自冷式	不表示	不表示
		风冷式	F	F
		水冷式	W	S
4	油循环方式	自然循环	不表示	不表示
		强迫油导向循环	D	不表示
		强迫油循环	P	P

续上表

序号	分类	类别	代表符号	
			新型号	旧型号
5	绕组数	双绕组	不表示	不表示
		三绕组	S	S
6	调压方式	无励磁调压	不表示	不表示
		有载调压	Z	Z
7	绕组导线材料	铜	不表示	不表示
		铝	不表示	L
8	绕组耦合方式	自耦	O	O
		分裂		

注：1.型号后还可加注防护类型代号，例如：湿热带 TH、干热带 TA 等。
2.自耦变压器，升压时"O"列型号之后；降压时"O"列型号之前。

2. 变压器的铭牌与型号

变压器的型号由两部分构成：前一部分由汉语拼音字母组成，用以表示变压器的类别、结构等特征和用途；后一部分由数字组成，表示变压器的容量和高压侧的电压等。电力变压器型号中的符号含义见表 4—2。

表 4—2　电力变压器型号中的符号含义

项目	符号		项目	符号	
	新标准	旧标准		新标准	旧标准
单相变压器	D	D	强迫油导向循环	D	不表示
三相变压器	S	S	双绕组变压器	不表示	不表示
油浸式	不表示	J	三绕组变压器	S	S
空气自冷式	不表示	木表示	自耦变压器	0	0
风冷式	F	F	无励磁调压	不表示	不表示
水冷式	W	S	有载调压	Z	Z
油自然循环	不表示	不表示	铝线变压器	不表示	L
强迫油循环	P	P			

变压器型号标注如图 4—1 所示。

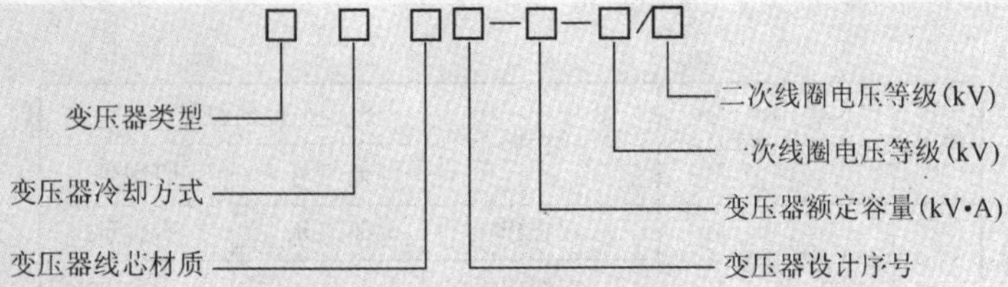

图 4—1　变压器型号标注组成

(2)额定容量 S_N

在变压器铭牌所规定的额定条件下,变压器二次侧输出的额定视在功率即为额定容量,单位为 kV · A。

(3)额定电压 U_{1N}和 U_{2N}

一次绕组的额定电压 U_{1N}是指在绝缘强度和允许湿度所规定条件下,一次绕组上加的电压值;二次绕组的额定电压 U_{2N}是指变压器空载时,一次绕组加以额定电压 U_{1N}时二次绕组两端的电压值。在三相变压器中均指线电压。

(4)额定电流 I_{1N}和 I_{2N}

额定电流指变压器在正常动行时,一、二次侧允许长期通过的最大电流。在三相变压器中均指线电流。

(5)额定频率 f_N

变压器在运行时,电源频率要与为压器的额定频率 f_N 相一致。额定频率不同的变压器是不能换用的。我国生产的变压器的额定频率都是 50 Hz。

(6)阻抗压降 U_k

阻抗压降 U_k 是指变压器二次侧短,一次侧施加电压使二次侧短路电流慢慢升高到额定值时,一次侧所加电压的数值。一般以额定电压的百分数表示。阻抗电压是考虑短路电流和断电保护特性的依据,又是变压器并联运行时必须满足的条件。

(7)温升

油面温升是指变压器在额定状态下工作时,油箱中油面温度允许超出周围环境温度的数值。

(8)连接组

三相变压器的连接组决定了高低压线圈之间的电压相位关系。变压器并联运行时必须连接组别相同。

(2)变压器本体外观检查无损伤及变形,油漆完好无损伤。箱式变电所内外涂层完整、无损伤,有通风口的风口防护网完好。

(3)干式变压器温度计及温控仪表安装正确,指示值正常,整定值符合要求。油式变压器的气体继电器安装方向应正确,打气试验接点动作要正确。

变压器的构造

电力变压器主要由铁心和套在铁心上的绕组构成。为了改善散热条件,大、中容量的变压器的铁心和绕组浸入盛满油的封闭油箱中,各绕组对外线路的连接则经绝缘套管引出。为了使变压器安全、可靠地运行,还有油枕、安全气道、无励磁分接开关和瓦斯继电器等附件。图 4—2 为油浸式电力变压器的结构外形图。

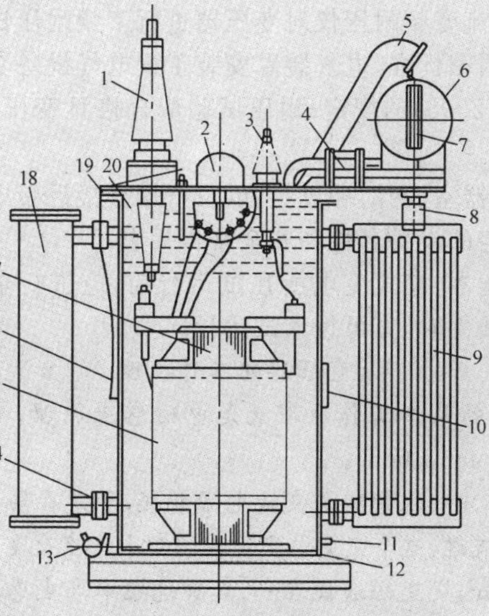

图 4—2　油浸式电力变压器结构示意图

1—高压套管;2—分接开关;3—低压套管;4—气体继电器;5—安全气道(防爆管);6—油枕(储油柜);7—油表;8—呼吸器(吸湿器);9—散热器;10—铭牌;11—放油孔;12—底盘槽钢;13—油阀;14—油管法兰;15—绕组;16—油温计;17—铁心;18—散热器;19—肋板;20—箱盖

(4)高压套管及硬母线相色漆应正确，套管瓷件应完好、清洁，接地小套管应接地。变压器接地应良好，接地电阻应合格。避雷器、跌落开关等附属设备安装应正确。高低压熔断器的位置安装应正确，熔丝符合要求。

(5)变压器控制系统二次回路的接线应正确，经试操作情况良好。保护按整定值整定。变压器引出线连接应良好，相位、相序符合要求。

(6)变压器基础的轨道应水平，轨距与轮距应配合，装有气体继电器的变压器顶盖，沿气体继电器的气流方向有1.0%～1.5%的升高坡度。

(7)变压器线圈对低压线圈之间的绝缘电阻和高压线对地的绝缘电阻均不得小于100 MΩ(用2 500 V摇表测量)。低压线圈对地绝缘电阻和穿心螺杆对地绝缘电阻均不得小于500 MΩ(用1 000 V摇表测量)。

(8)用交流变频耐压仪对变压器进行工频耐压试验；施加工频电压按现行国家标准《电气装置安装工程电气设备交接试验标准》(GB 50150—2006)的规定；耐压试验应合格且变压器没有遗留任何异物。

(9)变压器室、网门和遮拦，以及可攀登接近带电设备的设施，标有符合规定的设备名称和安全警告标志。

(10)变压器、箱式变电所在试运行前，应进行全面检查，确认其符合运行条件时，方可投入试运行。

变压器的工作原理

变压器的基本工作原理就是电磁感应原理，单相变压器的原理图如图4—3所示。

图4—3中一次绕组与交流电源相接，于是在第一次绕组中就有交变电流流过，这个交变电流便在铁心中产生交变磁通。从电磁感应原理可知，交变磁通便在一、二次绕组中产生感应电动势。若变压器的二次绕组与负载相接，对负载来说，二次绕组中的感应电动势就相当于电源的电动势。如果二次绕组所接负载是一只灯泡，则交流电能通过铁心中的交变磁通从一次绕组传递到二次绕组中而使灯泡发光。只要适当地选择变压器一、二次绕组的匝数，就可以利用变压器达到改变交流电压和电流大小的目的。

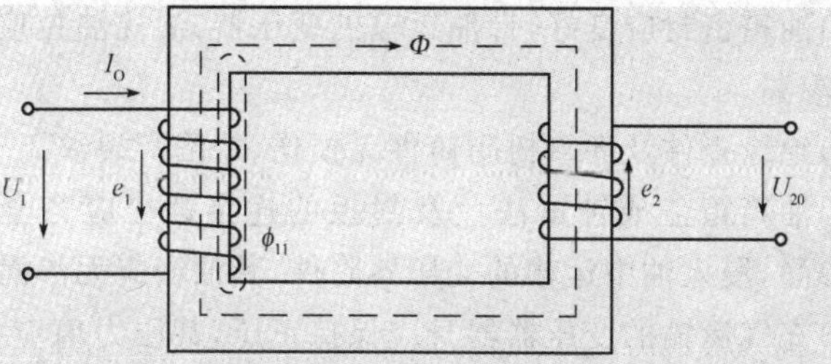

图 4—3　单相变压器

在闭合铁心回路的芯柱上绕有两个互相绝缘的绕组。与电源相接的绕组叫一次侧绕组，其匝数为 N_1；与负载相连接的绕组叫二次侧绕组，其匝数为 N_2。

由此可见，变压器一、二次绕组的电流大小与绕组的匝数成反比，即绕组匝数多的一侧电压高，电流小；匝数小的一侧电压低，电流大。

以上分析是单相变压器的工作原理，利用 3 个单相变压器就可实现三相电源的变压。实际上为了节省材料和提高变压器的效率，可直接制成一个三相变压器，其工作原理与单相变压器的相同。

【技能要点 2】变压器安装

1. 基础验收

变压器就位前，要先对基础进行验收，基础的中心与标高应符合设计要求，轨距与轮距应互相吻合，具体要求为：

(1)轨道水平误差不应超过 5 mm；

(2)实际轨距不应小于设计轨距，误差不应超过＋5 mm；

(3)轨面对设计标高的误差不应超过±5 mm；

(4)按鲁 SN－027 设备基础复验记录，做好验收记录。

2. 设备开箱检查

(1)设备开箱检查应由施工单位、供货方会同监理单位、建设单位代表共同进行，并做好开箱检查记录。

(2)开箱后，按照设备清单、施工图纸及设备技术文件核对变压器规格型号应与设计相符，附件与备件齐全无损坏。

(3)变压器外观检查无机械损伤及变形，油漆完好，无锈蚀。

(4)油箱密封应良好,带油运输的变压器,油枕油位应正常,油液应无渗漏。

(5)绝缘瓷件及环氧树脂铸件无损伤、缺陷及裂纹。

(6)油箱箱盖或钟罩法兰及封扳的连接螺栓应齐全,坚固良好,无渗漏,浸入油中运输的变压器附件,其油箱应无渗漏。

(7)充气运输的变压器器身应保持正压,其压力值应为0.01～0.03 MPa。

(8)装有冲击纪录的仪器设备,应检查记录设备在运输和装卸中的受冲击情况。

(9)干式变压器包装及防潮设施完好,无雨水浸入痕迹。

(10)产品的铭牌参数、外形尺寸、外形结构、重量、引线方向等,符合合同要求和国家现行有关标准的规定。

(11)产品说明书、检验合格证、出厂试验报告、装箱清单等随机文件齐全。

3. 设备二次搬运

(1)变压器二次搬运应由起重工作业,电工配合,搬运时最好采用汽车吊和汽车,如距离较短时,且道路较平坦时可采用倒链吊装、卷扬机拖运、滚杠运输等。变压器重量参见表4—3。

表4—3 变压器及箱式变电所参考重量

型式	序号	容量(kV·A)	重量(t)
树脂浇铸干式变压器	1	100～200	0.71～0.92
	2	250～500	1.16～1.90
	3	630～1 000	2.08～2.73
	4	1 250～1 600	3.39～4.22
	5	2 000～2 500	5.14～6.30
油浸式电力变压器	1	100～180	0.6～1.0
	2	200～420	1.0～1.8
	3	500～630	2.0～2.8
	4	750～800	3.0～3.8
	5	1 000～1 250	3.5～4.6
	6	1 600～1 800	5.2～6.1

(2)变压器吊装时,索具必须检查合格,钢丝绳必须挂在油箱的吊钩上,变压器顶盖上盘的吊环仅作吊芯检查用,严禁用此吊环吊装整台变压器。

(3)变压器搬运时,用木箱或纸箱将高低压绝缘瓷瓶罩住进行保护,使其不受损伤。

(4)变压器搬运过程中,不应有严重冲击或震动情况,利用机械牵引时,牵引的着力点应在变压器重心以下,以防倾斜,运输倾斜角不得超过15°,防止内部结构变形。

(5)用千斤顶顶升大型变压器时,应将千斤顶放置在油箱千斤顶支架部位,升降操作应协调,各点受力均匀,并及时垫好垫块。

(6)大型变压器在搬运或装卸前,应核对高低压侧方向,以免安装时调换方向发生困难。

4. 器身检查

变压器到达现场后,应按产品技术文件要求进行器身检查。

(1)当满足下列条件之一时,可不必进行器身检查。

①制造厂规定可不作器身检查者。

②就地生产仅作短途运输的变压器,且在运输过程中进行了有效的监督,无紧急制动、剧烈振动、冲撞或严重颠簸等异常情况者。

③容量在1 000 kV·A及其以下且运输过程中无异常情况的。

(2)器身检查应具备以下条件:

①为减少器身暴露在空气中增加器身受潮的机会,在作器身检查时,要选择无风晴朗的天气进行,并且场地周围应清洁,并应有防尘措施。雨雪天或雾天应在室内进行。

②环境温度不低于0 ℃,器身温度不能低于周围空气温度。当器身温度低于周围空气温度时应将器身加热,使其温度高于周围空气温度10 ℃。

③气温相对湿度不大于65%时,器身在空气中的暴露时间不得大于16 h。空气相对湿度不大于65%且小于或等于75%时,器

身在空气中的暴露时间不得大于 12 h,器身暴露时间的计算起止点为:带油运输的变压器,由开始放油时算起,不带油运输的变压器,由打开顶盖或任一堵塞算起至注油开始止。

④干式电力变压器未带电时,有载分开关在操作 10 个循环后,切换动作正常,位置指示正确。

⑤触头完好无损,接触良好,每对独头的接触电阻值不大于 500 $\mu\Omega$。

⑥过渡电阻和边线完好,电阻值与铭牌数值相差不大于 ±10%。

⑦切换动作顺序和切换过程符合产品技术要求和国家现行有关标准的规定。

⑧按制造厂的要求进行检查和调整试验。

⑨绝缘屏障应完好,且固定牢固,无松动现象。

⑩检查强油循环管路与下轮绝缘接口部位的密封情况。

⑪检查各部位应无油泥、水滴和金属屑末等杂物。

注:变压器有围屏者,可不必解除围屏,由于围屏遮蔽而不能检查的项目,可不予检查,铁心检查时,无法拆开的可不测。

(3)吊器身:

①起吊前为防止变压器顶盖螺栓拆下后变压器油溢出应将变压器油箱中的油放出一部分。

②拆除油箱与器身相边的所有螺栓。将吊索系在变压器顶盖的吊环上,使吊索与铅垂线的夹角不大于 30°;若大于 30°,可用控制横梁进行控制。

③起吊过程中,速度要缓慢,且要保证器身与箱壁不得碰撞。

④器身吊出后,用干净的枕木垫在油箱上面,然后,将器身放在枕木上面。

(4)器身检查的主要项目和要求符合下列规定:

①运输支撑和器身各部位应无移动现象,运输用的临时防护装置及临时支撑应予拆除,并经过清点做好记录以备查。

②所有螺栓应紧固,并有防松措施;绝缘螺栓应无损坏,防松

绑扎完好。

③铁心应无变形，铁轮与夹件间的绝缘垫应良好；铁心应无多点接地；铁心外引接地的变压器，拆开接地线后铁心对地绝缘应良好；打开夹件与铁轮接地片后，铁轮螺杆与铁心、铁轮与夹件、螺杆与夹件间的绝缘应良好；当铁轮采用钢带绑扎时，钢带对铁轮的绝缘应良好；打开铁心屏蔽接地引线，检查屏蔽绝缘良好；打开夹件与线圈压板的连线，检查压钉绝缘应良好；铁心拉板及铁轮拉带应紧固，绝缘良好（无法打开铁心的可不检查）。

④绕组绝缘层应完整，无缺损、变位现象；各绕组应排列整齐，间隙均匀，油路无堵塞；绕组的压钉应紧固，防松螺母应锁紧。

⑤绝缘围屏绑扎牢固，围屏上所的线圈引出处的封闭应良好。

⑥引出线绝缘包扎紧固，无破损、折弯现象；引出线绝缘距离应合格，固定牢靠，其固定支架应紧固；引出线的裸露部分应无毛刺或尖角，且焊接应良好；引出线与套管的连接应牢靠，接线正确。

⑦无励磁分接开关安装时，器身检查应符合下列要求：

a. 无励磁分接开关完好无损，安装正确，操作灵活，分接位置指示绕组分接头位置对应正确。

b. 操作部件完好，绝缘良好，无损伤和受潮，固定良好。

c. 无励磁分接开关在操作 3 个循环后，每个分接位置测量触头接触电阻值不大于 500 $\mu\Omega$。

d. 无励磁分接开关调换使用接线柱和连接导体者，接线柱所标示分接位置与绕组分接头位置对应正确。

e. 无励磁分接开关的接线柱和连接导体，表面清洁、无裂纹、无损伤、螺纹完好；片形连接导体表面光滑、无气孔、无砂眼、无夹渣，以及无其他影响载流和机械强度等缺陷。

⑧有载分接开关装置符合设计要求：手动、电动操作均应灵活，无卡滞，逐级控制正确，限位和重负荷保护正确可靠。

(5)器身检查完毕后，必须用合格的变压器油进行冲洗，并清洗油箱底部，不得有遗留杂物。箱壁上的阀门应开闭灵活、指示正确。导向冷却的变压器还应检查和清理进油管接头和联箱；将油箱内部进行彻底的清理，确保箱内无任何杂物存在，然后在油箱上放好密封垫，上好顶盖上的螺栓最后，将同牌号的合格变压器注入油箱内。

(6)充氮气的变压器进行器身检查时，必须让器身在空气中暴露 15 min 以上，使氮气充分扩散到空气中方可进行。若需进入油箱内进行检查时，必须用清洁干燥的空气将油箱内的氮气全部排除后才可进入。

(7)不同牌号的变压器油或同牌号的新油与旧油不宜混合使用，否则应作混油试验，注入油的温度要高于器身的温度，以便驱除器身表面的潮气，提高器身的绝缘强度。

(8)带油运输的变压器不需进行干燥处理的条件如下：

①绝缘油的电气强度合格，油中无水分存在。

②绝缘电阻及吸收比(或极化指数)符合规定。

③介质损耗角的正切值符合规定要求。

(9)充气运输的变压器不需进行干燥处理的条件如下：

①器身内的压力保持正压。

②残油中微量水分不应大于 30×10^{-6}(30 ppm)，电气强度不低于 30 kV。

③变压器注入合格绝缘油后，绝缘油所含微量水分及其电气强度、绝缘油电阻等均应符合规定。

5. 变压器就位

(1)变压器就位可用汽车吊直接进行就位，由起重工操作，电工配合，可用道木搭设临时轨道，用倒链拉入设计位置。

(2)就位时，应注意其方位和距墙尺寸应与设计要求相符，允许误差为±25 mm，图纸无标注明，纵向按轨道定位，横向距离不得小于 800 mm，距门不得小于 1 000 mm，并使屋内预留吊环的垂线位于变压器中心，以便于进行吊芯检查，干式变压器图纸无注明时，安装维修最小环境距离应符合图 4—4 和表 4—4 的要求。

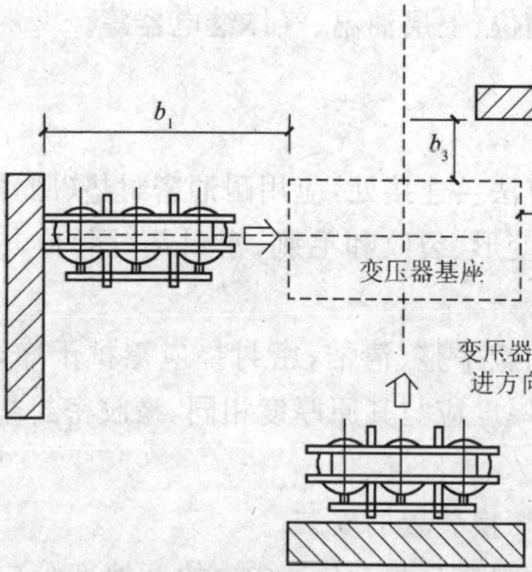

图 4—4　干式变压器安装维修最小距离示意

表 4—4　干式变压器安装维修最小距离

部位	周围条件	最小距离(mm)
b_1	有导轨	2 600
	无导轨	2 000
b_2	有导轨	2 200
	无导轨	1 200
b_3	距墙	1 100
b_4	距墙	600

(3)变压器基础的轨道应水平，轨距与轮距应配合，装有气体继电器的变压器顶盖，沿气体继电器的气流方向有 1.0%～1.5% 的升高坡度。

(4)变压器与封闭母线连接时，其套管中心线应与封闭母线中心线相符。

(5)变压器宽面推进时，低压侧应向外；窄面推进时，油枕侧应向外。装有开关的一侧操作方向上应留有 1 200 mm 以上的距离。

(6)装有滚轮的变压器，滚轮应转动灵活，在变压器就位后，应将滚轮用能拆卸的制动装置加以固定。

(7)油浸变压器的安装，能考虑能在带电的情况下，方便检查油枕和套管中的油位、上层油温、气体继电器等。

6. 附件安装

(1)密封处理

①设备的所有法兰连接处,应用耐油密封垫(圈)密封;密封垫(圈)必须无扭曲、变形、裂纹和毛刺;密封垫(圈)应与法兰面的尺寸相配合。

②法兰连接面应平整、清洁;密封垫应擦拭干净,安装位置应准确;其搭接处的厚度应与其原厚度相同,橡胶密封垫的压缩量不宜超过其厚度的1/3。

(2)有载调压切换装置的安装

①传动部分润滑应良好(传动结构的磨擦部分应涂以适合当地气候条件的润滑脂)。动作灵活,无卡阻现象;点动给定位置与开关实际位置一致,自动调节符合产品的技术文件要求。

②切换开关的触头及其连接线应完整无损,且接触良好,其限流电阻应完好,无断裂现象。

③切换装置的工作顺序应符合产品出厂技术要求;切换装置在极限位置时,其机械联锁与极限开关的电气联锁动作应正确。

④位置指示器应动作正常,指示正确。

⑤切换开关油箱内应清洁,油箱应做密封试验,且密封良好;注入油箱中的绝缘油,其绝缘强度应符合产品的技术要求。

(3)冷却装置的安装

①冷却装置在安装前应按制造厂规定的压力值用气压或油压进行密封试验,其中散热器、强迫油循环风冷却器,持续30 min应无渗漏;强迫油循环水冷器,持续1 h应无渗漏,水、油系统应分别检查渗漏。

②冷却装置安装前应用合格的绝缘油经净油机循环冲洗干净,并将残油排尽。冷却装置安装完毕后即注满油。

③风扇电动机及叶片应安装牢固,并应转动灵活,无卡阻;试转时应无振动、过热;叶片应无扭曲变形或与风扇碰擦等情况,转向应正确;电动机的电源配线应采用耐油性能的绝缘导线。

④管路中的阀门应操作灵活，开闭位置应正确；阀门及法兰连接处应密封良好。

⑤外接油管路在安装前，应进行彻底除锈并清洗干净；管道安装后，油管应涂黄漆，水管应涂黑漆，并设有流向标志。

⑥油泵转向应正确，转动时应无异常噪声、振动或过热现象；其密封应良好，无渗油或进气现象。

⑦差压继电器、流速继电器应经校验合格，且密封良好，动作可靠。

⑧水冷却装置停用时，应将水放尽。

(4)储油柜的安装

①储油械安装前，应清洗干净。

②胶囊式储油柜中胶囊或隔膜式储油柜中的隔膜应完整无破损；胶囊在缓慢充气胀开后检查应无漏气现象。

③胶囊沿长度方向应与储油柜的长轴保持平行，不应扭偏；胶囊口的密封应良好，呼吸应通畅。

④油位表动作应灵活，油位表或油标管的指示必须与储油柜的真实油位相符，不得出现假油位。油位表的信号接点位置正确，绝缘良好。

(5)升高座的安装

①升高座安装前，应先完成电流互感器的试验；电流互感器出线端子板应绝缘良好，无渗油现象。

②安装升高座时，应使电流互感器铭牌位置面向油箱外侧，放气塞位置应在升高座最高处。电流互感器和升高座的中心应一致。

③绝缘筒应安装牢固，其安装位置不应使变压器引出线与之相碰。

(6)套管的安装

①套管安装前先进行检查：瓷套表面应无裂缝、伤痕；套管、法兰颈部及均压球内壁应清擦干净；套管经试验合格，充油套管无渗油现象、油位指示正常。

②当充油管介质损失角正切值(tanσ,%)超过标准,且确认其内部绝缘受潮时,应进行干燥处理。

③套管顶部结构的密封垫应安装正确,密封应良好,连接引线时,不应使顶部结构松扣。

④充油套管的油标应面向外侧,套管末屏应接地良好。

(7)气体继电器安装

①气体继电器安装前应经检验整定,以检验其严密性及绝缘性能并作流速整定。油速整定范围为:管径为 80 mm 者为 0.7~1.5 m/s,管径为 50 mm 者为 0.6~1.0 m/s。

②气体继电器应水平安装,观察窗应装在便于检查的一侧,箭头方向应指向油枕,与连通管的连接应密封良好,截油阀应位于油枕和气体继电器之间。

③打开放气嘴,放出空气,直到有油溢出时将放气嘴关上,以免有空气使继电保护器发生误动作。

④当操作电源为直流时,必须将电源正极接到水银侧的接点上,以免接点断开时产生飞弧。

⑤事故喷油管的安装方位,应注意到事故排油时不致危及其他电器设备;喷油管口应换为割划有十字线的玻璃,以便发生故障时气流能顺利冲破玻璃。

(8)安全气道(防爆管)安装

①安全气道安装前内壁应清试干净,防爆隔膜应完整,其材料和规格应符合产品的技术规定,不得任意代用。

②安全气道斜装在油箱盖上,安装假斜方向应按制造厂规定,厂方无明显规定时,宜斜向储油柜侧。

③防焊隔膜信号接线正确,接触良好。

(9)干燥器(吸湿器、防潮呼吸器、空气过滤器)安装

①检查硅胶是否失效(对浅兰色硅胶,变为浅红色即已失效;白色硅胶不加鉴定一律进行烘烤)。如已失效,应在 115~120 ℃温度下烘烤 8 h,使其复原或更新。

②安装时必须将干燥器盖子处的橡皮垫取掉,使其畅通,并在

盖子中装适量的变压器油，起滤尘作用。

③干燥器与储气柜间管路的连接应密封良好，管道应通畅。

④干燥器油封油位应在油面线上；但隔膜式储油柜变压器应按产品要求处理(不到油封或少放油，以便胶囊易于伸缩呼吸)。

(10)温度计安装

①套管温度计安装，应直接安装在变压器上盖的预留孔内，并在孔内加以适当变压器油。刻度方向应便于检查。

②电接点温度计安装前应进行检验，油浸变压器一次元件应安装在变压器顶盖上的温度计套筒内，并加适当变压器油；二次仪表挂在变压器一侧的预留板上。干式变压器一次元件应按厂家说明书位置安装，二次仪表安装在便于观测的变压器护网栏上。软管不得有压扁或死弯，弯曲半径不小于 50 mm，富余部分应盘圈并固定在温度计附近。

③干式变压器的电阻温度计，一次元件应预埋在变压器内，二次仪表应安装值班室或操作台上，导线应符合仪表要求，并加以适当的附加电阻校验调试后方可使用。

7. 变压器结线

(1)变压器的一、二次结线、地线、控制导线均应符合相应各章的规定，油浸变压器附件的控制导线，应采用具有耐油性能的绝缘导线。靠近箱壁的绝缘导线应排列整齐，并有保护措施；接线盒密封应良好。

(2)变压器一、二次引线的施工，不应使变压器的套管直接承受应力。

(3)变压器的低压侧中性点必须直接与接地装置引出的接地干线进行连接，变压器箱体、干式变压器的支架或外壳应进行接地，且有标识。所有连接必须可靠，紧固件及防松零件齐全。

(4)变压器中性点的接地回路中，靠近变压器处，宜做一个可拆卸的连接点。

8. 变压器试验

(1)变压器的交接试验应由当地供电部门许可的有资质的试

验室进行，试验标准符合现行国家标准《电气装置安装工程电气设备交接试验标准》(GB 50150—2006)的规定。

(2)变压器交接试验的内容：

①测量绕组连同套管的直流电阻。

②检查所有分接头的变压比。

③检查变压器的三相结线组别和单相变压器引出线的极性。

④测量绕组连同套管的绝缘电阻、吸收比或极化指数。

⑤测量绕组连同套管的介质损耗角正切值。

⑥测量绕组连同套管的直流泄漏电流。

⑦绕组连同套管的交流耐压试验。

⑧绕组连同套管的局部放电试验。

⑨测量与铁芯绝缘的各紧固件及铁芯接地线引出套管对外壳的绝缘电阻。

⑩非纯瓷套管的试验。

⑪绝缘油试验。

⑫有载调压切换装置的检查和试验。

⑬额定电压下的冲击合闸试验。

⑭检查相位。

⑮测量噪声。

9. 送电前的检查

变压器试运行前必须由监理和电力部门检查合格，并做全面检查，确认符合试运行条件时方可投入运行。检查内容如下：

(1)各种交接试验单据齐全，数据符合要求。

(2)变电器应清理、擦拭干净，顶盖上无遗留杂物，本体、冷却装置及所有附件应无缺损，且不渗油。

(3)变压器一、二次引线相位正确，绝缘良好。

(4)接地线良好且满足设计要求。

(5)通风设施安装完毕，工作正常，事故排油设施完好，消防设施齐备。

(6)油浸变压器油系统油门应打开，油门指示正确，油位正常。

(7)油浸变压器的电压切换装置及干式变压器的分接头位置放置正常电压挡位。

(8)保护装置整定值符合规定要求;操作及联动试验正常。

(9)干式变压器护栏安装完毕。各种标志牌挂好,门窗封闭完好,门上挂锁。

10. 送电试运行

(1)变压器第一次投入试运行,可全压冲击合闸,冲击合闸宜由高压侧投入。

(2)变压器应进行 3～5 次全压冲击合闸,无异常情况;第一次受电后,持续时间不应少于 10 min;励磁涌流不应引起保护装置的误动作。

(3)油浸变压器带电后,检查油系统所有焊缝和连接面不应有渗油现象。

(4)变压器并列运行前,应核对好相位。

(5)变压器试运行要注意冲击电流、空载电流、一、二次电压、温度,并做好试运行记录。

(6)冲击试验前,应把有关的保护投入使用,如过电流保护、瓦斯保护等。电流互感器若暂不投入使用时,其二次侧应短接。另外,现场应备好消防器材,以防万一。

(7)冲击试验中,操作人员应密切注意观察冲击电流的大小,一旦发现异常情况立即停止冲击,进行故障检查和处理。若在冲击过程中有轻瓦斯动作,应取油样作气相色谱分析,以便做出正确的判断。

(8)变压器空载运行 24 h,无异常情况,方可投入负荷运行。

11. 验收

冲击试验通过后,便可对变压器进行带负荷运行,在试运行中,要观察变压器的各种保护和测温装置等投入使用,并定时对变压器的温升、油位、渗漏和冷却器运行等情况进行检查记录。对装有调压装置的变压器,还可以进行带电调压试验,并逐级观察屏上电压表指示值是否与变压器的铭牌给定值相符。变压器带一定负荷运行 24 h 无任何故障，即可移交用户，并移交以下资料、文件。

(1)设计变更书。

(2)厂方提供的产品说明书、试验记录、合格证及安装图纸等技术文件。

(3)安装技术记录、器身检查记录等。

(4)变压器试验报告。

【技能要点 3】箱式变电所安装

1. 测量定位

按设计施工图纸所标定位置及坐标方位、尺寸，进行测量放线确定箱式变电所安装的底盘线和中心轴线，并确定地脚螺栓的位置。

2. 基础型钢安装

(1)预制加工基础型钢的型号、规格应符合设计要求。按设计尺寸进行下料和调直，做好防锈处理。根据地脚螺栓位置及孔距尺寸，进行制孔。制孔必须采用机械制孔。

(2)基础型钢架安装。按放线确定的位置、标高，中心轴线尺寸，控制准确的位置稳好型钢架，用水平尺或水准仪找平、找正。与地脚螺栓连接牢固。

(3)基础型钢与地线连接，将引进箱内的地线扁钢与型钢结构基架的两端焊牢。然后涂 2 遍防锈漆。

3. 箱式变电所就位与安装

(1)就位。要确保作业场地洁清、通道畅通。将箱式变电所运至安装的位置，吊装时，应严格吊点，应充分利用吊环将吊索穿入吊环内，然后，做试吊检查受力吊索力的分布应均匀一致，确保箱体平稳、安全、准确地就位。

(2)按设计布局的顺序组合排列箱体。找正两端的箱体，然后挂通线，找准调正，使其箱体正面平顺。

(3)组合的箱体找正、找平后，应将箱与箱用镀锌螺栓连接牢固。

(4)接地:箱式变电所接地,应以每箱独立与基础型钢连接,严禁进行串联。接地干线与箱式变电所的N母线和PE母线直接连接,变电箱体、支架或外壳的接地应用带有防松装置的螺栓连接。连接均应紧固可靠,紧固件齐全。

(5)箱式变电所的基础应高于室外地坪,周围排水畅通。

(6)箱式变电所,用地脚螺栓固定的螺帽齐全,拧紧牢固,自由安放的应垫平放正。

(7)箱壳内的高、低压室均应装设照明灯具。

(8)箱体内应有防雨、防晒、防锈、防尘、防潮、防凝露的技术措施。

(9)箱式变电所安装高压或低压电度表时,必须接线相位准确,并安装在便于查看的位置。

4. 接线

(1)高压接线应尽量简单,但要求既有终端变电站接线,也有适应环网供电的接线。成套变电所各部分一般在现场进行组装和接线,通常采用下列型式的一种。

(2)接线的接触面应连接紧密,连接螺栓或压线螺丝紧固必须牢固,与母线连接时紧固螺栓采用力矩扳手紧固,力矩值应符合本标准裸母线、封闭母线、插接母线安装相关条款的要求。

扳手的使用

(1)活络扳手又叫活扳手,是一种旋紧或拧松有角螺丝钉或螺母的工具。电工常用的有200 mm、250 mm、300 mm三种,使用时应根据螺母的大小选配。

①使用时,右手握手柄。手越靠后,扳动起来越省力。

②扳动小螺母时,因需要不断地转动蜗轮,调节扳口的大小,所以手应握在靠近呆扳唇,并用大拇指调制蜗轮,以适应螺母的大小。

③活络扳手的扳口夹持螺母时,呆扳唇在上,活扳唇在下。活扳手切不可反过来使用。

④在扳动生锈的螺母时，可在螺母上滴几滴煤油或机油，这样就好拧动了。

⑤在拧不动时，切不可采用钢管套在活络扳手的手柄上来增加扭力，因为这样极易损伤活络扳唇。

⑥不得把活络扳手当锤子用。

(2)农村电工还经常用到开口扳手(亦叫呆扳手)。它有单头和双头两种，其开口是和螺钉头、螺母尺寸相适应的，并根据标准尺寸做成一套。

(3)整体扳手有正方形、六角形、十二角形(俗称梅花扳手)。其中梅花扳手在农村电工中应用颇广，它只要转过 30°，就可改变扳动方向，所以在狭窄的地方工作较为方便。

(4)套筒扳手是由一套尺寸不等的梅花筒组成，使用时用弓形的手柄连续转动，工作效率较高。当螺钉或螺母的尺寸较大或扳手的工作位置很狭窄，就可用棘轮扳手。这种扳手摆动的角度很小，能拧紧和松开螺钉或螺母。拧紧时作顺时针转动手柄。方形的套筒上装有一只撑杆。当手柄向反方向扳回时，撑杆在棘轮齿的斜面中滑出，因而螺钉或螺母不会跟随反转。如果需要松开螺钉或螺母，只需翻转棘轮扳手朝逆时针方向转动即可。

内六角扳手用于装拆内六角螺钉。常用于某些机电产品的拆装。

(5)测力扳手有一根长的弹性杆，其一端装着手柄，另一端装有方头或六角头，在方头或六角头套装一个可换的套筒用钢珠卡住。在顶端上还装有一个长指针。刻度板固定在柄座上，每格刻度值为 1 N(或 kg/m)。当要求一定数值的旋紧力，或几个螺母(或螺钉)需要相同的旋紧力时，则用这种扳手。

六角扳手用于装拆大型六角螺钉或螺母，外线电工可用它装卸铁塔之类的钢架结构。

(3)相序排列准确、整齐、平整、美观。涂色正确。

(4)设备接线端，母线搭接或卡子、夹板处，明设地线的接线螺栓处等两侧 10～15 mm 处均不得涂刷涂料。

5. 试验检查

(1)箱式变电所电气交接试验,变压器应按表 4—5 的规定。

表 4—5 变压器交接试验

序号	试验内容	油浸变压器		干式变压器	
		电压等级		电压等级	
		6 kV	10 kV	6 kV	10 kV
1	绕组连同套管直流电阻值测量(在分接头各个位置)	与出厂值比较,同温度下变化不大于 2%	(同左)	与出厂值比较,同温度下变化不大于 2%	(同左)
2	检查变压比(在分接头各个位置)	与变压器铭牌标示相同,符合规律	(同左)	与变压器铭牌标示相同,符合规律	(同左)
3	检查结线组别	与变压器铭牌标示相同,且与出线符号一致	(同左)	与变压器铭牌标示相同,且与出线符号一致	(同左)
4	绕组绝缘电阻值测量	经测量时温度与出厂测量温度换算后不低于出厂值 70%	(同左)	经测量时温度与出厂测量温度换算后不低于出厂值 70%	(同左)
5	绕组连同套管交流工频耐压试验	21 kV,1 min	30 kV,1 min	17 kV,1 min	24 kV,1 min
6	与铁芯绝缘的紧固件绝缘电阻值测量	用 2 500 V 摇表测量 1 min,无闪络、击穿现象	(同左)	用 2 500 V 摇表测量 1 min,无闪络、击穿现象	(同左)

续上表

序号	试验内容	油浸变压器		干式变压器	
		电压等级		电压等级	
		6 kV	10 kV	6 kV	10 kV
7	绝缘油电气强度试验	按 GB 507—1986 执行，不低于 25 kV	(同左)	—	—
8	检查相位	与设计要求一致	(同左)	与设计要求一致	(同左)

(2)高压设备及母线交接试验应符合表 4—6 的规定。

表 4—6　高压设备及母线交接试验

序号	试验内容	电压等级	
		6 kV	10 kV
1	隔离开关、负荷开关有机物绝缘拉杆的绝缘电阻	大于 1 200 MΩ	大于 1 200 MΩ
2	负荷开关交流工频耐压试验	21 kV,1 min	27 kV,1 min
3	纯瓷套管交流工频耐压试验	23 kV,1 min	30 kV,1 min
4	固体有机绝缘套管交流工频耐压试验	21 kV,1 min	27 kV,1 min
5	母线支持绝缘子及隔离开关交流工频耐压试验	23 kV,1 min	42 kV,1 min
6	电流、电压互感器高压侧交流工频耐压试验	21 kV,1 min	27 kV,1 min
7	开关操动位置机械闭锁装置	准确可靠	准确可靠
8	高压限流熔丝管直流是民阻值测量	与同型号产品间相比无明显差别	
9	负荷开关导电回路直流电阻值测量	符合产品技术条件	

续上表

序号	试验内容	电压等级	
		6 kV	10 kV
10	电流、电压互感器绝缘电阻值测量	经测量时温度与出厂测量温度换算后无较大差别	
11	电压互感器一次绕组直流电阻值测量	与产品出厂测量值无明显差别	
12	对有需要作励磁特性的电流互感器作励磁特性曲线	符合产品技术条件	
13	电压互感器空载电流测量和励磁特性试验	与出厂试验记录无明显差别	
14	三相电压互感器接线组别、单相互感器极性试验	与铭牌标示相同，且与出线符号一致	
15	互感器的变比试验	与铭牌标示相同	

【技能要点 4】质量标准

1. 主控项目

(1)变压器安装应位置正确，附件齐全，油浸变压器油位正常，无渗油现象。

检验方法：观察检查和检查安装记录。

(2)接地装置引出的接地干线与变压器的低压侧中性点直接连接；接地干线与箱式变电所的 N 母线和 PE 母线直接连接；变压器箱体，干式变压器的支架或外壳应接地。所有连接应可靠紧固件及防松零件齐全。

检验方法：观察检查和检查接地记录。

(3)变压器必须交接试验合格。

检验方法：实测和检查试验记录。

(4)箱式变电所及落地式配电箱的基础应高于室外地坪，周围排水通畅。用地脚螺栓固定的螺帽齐全，拧紧牢固；自由安放的应垫平放正。金属箱式变电所及落地式配电箱，箱体应接地或接零可靠，且有标识。

检验方法：观察检查和检查安装记录。

（5）箱式变电所的交接试验，必须符合下列规定：

①由高压成套开关柜、低压成套开关柜和变压器 3 个独立单元组合成的箱式变电所高压电气设备部分，应交接试验合格。

②高压开关，熔断器等与变压器组合在同一个密闭油箱内的箱式变电所，交接试验按产品提供的技术文件要求执行。

③低压成套配电柜交接试验符合 GB 50303—2002 第 4.1.5 条的规定。

检验方法：实测和检查试验记录。

2. 一般项目

（1）有载调压开关的传动部分润滑应良好，动作灵活，点动给定位置与开关实际位置一致，自动调节符合产品的技术文件要求。

检验方法：观察检查和检查安装记录。

（2）绝缘件应无裂纹，缺损和瓷件瓷釉损坏等缺陷，外表清洁，测温仪表指示准确。

检验方法：观察检查和检查安装记录。

（3）装有滚轮的变压器就位后，应将滚轮用能拆卸的制动部件固定。

检验方法：观察检查。

（4）箱式变电所内外涂层完整，无损伤，有通风口的风口防护网完好。

检验方法：观察检查。

（5）箱式变电所的高低压柜内部接线完整，低压每个输出回路标记清晰，回路名称准确。

检验方法：观察检查和检查接线记录。

（6）装有气体继电器的变压器顶盖，沿气体继电器的气流方向有 1.0％～1.5％的升高坡度。

检验方法：实测和检查安装记录。

第二节　配电(控制)盘柜安装

【技能要点1】一般规定

(1)盘、柜装置及二次回路接线的安装应按已批准的技术文件进行施工。

(2)高压配电室内各种通道最小宽度应符合表4—7规定。

表4—7　高压配电室内各种通道最小宽度　(单位:mm)

开关柜布置方式	柜后维护通道	柜前操作通道	
		固定式	手车式
单排布置	800	1 500	单车长度+1 200
双排面对面布置	800	2 000	双车长度+900
双排背对背布置	1 000	1 500	单车长度+1 200

注:1. 固定式开关柜为靠墙布置时,柜后与墙净距应大于50 mm,侧面与墙净距应大于200 mm。

2. 通道宽度在建筑物的墙面遇有柱类局部凸出时,凸出部位的通道宽度可减少200 mm。

(3)当电源从柜、盘后进线且需在柜、盘正背后墙上另设隔离开关及其手动机构时,柜、盘后通道净宽不应小于1.5 m,当柜、盘背面的防护等级为IP2X时,可减为1.3 m。

注:IP2X见国标GB 4208外壳防护等级。

(4)低压配电室内成排布置的配电屏,其屏前、屏后的通道最小宽度应符合表4—8的规定

表4—8　配电屏前、后通道最小宽度　(单位:mm)

型式	布置方式	屏前通道	屏后通道
固定式	单排布置	1 500	1 000
	双排面对面布置	2 000	1 000
	双排背对背布置	1 500	1 500
抽屉式	单排布置	1 800	1 000
	双排面对面布置	2 300	1 000
	双排背对背布置	1 800	1 000

注:当建筑物墙面遇有柱类局部凸出时,凸出部位的通道宽度可减少200 mm。

【技能要点2】配电柜、控制柜安装

1. 定位放线

(1)按图纸要求将柜盘、箱位置，测位找准，定位放线、预埋铁件或螺栓应配合土建进行。墙上安装的开关箱体、盘等预埋件或预留洞口应配合土建进行。

(2)定位放线时应满足：配电装置的长度大于6 m时，其柜、(屏)盘后通道应设两个出口，低压配电装置两个出口间的距离超过15 m时应增加出口。

2. 基础型钢制作安装

(1)配电柜、盘的底座一般采用型钢制作，如槽钢、角钢；型钢规格大小根据柜、盘的大小、重量、尺寸确定。常用的槽钢5～10号，角钢∟50×5～∟63×6等型号；安装前应矫平、调直。

(2)用底板固定型钢可采用焊接的方法，如图4—5所示。焊接时应注意型钢变型，宜先采用点焊，然后再满焊牢固。

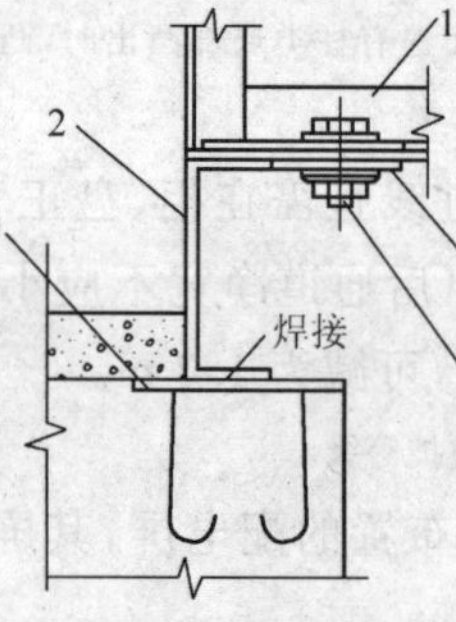

图4—5　底板固定型钢安装开关柜示意图

1—高低开关柜；2—底座槽钢；3—底板；4—扁钢；5—螺栓；6—螺母；7—垫圈；8—放松垫圈

(3)如型钢不平可采用垫铁找平。

(4)型钢根据柜、盘数量，型钢的长短设置固定点，一般为800～1 200 mm应设置一个固定点，两端100～200 mm处应设固定点。

(5)采用预埋开角螺栓固定；应将型钢按预留螺栓间距、测位、画线、定位，用电钻在型钢上开孔，进行安装，安装用水平尺找平，不平时应用垫铁找平，垫铁应设在固定点两侧，然后固定。采用地平预留洞口的方式，可先将型钢按固定点用电钻在型钢上开孔，将开角螺栓提前临时固定在型钢上，基础型钢与开角螺栓找平找正后同时配合浇注混凝土，待混凝土强度达到要求后，进行调整固定，如图4—6至图4—8所示。

(6)采用膨胀螺栓固定是目前较简便的固定方法，适应于砼上的型钢和柜、盘的直接固定及混凝土、砖墙上配电箱、盘的固定做法如图4—9所示。

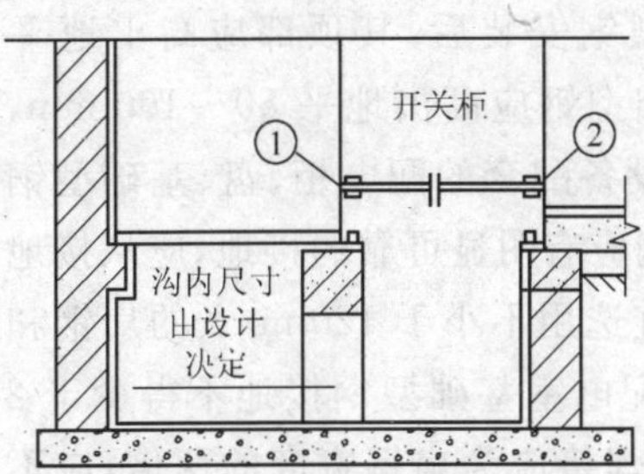

图4—6　低压开关柜安装

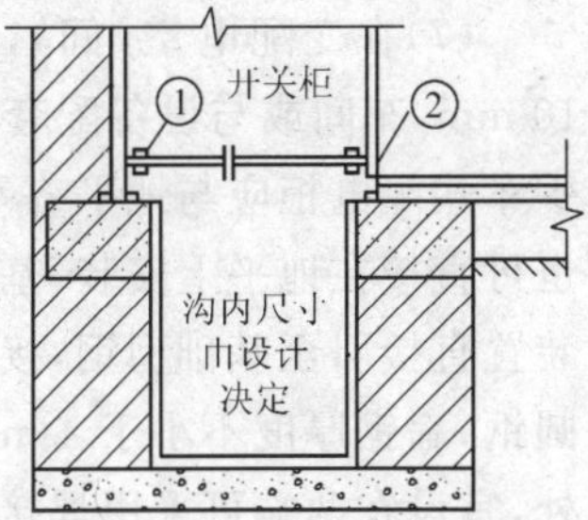

图4—7　高压开关柜安装

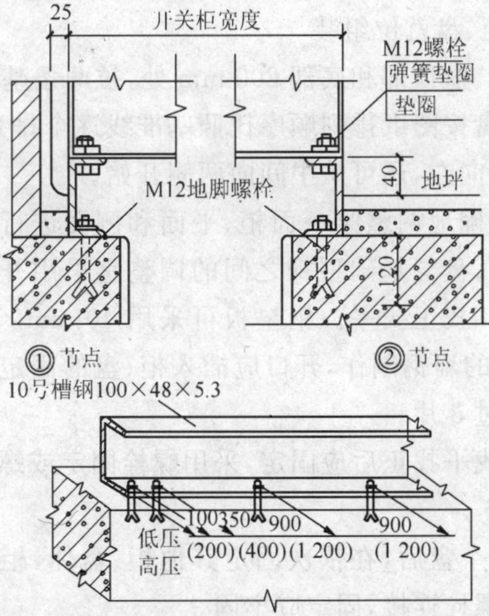

图4—8　用开角螺栓固定型钢安装开关柜示意图（单位：mm）

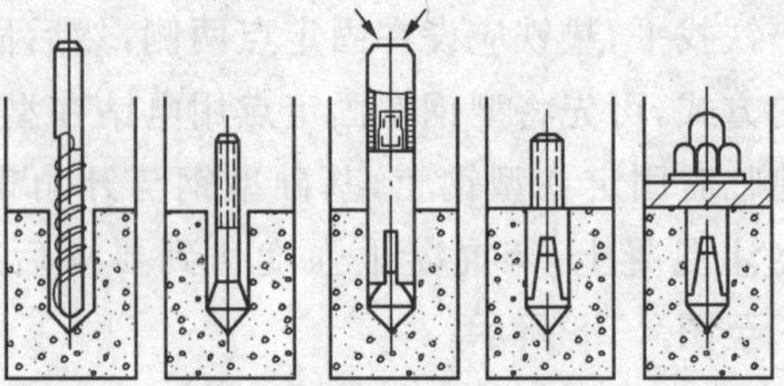

(a)钻孔 (b)清除灰渣，放入螺栓 (c)锤入套管 (d)套管胀开，上端与地平墙面齐 (e)设备就位后，紧固螺母

图 4—9 固定方法

(7)在变配电室(间)，基础型钢安装后，其顶部应高出地平10 mm，车间或与设备配套的基础型钢应高出地平 50～100 mm，手车式配电柜应与地平齐平，与设备配套的配电柜、盘、基础型钢也可直接在地平上安装，基础型钢应有明显可靠的接地，应从接地装置直接引至基础型钢，接地线宜选用不小于 120 mm^2 的扁钢和圆钢，扁钢厚度不小于 4 mm，变配电室基础型钢接地不得少于 2 处，宜设在两端可采用焊接，扁钢焊接应为扁钢宽度的两倍，应不少于 3 个棱边，圆钢焊接应为圆钢直径的 6 倍，应两侧满焊。

3. 成排、柜、盘就位组装

(1)在距柜、盘顶部和底部 200 mm 处，拉两条基准线。

(2)将柜、盘按图纸排列顺序比照基准线逐个排列。可以从左向右，也可从右向左，还可从中间向两侧开始。

(3)首先精确地调整第一面柜，平面和侧面进行调直，保证平整和垂直度，柜、盘与基础型钢之间的调整宜采用开口钢垫板，如图 4—10 所示。找正找平。钢垫板可采用 40 mm×40 mm，厚度为 0.5～1 mm 的扁钢制作，开口应插入柜、盘的固定螺栓内，钢垫板每处不应超过 3 片。

(4)柜、盘找平找正后应固定，采用螺栓固定或螺栓压板固定，不得采用焊接。

(5)固定一个盘后，在依次固定其他柜、盘体，柜、盘体与两侧挡板均应采用螺栓连接，固定应牢固。

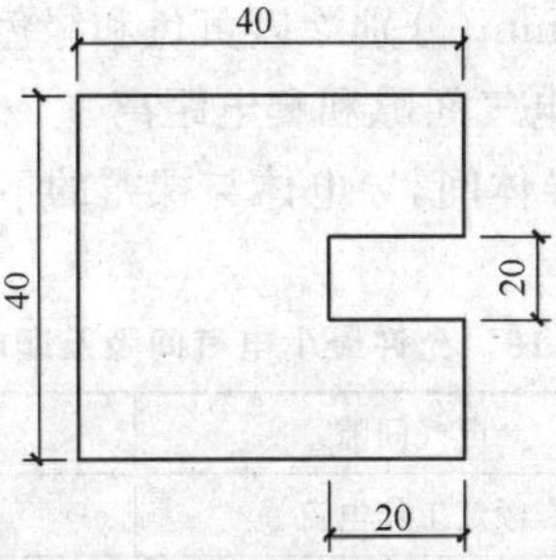

图 4—10　开口钢垫板（单位：mm）

(6)柜、盘组装完成后，应进行复检是否达到规范和设计要求，如个别处达不到应进行调整，直至合格为准。

(7)柜、盘安装在震动场所，应采取防震措施，应加弹性垫或橡胶垫。设计有要求，按设计要求安装。

(8)端子箱安装应牢固，封闭良好，安装位置应便于检查；成列安装时，应排列整齐。

4. 母线配制安装

(1)按照设计要求规格尺寸进行配制，做法见裸母线安装。

(2)柜、盘上的小母线应采用直径不小于 6 mm 的铜管，小母线两侧应有标明其代号或名称的绝缘标志牌，字迹清晰、工整，且不宜脱色。

(3)柜、盘上的摸拟母线的宽度宜为 6～12 mm，母线的标志颜色应符合表 4—9 的规定。

表 4—9　母线标志颜色

电压(kV)	颜色	电压(kV)	颜色
交流 0.23	深灰	交流 6.0	深蓝
交流 0.40	黄褐	交流 10.0	绛红
交流 3.0	深绿	—	—

(4)模拟母线应对齐，其误差不应超过视差范围，并应完整，安装牢固。

(5)母线相序颜色交流应为 L1(A 相)黄色，L2(B 相)绿色，L3(C 相)红色，直流正极为赤色，负极为蓝色；接地线表面沿长度方向，每段为 15～100 mm，分别涂以黄色和绿色相间的条纹。

5. 二次回路的电气间隙和爬电距离

（1）柜、盘内两导体间，导电体与裸露的不带电的导体间，应符合表 4—10 的要求：

表 4—10　允许最小电气间隙及爬电距离（单位：mm）

额定电压（V）	电气间隙		爬电距离	
	额定工作电流		额定工作电流	
	≤63 A	>63 A	≤63 A	>63 A
≤60	3.0	5.0	3.0	5.0
60<U≤300	5.0	6.0	6.0	8.0
300<U≤500	8.0	10.0	10.0	12.0

（2）屏顶上小母线不同相或不同极的裸露载流部分之间，裸露载流部分与未经绝缘的金属体间，电气间隙不得小于 12 mm；爬电距离不得小于 20 mm。

6. 柜、盘结构安装

（1）高低压配电柜的柜间隔板和柜侧挡板必须齐全，不齐全者应在现场配置完善，可事先向建设单位办理“设计变更（洽商）记录单”。

隔板和挡板的材料一般采用 2 mm 厚的钢板，高压柜顶母线分段隔板宜采用 10 mm 厚的酚醛层压板。

高压配电柜侧面或背面出线时，应装设保护网，保护网全部为金属结构。低压柜的侧面靠墙安装时，挡板可以取消。

（2）柜门、网门及门锁应调整得开闭灵活；检修灯要完好，有门开关的检修灯应能随着门的开闭而正常明灭。

（3）柜、盘的漆层应完整、无损伤，固定电器的支架等应刷防锈漆和面漆，遍数由设计定，设计无规定时应刷一度防锈漆和二度面漆，且无漏涂；安装同一室内成排安装的柜、盘，颜色应和谐一致；如漆层破坏或成列的柜，盘面颜色不一致时，应重新喷漆，使成列配电柜、盘整齐，漆面不能出现反光眩目现象。

（4）柜、盘的接地应牢固可靠，金属制品可开启的柜、盘门应与接地的金属构架采用软铜线可靠的连接。

(5)柜、盘内应设接地线或接地端子或设接地螺栓，以供盘内使用和携带式用电器具接地线使用。

(6)端子排的安装应符合下列要求：

①端子排应无损坏，固定牢固，绝缘良好；

②端子排应有序号，垂直布置的端子排最底下一个端子，及水平布置的最下一排端子离地宜大于350 mm，端子排并列时彼此间隔不应小于150 mm。

(7)抽屉式配电柜内的安装尚应符合下列要求：

①抽屉推拉应灵活轻便，无卡阻、碰撞现象，抽屉应能互换；

②抽屉的机械联锁或电联锁装置应动作正确可靠，断路器分闸后，隔离触头才能分开；

③抽屉与柜体间二次回路连接插件应接触良好；

④抽屉与柜体间的接触及柜体、框架的接地应良好。

7. 柜、盘的电器安装

(1)电器元件质量良好，型号、规格应符合设计要求，外观应完好，且附件齐全，排列整齐，固定牢固，密封良好。

(2)各电器应能单独拆装更换而不应影响其他电器及导线束的固定。

(3)发热元件宜安装在散热良好的地方；两个发热元件之间的连线应采用耐热导线或裸铜线套瓷管。

(4)熔断器的熔体规格、自动开关的整定值应符合设计要求。

(5)切换压板应接触良好，相邻压板间应有足够安全距离，切换时不应碰及相邻的压板；对于一端带电的切换压板，应使在压板断开情况下，活动端不带电。

(6)信号回路的信号灯、光字牌、电铃、电笛、事故电钟等应显示准确，工作可靠。

(7)盘上装有装置性设备或其他有接地要求的电器，其外壳应可靠接地。

(8)带有照明的封闭式盘、柜应保证照明完好。

(9)二次回路的连接件均应采用铜质制品;绝缘件应采用自熄性阻燃材料。

(10)盘、柜的正面及背面各电器、端子牌等应标明编号、名称、用途及操作位置,其标明的字迹应清晰、工整,且不易脱色。

(11)盘、柜上的小母线应采用直径不小于6 mm的铜棒或铜管,小母线两侧应有标明其代号或名称的绝缘标志牌,字迹应清晰、工整,且不易脱色。

(12)切换压板应接触良好,相邻压板间应有足够安全距离,切换时不应碰及相邻的压板;对于一端带电的切换压板,应使在压板断开情况下,活动端不带电。

(13)信号回路的信号灯、光字牌、电铃、电笛、事故电钟等应显示准确,工作可靠。

(14)盘上装有装置性设备或其他有接地要求的电器,其外壳应可靠接地。

(15)带有照明的封闭式柜、盘应保证照明完好。

(16)柜、盘的正面及背面各电器、端子牌等应标明编号、名称、用途及操作位置,其标明的字迹应清晰、工整,且不宜脱色。

8. 柜、盘内二次回路结线

柜、盘内配线应按施工图规定,接线正确、整齐美观,绝缘良好,连接牢固;且不得有中间接头;应有裕量,若无明确规定,可选用铜芯电线或电缆,导线回路截面应符合如下要求:

(1)电流回路导线截面不小于2.5 mm^2。

(2)电压、控制、保护、信号等回路不小于1.5 mm^2。

(3)对电子元件回路、弱电回路采用锡焊连接时,在满足载流量和电压降及有足够的机械强度的情况下,可采用截面不小于0.5 mm^2的绝缘导线。

(4)多油设备的二次接线不得采用橡皮线,应采用塑料绝缘线。

(5)接到活动门、板上的二次配线必须采用2.5 mm^2以上的多股铜芯软绝缘线,并在转动轴线附近两端留出裕量后卡固,结束应有外套塑料管等加强绝缘层；与电器连接时，端部应绞紧，并应加终端附件或搪锡，不得松散、断股。

(6)应使用剥线钳剥线，绝缘导线的剥切长度见表4—11。

表4—11　绝缘导线的剥切长度　(单位：mm)

端子螺丝直径	3	4	5	6	8
剥线长度	15	18	21	24	28

(7)在剥掉绝缘层的导线端部套上标志管，导线顺时针方向弯成内径端子接线螺钉外经大0.5～1 mm的圆圈；多股导线应先拧紧、挂锡、线头应套标志头、煨圈，线头弯曲方向应与螺丝扭紧方向一致并卡入梅花垫或采用压接线鼻子，禁止直接插入，如图4—11所示。

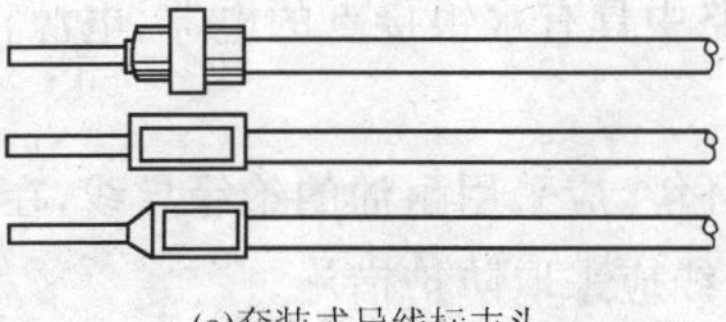

(a)套装式导线标志头

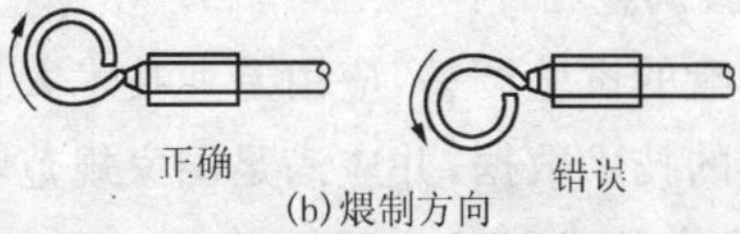

(b)煨制方向

图4—11　标志头和线头煨制方向

(8)插接式接线端子，不同截面的两根导线不得接在同一端子上；对于螺栓连接端子，当接两根导线时，中间应加平垫片；导线端部剥切长度为插接端子的长度，不应将导线绝缘层插入，以免造成接触不良，也不应插入过少，以致掉落，每个接线端子的一端，接线不得超过两根。

(9)二次回路接地应设专用螺栓。

(10)二次回路的连接件应采用铜质制品，绝缘件应采用自熄性阻燃材料或难燃材料。

9. 柜、盘内外接线

(1)引入柜盘内的电缆应排列整齐,编号清晰,避免交叉,并应固定牢固,不得使所接端子排受到机械应力。

(2)铠装电缆在进入柜、盘后,应将钢带切断,切断处的端部应扎紧,并应将钢带接地。

(3)使用于静态保护、控制等逻辑回路的控制电缆,应采用屏蔽电缆;其屏蔽层应按设计要求的接地方式进行接地。

(4)橡胶绝缘的芯线应用外套绝缘管保护。

(5)柜盘内的电缆芯线,应按垂直或水平有规律地配置,不得任意歪斜交叉连接,备用芯线长度应留有适当余量。

(6)强、弱电回路不应使用同一根电缆,并应分别成束分开排列。

(7)直流回路中具有水银接点的电器,电源正极应接到水银侧接点的一端。

(8)在油污环境,应采用耐油的绝缘导线,在日光直射环境,橡胶和塑料绝缘导线应采取防护措施。

10. 柜、盘试验调整

高低开关柜、盘的试验调整,应由专业技术人员和技术工人进行,根据设计提供的技术数据,并应满足国家规范和当地电业部门提出的要求和技术参数进行试验调整。

绝缘电阻测试:对柜、盘的线路一、二次设备进行绝缘电阻测试。测量绝缘电阻时,采用兆欧表的电压等级。

测试绝缘前应检查配电装置内不同电源的馈线间或馈线两侧的相位应一致;并应与电源侧一致,保证系统相序一致。

11. 电气设备耐压试验

(1)交流耐压试验时加至试验标准电压后的持续时间,无特殊说明,应为 1 min。

(2)二次回路交流耐压试验,应符合下列规定:

①试验电压为 1 000 V。当回路绝缘电阻值在 10 MΩ 以上

时，可采用 2 500 V 兆欧表代替，试验持续时间为 1 min；

②48 V 及以下回路可不作交流耐压试验；

③回路中有电子元器件设备的，试验时应将插件拔出或将其两端短接。

注：二次回路是指电气设备的操作、保护、测量、信号等回路及其回路中的操动机构的线圈、接触器、继电器、仪表、互感器二次绕组等。

(3)1 kV 及以下配电装置的交流耐压试验，应符合下述规定：

①试验电压为 1000 V。

②当回路绝缘电阻值在 10 MΩ 以上时，可采用 2 500 V 兆欧表代替，试验持续时间为 1 min。

(4)柜、盘的工程仪表，各种继电器，合闸装置、联动、联锁装置的试验调整，应按设计和设备出厂及当地电业部门的规定进行调整试验，以保证设备的安全运行。

【技能要点 3】动力、照明配电箱安装

(1)配电箱的安装高度底面距地应不低于 1.5 m，箱内衬板应为难燃或阻燃材料，如采用木制作应作防火处理，配电箱开孔应与配管吻合，并应在订货时就明确提出敲落孔的数量及规格，否则应用开孔器现场开孔；不得采用电、气焊切割。

(2)暗装配电箱应配合土建将箱体同时按图纸要求安装于墙内，若预留洞口，应考虑需配管侧留置高度、宽度和应根据配管的直径、煨弯的倍数，比箱体应大 300～500 mm，不配管侧不宜大于 80 mm；配管必须到位，附件应齐全，在配管和接地线作好以后，并填好隐蔽工程记录，监理认证后，可将洞口周围用细石混凝土或水泥砂浆填实填牢，各种暗装配电箱作法可参照图 4—12～图 4—20。

(3)明装配电箱的固定可采用预埋铁件或开角螺栓，小型的可预埋木砖但应防腐，也可根据实际情况采用膨胀螺栓和 U 形卡子、串心螺栓、支架等做法，可参照图 4—21～图 4—24。

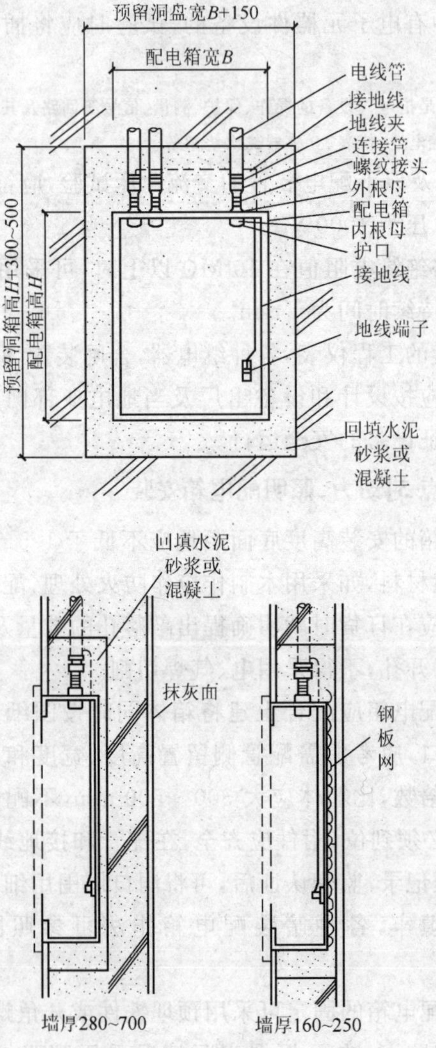

图 4—12　暗装配电箱后期安装做法图示(单位：mm)

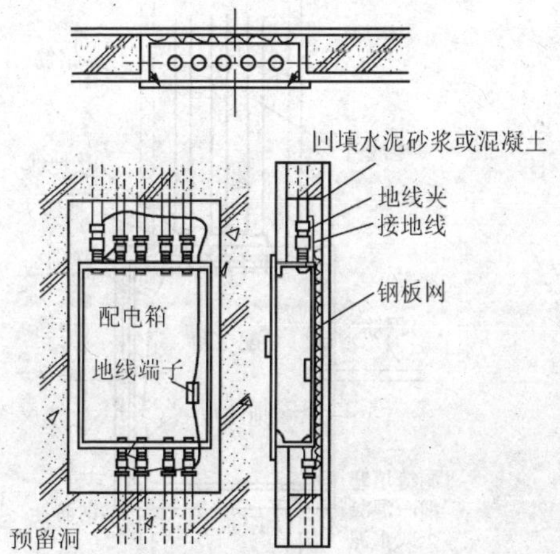

图 4—13　钢筋混凝土墙配电箱安装做法图示

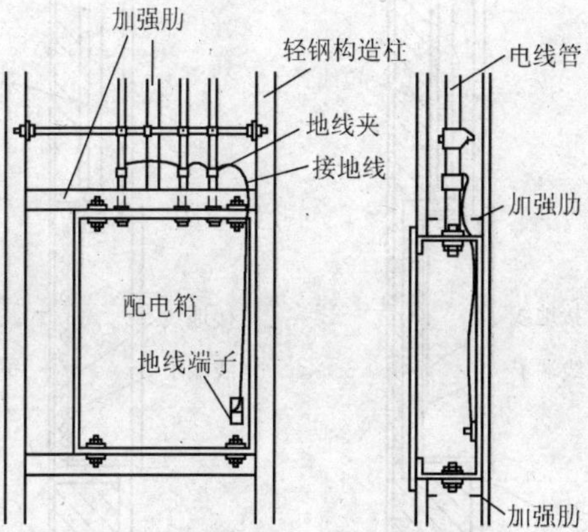

图 4—14　轻质墙配电箱安装做法图示

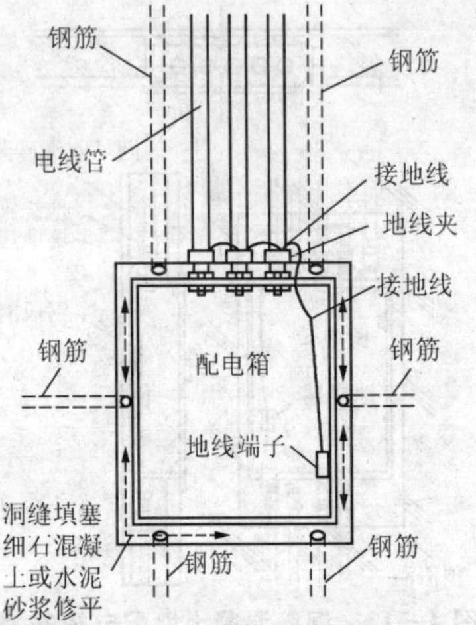

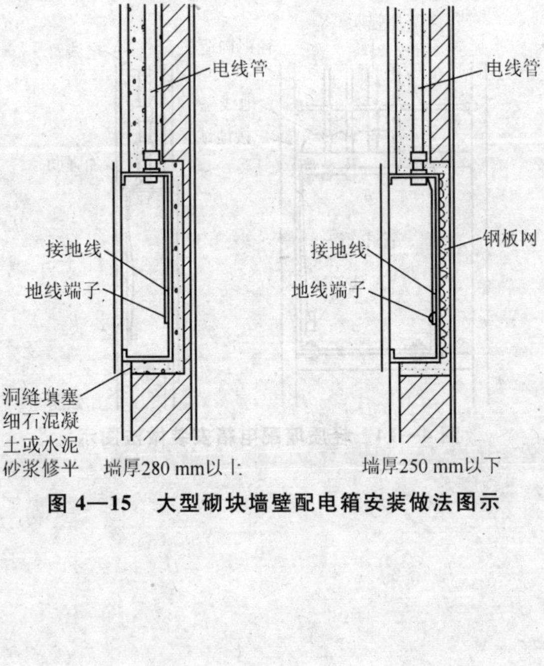

图 4—15　大型砌块墙壁配电箱安装做法图示

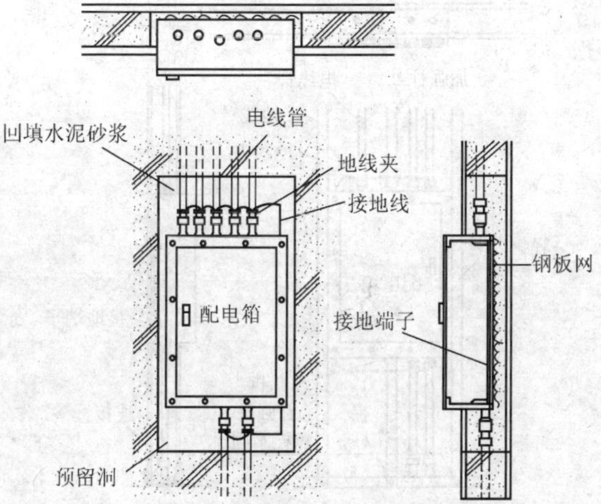

图 4—16　配电箱半露出墙壁安装做法(一)

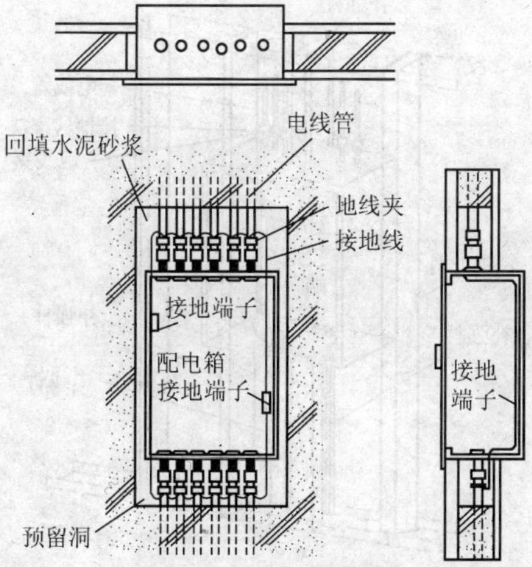

图 4—17　配电箱半露出墙壁安装做法(二)

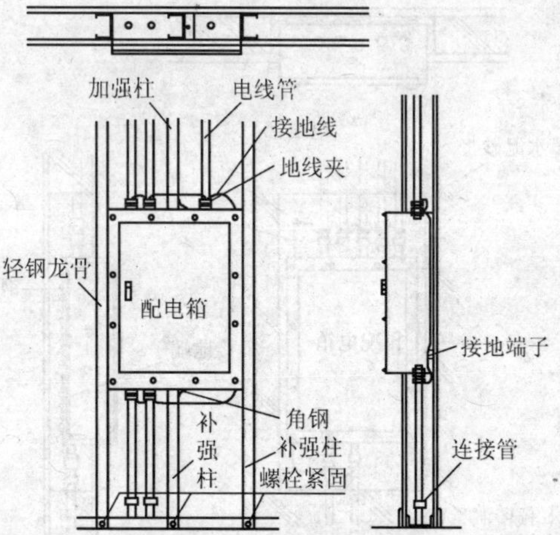

图 4—18　轻质墙上半露配电箱安装做法图示

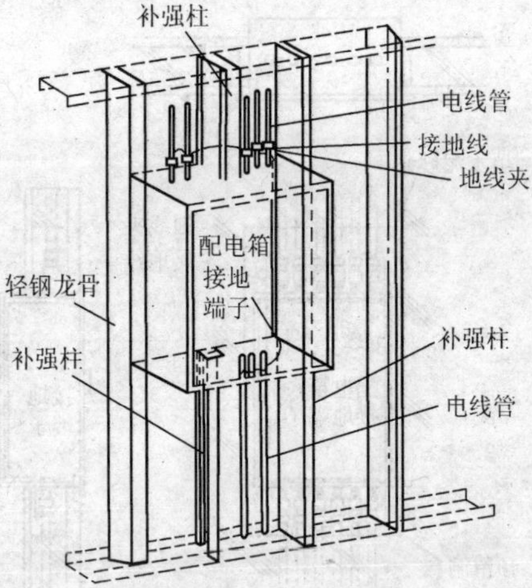

图 4—19　轻质墙半露配电箱安装做法图示

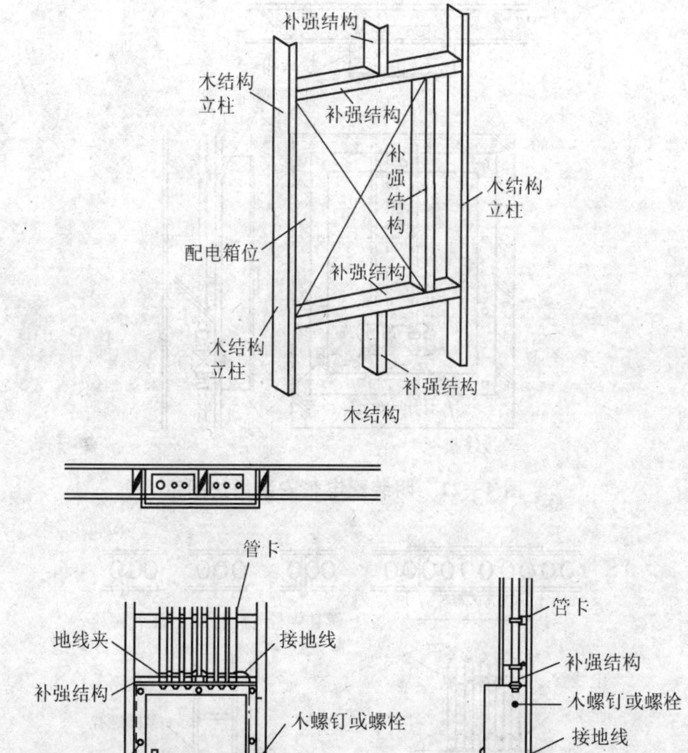

图 4—20　木结构轻质墙配电箱半露出墙壁安装做法图示

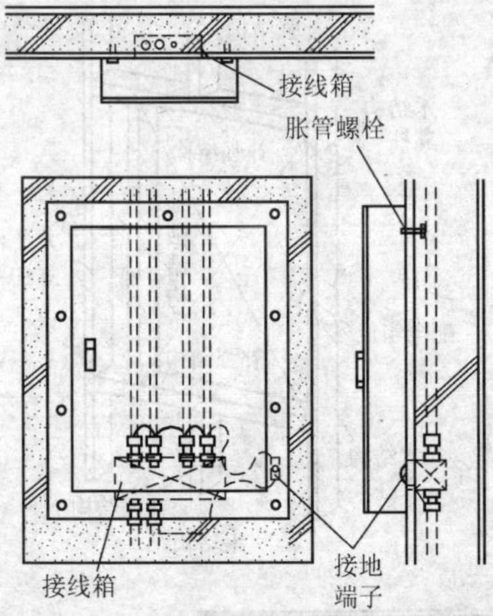

图 4—21　明装配电箱安装做法图示

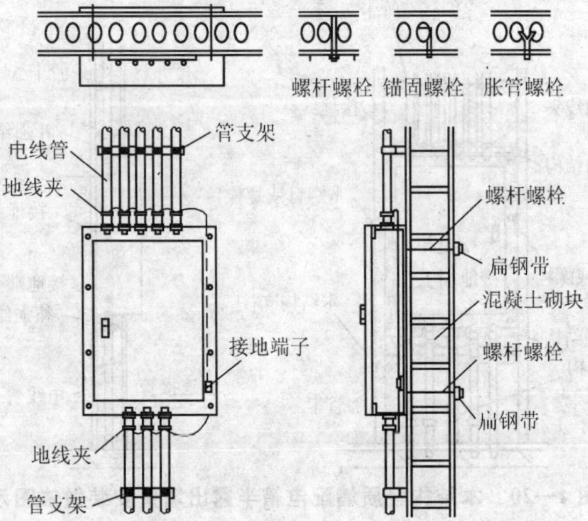

图 4—22　明装配电箱安装做法图示

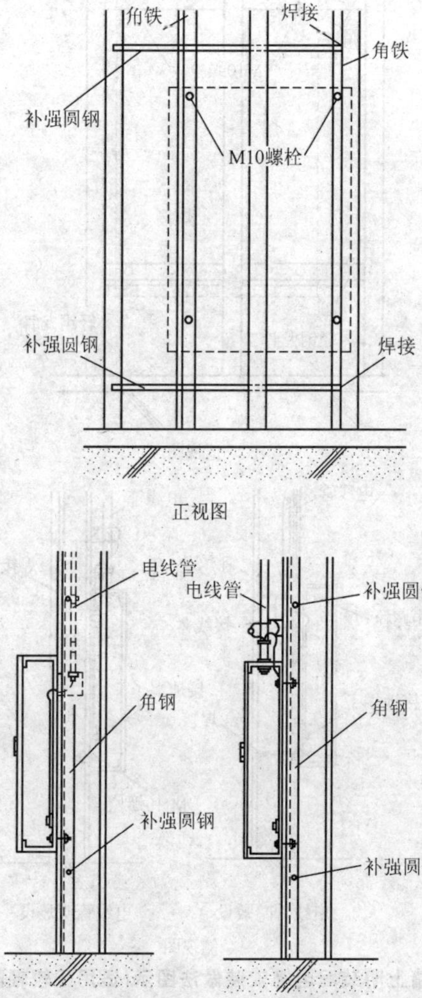

图 4—23　轻质墙上明装配电箱安装做法图示
（适用于较重配电箱的安装）

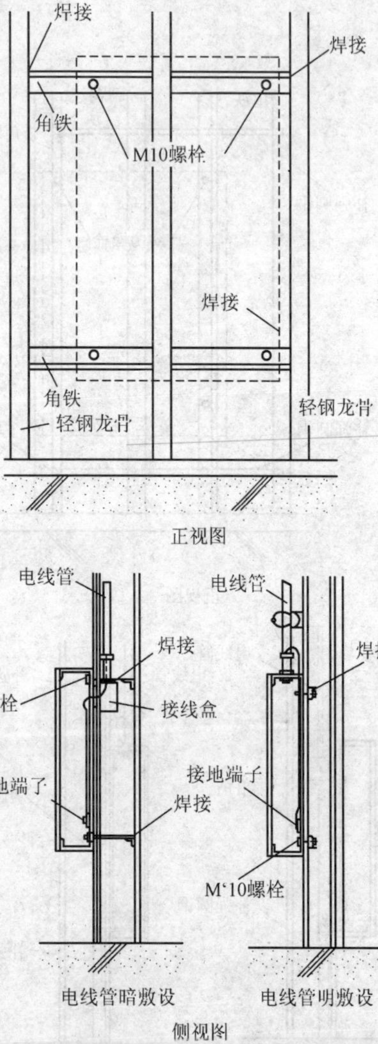

图 4—24　轻质墙上明装配电箱安装做法图示(适用于较轻配电箱的安装)

【技能要点 4】送电、试运行

1. 送电前的准备工作

(1)准备好经检测合格的验电器绝缘靴、绝缘手套、临时接地编织铜线、绝缘胶垫、粉沫灭火器等。彻底清扫全部设备及变配电室、控制室的灰尘。用吸尘器清扫电器、仪表元件，另外室内除送电需用的设备器具外，其他物品不得堆放。

(2)检查母线上，设备上有无遗留下的工具、金属材料及其他物件。

(3)做好送电试运行的组织工作，明确送电试运行指挥者、操作者和监护人，监理应旁站。

(4)所有开关柜安装作业全部完毕，质量检查合格。

2. 送电

(1)二次回路联动模拟试验正确，器具、设备试调合格并有试验报告，方可送电试运行。

(2)送电试运行还应按技术文件的要求进行。

(3)变配电室送电可按下列程序进行：

①将各开关柜上的二次线保险全部拆除用绝缘摇表分别测试母排及各回路绝缘电阻其阻值不能小于 2 MΩ。

②将进线主开关和其他开关置于分闸位，由供电部门将电源送进配电室内，用验电器验电，检查主开关上口，保证电源正常。

③恢复开关柜上的二次线保险，将主开关合闸，将电源送到配电室主母排。检查给配电柜上电压表三相电压是否正常，然后依次送各路分开关。

④对带有联络柜的配电室，在合联络柜联络开关前用相序表在开关的上下侧进行同相校核。

⑤送电空载运行 24 h 后，带负荷运行 48 h。查电流表各相电流值，三相电流是否平衡。大容量(630 A 以上)导线、母线连接处或与开关设备连接处，应做电气线路连结点测温。用红外线测温计测试线路及各接触点的发热情况作好记录。若无异常现象，则送电结束。

电流表的使用要点

测量电路电流的仪表，统称电流表。根据量程和计算单位的不同，电流表又分为微安表、毫安表、安培表、千安表等，表盘上分别标有A、mA、A、kA等符号。电流表分为直流电流和交流电流表，两者的接线方法都是与被测电路串联。

直流电流表接线前要搞清电流表极性。通常，直流电流表的接线柱旁边标有“＋”和“－”两个符号，“＋”接线柱接直流电路的正极，“－”接线柱接直流电路的负极。直流电流表的接线方法，如图4—25所示。

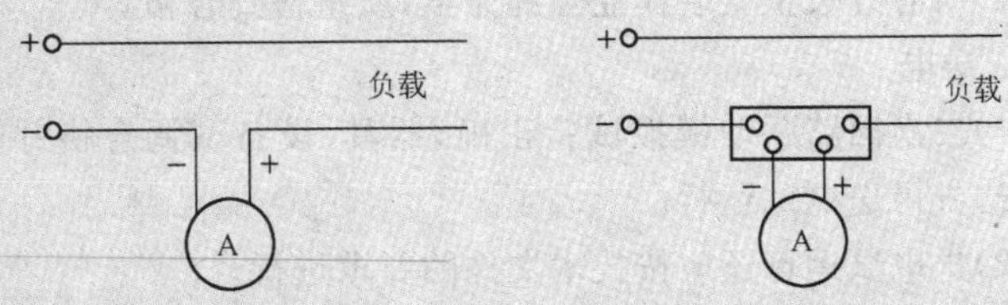

(a)电流表直接接入电路　　(b)电流表经分流器接入电路

图4—25　直流电流表的测量接线

交流电流表一般采用电磁式仪表，电磁式电流表采用电流互感器来扩大量程，其接线方法如图4—26所示。

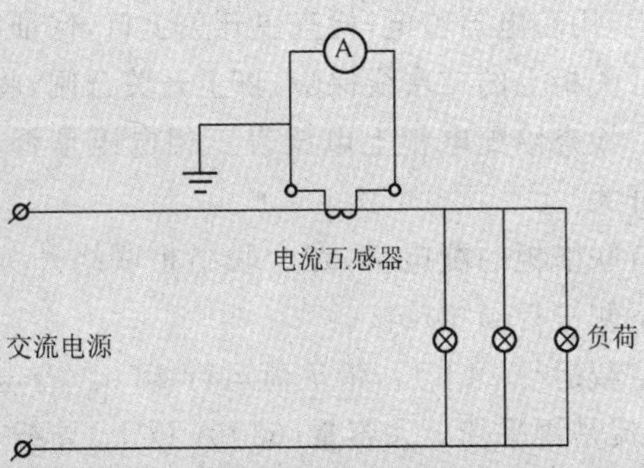

图4—26　交流电流表经电流互感器接线图

多量程电磁式电流表，通常将固定线圈绕组分段，再利用各段绕组串联或并联来改变电流的量程，如图4—27所示。

钳形表主要用于在不断开线路的情况下直接测量线路电流。它具有一个特殊的结构，即有一块可张开和闭合的活动铁芯，如图4—28所示。

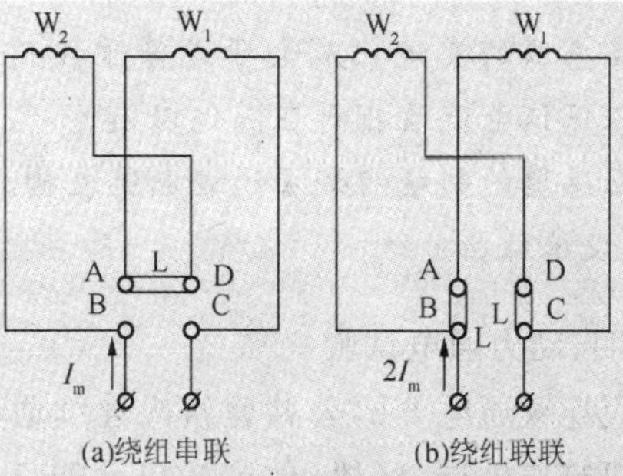

图 4—27　双量程电磁式电流表改变量程接线图

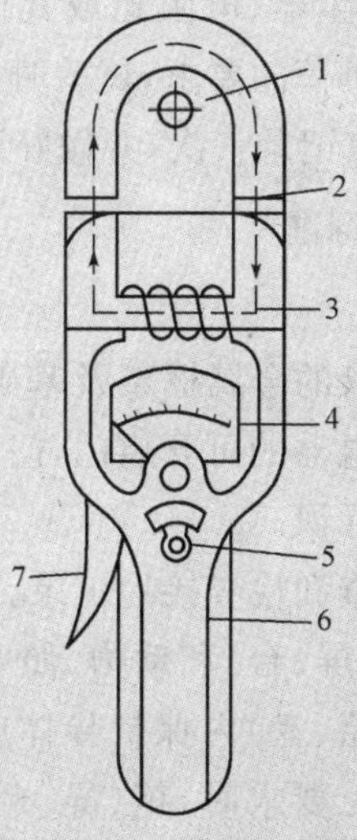

图 4—28　钳形电流表

1—被测导线(一次绕组)；2—铁芯；3—二次绕组；4—表头；
5—量程开关；6—手柄；7—扳手

电流表使用事项如下。

(1)交流电流表应与被测电路或负载串联，严禁并联。如果将电流表并联入电路，则由于电流表的内电阻很小，相当于将电路短接，电流表中将流过短路电流，导致电流表被烧毁并造成短路事故。

(2)电流互感器的原绕组应串联入被测电路中，副绕组与电流表串接。

(3)电流互感器的变流比应大于或等于被测电流与电流表满偏值之比，以保证电流表指针在满偏以内。

(4)电流互感器的副绕组必须通过电流表构成回路并接地，二次侧不得装设熔丝。

3. 电气照明、动力通电试验

住宅工程应连续通电 8 h，公共建筑应连续通电 24 h，并应按设计要求公共建筑按楼层、区段；住宅按单元加负荷进行试验、插座回路可采用大电流发生器、电阻箱或其他电气器具或设备作为负荷，但必须达到设计负荷的要求，试验时，施工单位、监理单位应密切注意检查，每 2 h 应记录一次，并做好记录。

【技能要点 5】质量标准

1. 主控项目

(1)柜、屏、台、箱、盘的金属框架及基础型钢必须接地(PE)或接零(PEN)可靠；装有电器的可开启门，门和框架的接地端子应用裸编织铜线连接，且有标识。

检验方法：观察检查和检查接地记录。

(2)低压成套配柜(屏、台)和动力、照明配电箱(盘)应有可靠的电击保护。(屏、台、箱、盘)内保护导体应有裸露的连接外部保护导体的端子，当设计无要求时，柜(屏、台、箱、盘)内保护导体最小截面积 S_p 不应小于表 4—12 的规定。

表 4—12　保护导体的截面积

相线的截面积 $S(mm^2)$	相应保护导体的最小截面积 $S_p(mm^2)$
$S \leqslant 16$	S
$16 < S \leqslant 35$	16
$35 < S \leqslant 400$	$S/2$
$400 < S \leqslant 800$	200
$S > 800$	$S/4$

注：S 指柜(屏、台、箱、盘)电源进线截面积，且两者(S、S_p)材质相同。

检验方法：做电击试验和实测。

(3)手车、抽出式成套配电柜推拉应灵活，无卡阻碰撞现象。动触头与静触头的中心线应一致，且触头接触紧密，投入时，接地触头先于主触头接触；退出时，接地触头后于主触头脱开。

检验方法：观察检查。

(4)高压成套配电柜必须符合现行国家标准《电气装置安装工程电气设备交接试验标准》(GB 50150—2006)规定交接试验合格，且应符合下列规定：

①继电保护元器件、逻辑元件、变送器和控制用计算机等单体校验合格，整体组试验动作正确，整定参数符合设计要求；

②凡经法定程序批准，进入市场投入使用的新高压电气设备和继电保护装置，按产品技术文件要求交接试验。

检验方法：检查试验调整记录。

(5)低压成套配电柜交接试验，必须符合下列规定：

①每路配电开关及保护装置的规格、型号，应符合设计要求；

②相间和相对地的绝缘电阻值应大于0.5 MΩ；

③电气装置的交流工频耐压试验电压为1 kV，当绝缘电阻值大于10 MΩ时，可采用2 500 V兆欧表摇测替代，试验持续时间1 min，无击穿闪络现象。检验方法：检查试验调整记录。

(6)柜、屏、台、箱、盘间线路的线间和线对地间绝缘电阻值，馈电线路必须大于0.5 MΩ；二次回路必须大于1 MΩ。

检验方法：实测和检查接地记录。

(7)柜、屏、台、箱、盘间二次回路交流工频耐压试验，当绝缘电阻值大于10 MΩ时，用2 500 V兆欧表摇测1 min，应无击穿闪耀现象；当绝缘电阻值在1～10 MΩ时，做1 000 V交流工频耐压试验，时间为1 min，应无击穿闪耀现象。

(8)直流屏试验，应将屏内电子器件从线路上退出，检测主回路线间和线对地间绝缘电阻值大于0.5 MΩ，直流屏所附蓄电池组的充、放电应符合产品技术文件要求；整流器的控制调整和输出特殊试验应符合产品技术文件要求。

检验方法:检查试验调整记录。

(9)照明配电箱(盘)安装应符合下列规定:

①箱(盘)内配线整齐,无绞接现象。导线连接紧密,不伤芯丝,不断股。垫圈下螺丝两侧压的导线截面积相同,同一端子上导线连接不多于 2 根,防松垫圈等零件齐全。

②箱(盘)内开关动作灵活可靠,带有漏电保护的回路,漏电保护装置动作电流不大于 30 mA,动作时间不大于 0.1 s。

③照明箱(盘)内,分别设置零线(N)和保护地线(PE 线)汇流排,零线和保护地线汇经流排配出。

检验方法:观察检查和检查安装记录。

2. 一般项目

(1)基础型钢安装应符合表 4—13 的规定:

表 4—13　基础型钢安装允许偏差

项目	允许偏差	
	(mm/m)	(mm/全长)
不直度	1	5
水平度	1	5
不平行度	—	5

检验方法:实测和检查安装记录。

(2)柜、屏、台、箱、盘相互间或基础型钢应用热浸镀锌螺栓连接,且防松零件齐全。

检验方法:观察检查。

(3)柜、屏、台、箱、盘安装垂直度允许偏差为 1.5‰,相互间接缝不应大于 2 mm。成列盘面偏差不应大于 5 mm。

检验方法:实测和检查安装记录。

(4)柜、屏、台、箱、盘内检查试验应符合下列规定:

①控制开关及保护装置的规格、型号符合设计要求。

②闭锁装置运作准确、可靠。

③辅助开关切换动作与主开关动作一致。

④柜、屏、台、箱、盘上的铭牌应标明被控设备编号及名称或操

作位置，接线端子有编号，且清晰、工整、不易脱色。

⑤48 V 及以下回路可不做交流工频耐压试验。回路中的电子元件不需做交流工频耐压试验。

检验方法：检查试验调整记录。

(5)低压电器组合应符合下列规定：

①发热元件安装在散热良好的位置。

②熔断器的熔体规格、自动开关的整定值符合设计要求。

③切换压板接触良好，相邻压板间有安全距离，切换时，不触及相邻的压板。

④信号回路的信号灯、按钮、光字牌、电铃、电笛、事故电钟等动作和信号显示准确。

⑤外壳须接地或接零的，连接可靠。

⑥端子排安装牢固，端子有序号，强电、弱电端子隔离布置，端子规格与芯线截面积大小适配。

检验方法：观察检查。

(6)柜、屏、台、箱、盘间配线：电流回路应采用额定电压不低于750 V、芯线截面积不小于 2.5 mm^2 的铜芯绝缘电线或电缆；除电子元件回路或类似回路外，其他回路的电线应采用额定电压不低于 750 V、芯线截面不小于 1.5 mm^2 的铜芯绝缘电线或电缆。

二次回路连线应成束绑扎，不同电压等级、交流、直流线路及计算机控制线路应分别绑扎，且有标识；固定后不应妨碍手车开关或抽出式部件的拉出或推入。

检验方法：观察检查。

(7)连接柜、屏、台、箱、盘面板上的电器及控制台、板等可动部位的电线应符合下列规定：

①采用多股铜芯软电线，敷设长度留有适当裕量。

②线束有外套塑料管等加强绝缘保护层。

③与电器连接时，端部绞紧，且有不开口的终端端子或搪锡，不松散、断股。

④可转动部位的两端用卡子固定。

检验方法：观察检查。

(8)照明配电箱(盘)安装应符合下列规定：

①位置正确，部件齐全，箱体开孔与导管管径适配，暗装配电箱箱盖紧贴墙面，箱(盘)涂层完整。

②箱(盘)内接线整齐，回路编号齐全，标识正确。

③箱(盘)不得采用可燃材料制作。

④箱(盘)安装牢固，垂直度允许偏差为1.5‰，距地面宜为1.5 m，照明配电板底边距地面为1.5 m，照明配电板底边距地面不小于1.8 m。

检验方法：观察检查和实测。

第三节　低压电动机安装

【技能要点1】一般规定

(1)低压电动机应与机械设备完成连接，绝缘电阻测试合格，经手动操作符合工艺要求，才能接线。

(2)电动机接线端子与导线端子必须连接紧密，不受外力，连接用紧固件的锁紧装置完整齐全。在电机接线盒内，裸露的不同相导线间和导线对地间最小距离必须符合本标准的相应规定。

(3)电机接线应牢固可靠，接线方式应与供电电压相符。

(4)电动机安装后，应用手盘动数圈进行转动试验。

(5)电动机外壳保护接地(或接零)必须良好。

(6)电动机试运行一般应在空载的情况下进行，空载运行时间为2 h，并做好电动机空载电流电压试验记录。

【技能要点2】电动机安装准备

1. 基础验收

对基础轴线、标高、地脚、地脚螺栓位置、外形几何尺寸进行测量验收，沟槽、孔洞及电缆管位置应符合设计及土建本身的质量要求；混凝土强度等级一定要符合设计要求，一般基础承重量不小于电机重量的3倍；基础各边应超出电机底座边缘100～500 mm。

2. 设备开箱检查

(1)设备到场后,监理建设单位代表、供货方及施工单位共同进行开箱检查,并作好开箱检查记录。

(2)按照设备清单技术文件,对设备极其附件、备件的规格、型号、数量进行详细核对。

(3)电动机、电加热器、电动执行机构本体、控制和起动设备外观检查应无损伤及变形,油漆完好。

(4)电动机、电加热器、电动执行机构本体、控制和起动设备应符合设计要求,并应有合格证件,设备应有铭牌。

3. 安装前的检查

(1)盘动转子不得有卡阻及异常声响。定子和转子分箱装运的电动机,其铁心转于和轴颈应完整无锈蚀现象。

(2)润滑脂情况应正常,无变色、变质及硬化等现象。其性能应符合电机工作条件的要求。

(3)测量滑动轴承电机的空气间隙,其不均匀度应符合产品的规定;若无规定时,各点空气间隙与平均空气间隙之比宜为±5%。

(4)电机的引出线接线端子焊接或压接良好,且编号齐全,裸露带电部分的电气间隙应符合产品标准的规定。

(5)绕线式电机应检查电刷的提升装置,提升装置应有“起动”、“运行”的标志,动作顺序应是先短路集电环,后提起电刷。

(6)电机的附件、备件齐全无损伤。

【技能要点3】电动机的安装

1. 电动机的安装要求

(1)地脚螺栓应与混凝土基础牢固地结合成一体,浇灌前预留孔应清洗干净,螺栓本身不应歪斜,机械强度应满足要求。

(2)稳装电机垫铁一般不超过3块,垫铁与基础面接触应严密,电机底座安装完毕后进行二次灌浆。

(3)采用皮带传动的电动机轴及传动装置轴的中心线应平行,电动机及传动装置的皮带轮,自身垂直度全高不超过0.5 mm,两轮的相应槽应在同一直线上。

(4)采用齿轮传动时，圆齿轮中心线应平行，接触部分不应小于齿宽的 2/3，伞形齿轮中心线应按规定角度交叉，咬合程度应一致。

(5)采用靠背轮传动时，轴向与径向允许误差，弹性联接的不应小于 0.05 mm，钢性联接的不大于 0.02 mm。互相连接的靠背轮螺丝栓孔应一致，螺帽应有防松装置。

2. 电刷的刷架、刷握及电刷的安装

(1)同一组刷握应均匀排列在与轴线平的同一直线上。

(2)刷握的排列，应使相邻不同极性的一对刷架彼此错开，以使换向器均匀的磨损。

(3)各组电刷应调整在换向器的电气中性线上。

(4)带有倾斜角的电刷，其锐角尖应与转动方向相反。

(5)电刷架及其横杆应固定紧固，绝缘衬管和绝缘垫应无损伤、污垢，并应测量其绝缘电阻。

(6)电刷的铜编带应连接牢固、接触良好，不得与转动部分或弹簧片相碰撞，带有绝缘垫的电刷，绝缘垫应完好。

(7)电刷在刷握内应能上下自由移动，电刷与刷握的间隙应符合厂方规定，一般为 0.1～0.2 mm。

(8)定子和转子分箱装运的电动机，安装转子时，不可将吊绳绑在滑环、换向器或轴颈部分。

(9)用 1 000 V 摇表测定电动机绝缘电阻值不应小于0.5 MΩ。100 kW 以上的电动机，应测量各相直流电阻值，相互差不应大于最小值的 2%；无中性点引出的电动机，测量线间直流电阻值，相互差值不应大于最小值的 1%。

(10)电机的换向器或集电环应符合下列要求：

①表面应光滑，无毛刺、黑斑、油垢。当换向器的表面不平程度达到 0.2 mm 时，应进行车光。

②换向器片间绝缘应凹下 0.5～1.5 mm。整流片与绕组的焊接应良好。

3. 抽芯检查

除电动机随带技术文件说明不允许在施工现场抽芯检查外，当电机有下列情况之下时，应做抽芯检查：

(1)出厂日期超过制造厂保证期限。

(2)当制造厂无保证期限时,出厂日期已超过一年。

(3)经外观检查或电气试验,质量可疑时。

(4)开启式电机经端部检查可疑时。

(5)试动转时有异常情况。

抽芯检查应符合下列要求:

(1)电机内部清洁无杂物。

(2)电机的铁芯、轴颈、集电环和换向器应清洁,无伤痕和锈蚀现象,通风口无堵塞。

(3)绕组绝缘层应完好,绑线无松动现象。

(4)定子槽楔应无断裂、凸出和松动现象,每根槽楔的空隙长度不得超过其1/3,端部槽楔必须牢固。

(5)转子的平衡块及平衡螺丝应紧固锁牢,风扇方向应正确,叶片无裂纹。

(6)磁极及铁轭固定良好,励磁绕组紧贴磁极,不应松动。

(7)鼠笼式电机转子铜导电条和端环应无裂纹,焊接应良好;浇铸的转子表面应光滑平整;导电条和端环不应有气孔、缩孔、夹渣、裂纹、细条、断条和浇注不满等现象。

(8)电机绕组应连接正确,引线焊接良好。

(9)直流电机的磁极中心线与几何中心线应一致。

(10)电机的滚动轴承工作面应光滑清洁,无麻点、裂纹或锈蚀,滚动体与内外圈接触良好,无松动;加入轴承内的润滑脂应填满内部空隙的2/3,同一轴承内不得填入不同品种的润滑脂。

4. 电机干燥

(1)电机由于运输、保存或安装后受潮,绝缘电阻或吸收比,达不到规范要求,应进行干燥处理。

(2)在进行电机干燥前,应根据电机受潮情况编制干燥方案。

(3)烘干温度要缓慢上升,中、小型温升速度为5～8 ℃/h,铁心和线圈子的最高温度应控制在70～80 ℃。

(4)当电动机绝缘电阻值达到规范要求时,在同一温度下经5 h稳定不变时,方可认为干燥完毕。

(5)干燥方法：

①电阻器干燥法：利用大型电机下面的通风道内放置电阻箱，通风加热干燥电机。

②灯泡照射干燥法：灯泡采用红外线灯泡或一般灯泡，把转子取出来，把灯泡放在定子内，通电照射。温度高低的调节，可用改变灯泡瓦数来实现。

③电流干燥法：采用低电压，用变阻器调节电流，其电流大小宜控制在电机额定电流的60%以内，并用测温计随时监测干燥温度。

5. 控制、起动和保护设备安装

(1)电机的控制和保护设备安装前应检查是否与电机容量相符，安装按设计要求进行，一般应装在电机附近。

(2)引至电动机接线盒的明敷导线长度应小于0.3 m，并应加强绝缘保护，易受机械损伤的地方应套保护管。

(3)直流电动机、同步电动机与调节电阻回路及励磁回路的连接，应采用铜导线，导线不应有接头。调节电阻器应接触良好，调节均匀。

直流电动机的构建及工作原理

1. 直流电动机构造

直流电机主要由定子(固定的磁极)和转子(旋转的电枢)组成，在定子与转子之间留有气隙，直流电动机的外形和结构图如图4—29所示。

2. 直流电动机工作原理

直流电动机是将电源输入的电能转变为从转轴上输出的机械能的电磁转换装置。其工作原理如图4—30所示。

定子励磁绕组接入直流电源，便有直流通入励磁绕组内，产生励磁磁场。当电枢绕组引入直流电并经电刷传给换向器，再通过换向器将此直流电转化为交流电进入电枢绕组，并产生电枢电流，此电流产生磁场，与励磁磁场合成为气隙磁场。电枢绕组切割气隙合成磁场，按左手定测可判断出电枢产生转矩，这就是直流电动机的简单工作原理。

从以上分析可知，当电枢导体从一个磁极范围内转到另一个异性磁极范围内，即导体经过中性面时，导体中电流的方向也要同时改变才能保证电枢继续朝同一方向旋转。

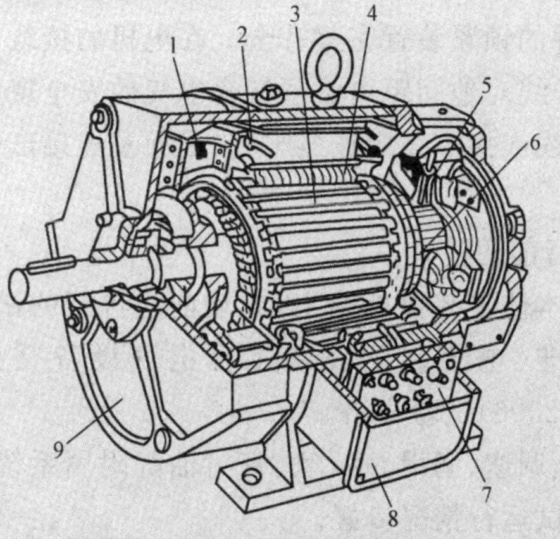

图 4—29　直流电动机的结构

1—风扇；2—机座；3—电枢；4—主磁极；5—刷架；
6—换向器；7—接线板；8—出线盒；9—端盖

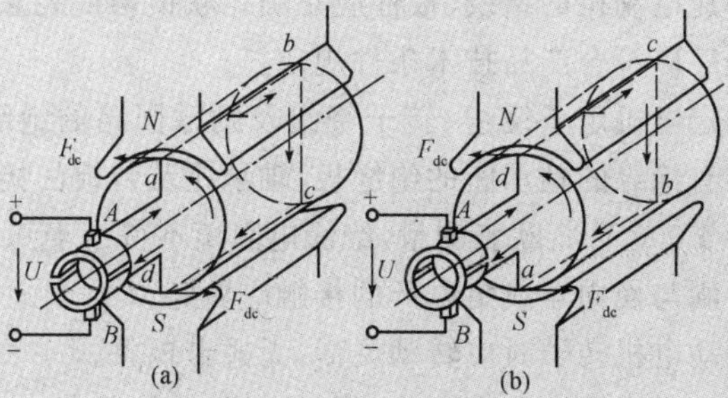

图 4—30　直流电动机的工作原理

(4)电动机应装设过流和短路保护装置，并应根据设备需要装设相序断相和低电压保护装置。

(5)电动机保护元件的选择：

①采用热元件时按电动机额定电流的 1.1～1.25 倍来选。

②采用熔丝(片)时按电动机额定电流的 1.5～2.5 倍来选。

6. 电动机的接线

(1)电动机的接线应按产品技术文件进行连接，连接相序应正确，符合技术文件要求，接线应牢固，绝缘应可靠。

(2)电动机接线端子与导线接线端子必须连接紧密不受外力，连接用紧固件的锁紧装置完整齐全。在电机的接线盒内裸露的不同导线间和导线对地间距离必须符合电气的安全规定。

(3)接地线或接零线应连接牢固，截面及连接部位符合设计或产品要求。

7. 试运行前的检查

(1)电机本体安装检查结束，起动前应进行的试验项目，已按现行国家标准《电气装置安装工程电气设备交接试验标准》(GB 50150—2006)试验合格。

(2)冷却、调速、润滑、水、氢、密封油等附属系统安装完毕，验收合格，各部试运行情况良好。

(3)电动机的保护、控制、测量、信号、励磁等回路的调试完毕，动作正常。

(4)多速电动机的结线、极性应正确。联锁切换装置应动作可靠，操作程序应符合产品技术条件规定。

(5)测定电机定子绕组、转子绕组及励磁回路的绝缘电阻，应符合要求；有绝缘的轴承座的绝缘板、轴承座及台板的接触应清洁干燥，使用 1 000 V 兆欧表测量，绝缘电阻值不得小于 0.5 MΩ。

(6)电刷与换向器或集电环的接触应良好。

(7)盘动电机转子时应转动灵活，无碰卡现象。

(8)电机引出线应相序正确，固定牢固，连接紧密。

(9)电机外壳油漆应完整，接地良好。

(10)照明、通信、消防装置应齐全。

8. 试运行

(1)电动机宜在空载情况下作第一次启动，空载运行时间宜为 2 h，并记录电机的空载电流。

(2)电动机试运行时通电后，如发现电动机不能起动或起动时转速很低、声音不正常等现象，应立即断电检查原因。

(3)起动多台电动机时，应按容量从大到小逐台起动，严禁同时起动。

(4)电机试运行中应进行下列检查：

①电机的旋转方向符合要求，无异声。

②换向器、集电环及电刷的工作情况正常。

③检查电机各部分温度，不应超过产品技术条件的规定。

④滑动轴承温度不应超过 80 ℃，滚动轴承不应超过 95 ℃。

(5)电机振动的双倍振幅值不应大于表 4—14 的规定。

表 4—14 电机振动的双倍振幅值

同步转速(r/min)	3 000	1 500	1 000	750 及以下
双倍振幅值(mm)	0.05	0.085	0.10	0.12

(6)交流电动机的带负荷起动次数，应符合产品技术条件的规定；当产品技术条件无规定时，可符合下列规定：

①在冷态时，可起动 2 次。每次间隔时间不得小于 5 min。

②在热态时，可起动 1 次。当在处理事故以及电动机起动时间不超过 2～3 s 时，可再起动 1 次。

【技能要点 4】质量标准

1. 主控项目

(1)电动机、电加热器及电动执行机构的可接近裸露导体必须接地或接零。

检验方法：观察检查。

(2)电动机、电加热器及电动执行机构绝缘电阻值应大于 0.5 MΩ。

检验方法：实测和检查安装记录。

(3)100 kW 以上的电动机，应测量各相电阻值，相互差不应大于最小值的 1%。

检验方法：实测和检查安装记录。

2. 一般项目

(1)电气设备安装应牢固,螺栓及防松零件齐全,不松动。防水防潮电气设备的接线入口及接线盒盖等应做密封处理。

检验方法:观察检查。

(2)除电动机随带技术文件说明不允许在施工现场抽芯检查外,有下列情况之一的电动机,应抽芯检查:

①出厂时间已超过制造厂保证期限,无保证期限的已超过出厂时间一年以上。

②外观检查、电气试验、手动盘转和试运转,有异常情况。

检验方法:查验技术文件和观察检查。

(3)电动机抽芯检查应符合下列规定:

①线圈绝缘层完好、无伤痕,端部绑线不松动,槽楔固定、无断裂,引线焊接饱满,内部清洁,通风孔道无堵塞。

②轴承无锈斑,注油(脂)的型号、规格和数量正确,转子平衡块紧固,平衡螺丝锁紧,风扇叶片无裂纹。

③连接用紧固件的防松零件齐全完整。

④其他指标符合产品技术文件的特有要求。

检验方法:观察检查和检查电机抽芯记录。

(4)在设备接线盒内裸露的不同相导线间和导线对地间最小距离应大于 8 mm,否则应采取绝缘防护措施。

检验方法:实测和检查安装记录。

第四节　低压电器动力设备试验和试运行

【技能要点 1】接地或接零检查

(1)逐一复查各接地处选点是否正确,接触是否牢固可靠,是否正确无误地连接到接地网上。

①设备的可接近裸露导体接地或接零连接完成。

②接地点应与接地网连接,不可将设备的机身或电机的外壳代地使用。

③各设备接地点应接触良好,牢固可靠且标识明显。要接在专为接地而设的螺栓上,不可用管卡子等附属物为接地点。

④接地线路走向合理，不要置于易碰伤和砸断之处。

⑤禁止用一根导线做各处的串联接地。

⑥不允许将一部分电气设备金属外壳采用保护接地，将另一部分电气设备金属外壳采用保护接零。

(2)柜(屏、台、箱、盘)接地或接零检查

①装有电器的可开启门，门和框架的接地端子应用裸编织铜线连接，且有标识。

②柜(屏、台、箱、盘)内保护导体应有裸露的连接外部保护导体的端子，当设计无要求时，柜(屏、台、箱、盘)内保护导体最小截面积不应小于设计规定。

③照明箱(盘)内，应分别设置零线(N)和保护地线(PE线)汇流排，零线和保护地线经汇流排配出。

(3)明敷接地干线，沿长度方向，每段为15～100 mm，分别涂以黄色和绿色相间的条纹。

(4)测试接地装置的接地电阻值必须符合设计要求。

【技能要点2】二次接线检查

(1)柜内检查

①依据施工设计图纸及变更文件，核对柜内的元件规格、型号，安装位置应正确；

②柜内两侧的端子排不能缺少；

③各导线的截面是否符合图纸的规定；

④逐线检查柜内各设备间的连线及由柜内设备引至端子排的连线不能有错误，接线必须正确。为了防止因并联回路而造成错误，接线时可根据实际情况，将被查部分的一端解开然后检查。检查控制开关时，应将开关转动至各个位置逐一检查。

(2)柜间联络电缆检查(通路试验)

可采用摇表校线法，干电池灯泡法等检查柜电联络电缆的连通性。

(3)操作装置的检查

回路中所有操作装置都应进行检查，主要检查接线是否正确，

操作是否灵活，辅助触点动作是否准确。一般用导通法进行分段检查和整体检查。

检查时应使用万用表，不宜用兆欧表（摇表）检查，因为摇表检查不易发现接触不良或电阻变值。另外，检查时应注意拔去柜内熔丝，并将与被测电路并联的回路断开。

万用表使用要点

(1)每次测量前，对万用表都要做一次全面检查，以核实表头各部分的位置是否正确。

(2)测量时，应用右手握住两支表笔，手指不要触及表笔的金属部分和被测元器件，如图4—31(a)所示。图4—31(b)的握笔方法是错误的。

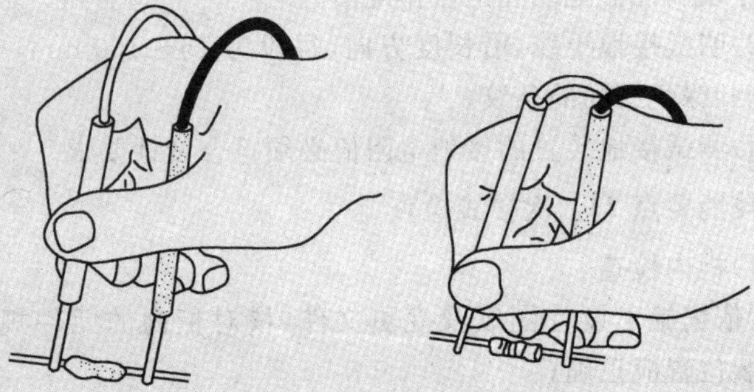

(a)正确　　(b)错误

图4—31　万用表表笔的握法

(3)测量过程中不可转动转换开关，以免转换开关的触头产生电弧而损坏开关和表头。

(4)使用R×1挡时，调零的时间应尽量缩短，以延长电池使用寿命。

(5)万用表使用后，应将转换开关旋至空挡或交流电压最大量程挡。

使用万用表时应注意以下几点：

(1)转换开关一定要放在需测量挡的位置上，不能搞错，以免烧坏仪表。

(2)根据被测量项目，正确接好万用表。

(3)选择量程时，应由大到小，选取适当位置。测电压、电流时，最好使指针指在标度尺 1/2～2/3 以上的地方，测电阻时，最好选在刻度较稀的地方和中心点。转换量限时，应将万用表从电路上取下，再转动转换开关。

(4)测量电阻时，应切断被测电路的电源。

(5)测直流电流、直流电压时，应将红色表棒插在红色或标有“+”的插孔内，另一端接被测对象的正极；黑色表棒插在黑色或标有“-”的插孔内，另一端接被测对象的负极。

(6)万用表不用时，应将转换开关拨到交流电压最高量限挡或关闭挡。

(4)电流回路和电压回路的检查

电流互感器接线正确，极性正确，二次侧不准开路(而电压互感器二次侧不准短路)，准确度符合要求，二次侧有 1 点接地。

(5)二次接线绝缘电阻测量及交流耐压试验

①测量绝缘电阻：二次回路的绝缘电阻值必须大于 1 MΩ(用 1 kV 或 500 V 兆欧表检查)，48 V 及以下的回路使用不超过 500 V 的兆欧表。

②交流耐压试验：柜(屏、台、箱、盘)间二次回路交流工频耐压试验，当绝缘电阻值大于 10 MΩ 时，用 2 500 V 兆欧表摇测 1 min，应无闪络击穿现象；当绝缘电阻值在 1～10 MΩ 时，做 1 000 V 交流工频耐压试验，时间 1 min，应无闪络击穿现象。

回路中的电子元件不应参加交流工频耐压试验；48 V 及以下回路可不做交流工频耐压试验。

【技能要点 3】低压断路器检查试验

(1)一般性的检查

各零、部件应完整无缺，装配质量良好可动部分动作灵活，无卡阻现象。

分、合闸迅速可靠，无缓慢停顿情况开关自动脱扣后重复挂钩可靠。

缓慢合上开关时，三相触点应同时接触，触头接触的不同时不应大于 0.5 mm 动静触头的接触良好。

对于大容量的低压断路器，必要时要测定动、静触头及内部接点的接触电阻。

(2)电磁脱扣器通电试验

当通以 90%的整定电流时，电磁脱扣部分不应动作，当通以 110%的整定电流时，电磁脱扣器应瞬时动作。

【技能要点 4】双金属片式热继电器检查试验

(1)一般性检查

检查和选择热元件号应与被保护电机的额定电流以及与磁力起动器的型号相符。

如热元件系成套供应，根据制造厂的说明，不必再进行通电和机构调整，但必须检查其动作机构是否灵活。

检查热继电器各部件有无生锈现象及固定情况，复归装置是否好用，对于动作不灵活及生锈者应予更换。

(2)动作值试验

试验接线如图 4—32 所示。指示灯 HL 作为动作信号接在常闭触点上。测定动作时间可用秒表。

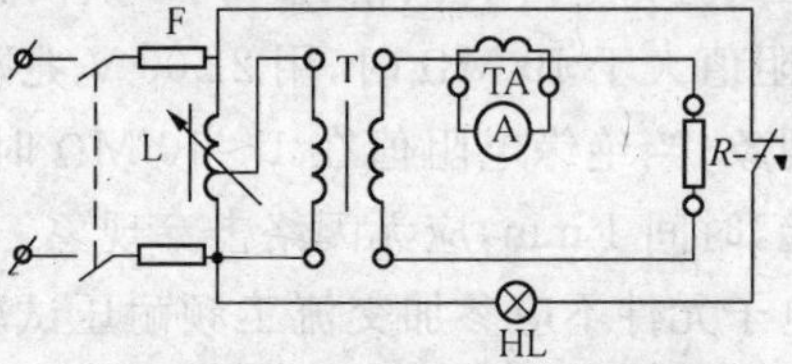

图 4—32 热元件动作试验接线

TA—电流互感器；T—变压器；L—自耦调压器；HL—指示灯

【技能要点 5】接触器检查

(1)一般性检查

①接触器各零、部件应完整。

②衔铁等可动部分动作灵活，不得有卡住或闭合时有滞缓现

象，开放或断电后，可动部分应完全回到原位，当动接点与静接点及可动铁芯与静铁芯相互接触（闭合）时应吻合，不得歪斜。

③铁芯与衔铁的接触表面平整清洁，如涂有防锈黄油应予以清除。

④接触器在分闸时，动、静触头间的空气距离，以及合闸时动触头的压力，触头压力弹簧的压缩度和压缩后的剩余间隙，应符合产品技术条件的规定。

⑤用万用表或电桥测量接触器线圈的电阻应与铭牌上电阻值相符。用摇表测量线圈及接点等导电部分对地之间的绝缘电阻应良好。

(2)接触器的动作试验

①接触器线圈两端接上可调电源，调升电压到衔铁完全吸合时，所测电压即为吸合电压。其值一般不应低于85%线圈额定电压（交流），最好不要高于这相数值。

②将电源电压下降到线圈额定电压的35%以下时，衔铁应能释放。

③最后调升电压到线圈额定电压，测量线圈中流过的电流，计算线圈在正常工作时所需要的功率。同时观察衔铁不应产生强烈的振动和噪声（如当铁芯接触不严密时，不许用锉锉铁芯接触面，应调整其机构，将铁芯找正，并检查短路环是否完整，弹簧的松紧程度是否合适）。

【技能要点6】启动器检查

(1)自耦减压起动器一般性检查

外壳应完整，零、部件无损坏和松动现象，并有明显的标志符号，如铭牌、启动—运转—停止、油面线、接地符号、内部接线图、接线柱符号等所有螺栓、螺母、垫圈俱全并坚固。

动、静头表面光滑，排列整齐，接触正确良好，接触表面如有毛刺或凹凸不平时，可用细锉锉平三相触头同时接触，各触头弹簧压力相等，弹性良好。

触头的断开距离（开距），超额行程和触头终压力应符合表

4—15 规定。

表 4—15　补偿器触头的断开距离、压力和超额行程

容量(kW)	断开距离(mm)	超额行程(mm)	触头终压力(N)
20	不小于 17	3.5±0.5	6.86±0.69
40	不少于 17	3.5±0.5	14.21±1.37
75	不小于 20	4±0.5	31.36±3.14

连锁装置可靠。

操作机械灵活准确，手柄操作力不应大于产品允许规定值。

检查分合闸的可靠性时，可先用手按住脱扣衔铁，将手柄推向“起动”位置，再立即扳向“运转”位置，然后放开衔铁，应立即跳闸而无迟缓或卡住现象。

补偿器油箱内应注满干净无杂质和水分并经耐压试验合格的变压器油至油面线水平。

(2)自耦减压起动器的电气性能试验

用 500 V 摇表测定线圈及导电部分对地绝缘电阻应符合规定。

自耦变压器的空载试验：先拆除变压器次级输出接至电动机的接线，初级输入端三相串接电流表，当接入电源后，将手柄推至“起动”位置，所测空载电流应不大于自耦变压器额定工作电流的20%，并用电压表测量次级抽头各档的输出电压比，其误差应不大于±3%保护装置中的失压脱扣器及热脱扣器的试验与低压断路器中脱扣器相同。

电压表的使用要点

测量电路电压的仪表叫做电压表，也称伏特表，表盘上标有符号“V”。电压表分为直流电压表和交流电压表，两者的接线方法都是与被测电路并联。

测量直流电路中电压的仪表称为直流电压表，在直流电压表的接线柱旁边通常也标有“＋”和“－”两个符号，接线柱的“＋”(正端)与被测量电压的高电位连接；接线柱的“－”(负端)

与被测量电压的低电位连接，如图 4—33 所示。正负极不可接错，否则，指针就会因反转而打弯。

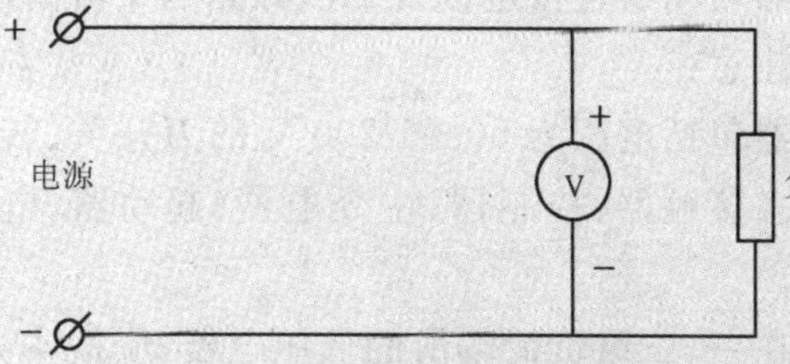

图 4—33　直流电压表直接测量接线图

交流电压表按接线方式可分为低压直接接入测量和高压经电压互感器后在二次侧间接测量两种方式，低压直接接入式一般用在 380 V 或 220 V 电路中。交流电压表测量时，和直流电压表一样，也是并联接入电路，而且只能用于交流电路测量电压，当将电压表串联接入电路时，则由于电压表的内阻很大，几乎将电路切断，从而使电路无法正常工作，所以在使用电压表时，忌与被测电路串联。借助电压互感器测量交流电压如图 4—34 所示。

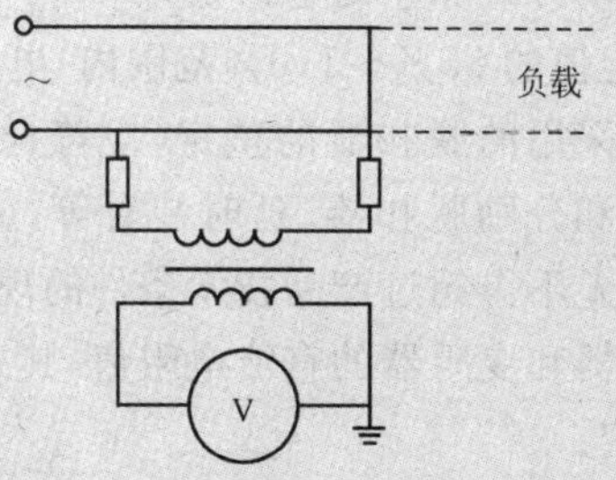

图 4—34　借助电压互感器测量交流电压

【技能要点 7】低压电器

(1)低压电器的试验项目，应包括下列内容：

①测量低压电器连同所连接电缆及二次回路的绝缘电阻；

②电压线圈动作值校验；

③低压电器动作情况检查；

④低压电器采用的脱扣器的整定；

⑤测量电阻器和变阻器的直流电阻；

⑥低压电器连同所连接电缆及二次回路的交流耐压试验。

其中需要注意：

①低压电器包括电压为60～1 200 V的刀开关、转换开关、熔断器、自动开关、接触器、控制器、主令电器、起动器、电阻器、变阻器及电磁铁等。

②对安装在一、二级负荷场所的低压电器，应按本条第二、三、四款的规定进行。

(2)测量低压电器连同所连接电缆及二次回路的绝缘电阻值，不应小于1 MΩ；在比较潮湿的地方，可不小于0.5 MΩ。

(3)电压线圈动作值的校验，应符合下述规定：线圈的吸合电压不应大于额定电压的85%，释放电压不应小于额定电压的5%；短时工作的合闸线圈应在额定电压的85%～110%范围内，分励线圈应在额定电压的75%～110%的范围内均能可靠工作。

(4)低压电器动作情况的检查，应符合下述规定：对采用电动机或液压、气压传动方式操作的电器，除产品另有规定外，当电压、液压或气压在额定值的85%～110%范围内，电器应可靠工作。

(5)低压电器采用的脱扣器的整定，应符合下述规定：各类过电流脱扣器、失压和分励脱扣器、延时装置等，应按使用要求进行整定，其整定值误差不得超过产品技术条件的规定。

(6)测量电阻器和变阻器的直流电阻值，其差值应分别符合产品技术条件的规定。

(7)低压电器连同所连接电缆及二次回路的交流耐压试验，应符合下述规定：

试验电压为1 000 V。当回路的绝缘电阻值在10 MΩ以上时，可采用2 500 V兆欧表代替，试验持续时间为1 min。

【技能要点8】柜、屏、台、箱、盘试验

(1)柜、屏、台、箱、盘的交流工频耐压试验

交流工频耐压试验电压为1 kV，当绝缘电阻值大于10 MΩ

时，可采用 2 500 V 兆欧表摇测替代，试验持续时间 1 min，无击穿闪络现象。

(2)回路中的电子元件不应参加交流工频耐压试验；48 V 及以下回路可不做交流工频耐压试验。

(3)继电器检验和调整

①继电器一般性检查：

a. 继电器外壳用毛刷或干布揩擦干净，检查玻璃盖罩是否完整良好。

b. 检查继电器外壳与底座结合得是否牢固严密，外部接线端钮是否齐全，原铅封是否完好。

c. 检查所有接点及支持螺栓、螺母有否松动现象，螺母不紧最容易造成继电器误动作。

d. 检查继电器各元件的状态是否正常，元件的位置必须正确。有螺旋弹簧的，平面应与其轴心严格垂直。各层簧圈之间不应有接触处，否则由于摩擦加大，可能使继电器动作曲线和特性曲线相差很大。

e. 可调把手不应松动，也不宜过紧以便调整。螺栓插头应紧固并接触良好。

②校验和调整：

a. 先用电阻表或万用表的欧姆挡测量线圈是否通路。

b. 测试绝缘电阻。接点对线圈的绝缘电阻；校验电磁铁与线圈间的绝缘电阻线圈之间、接点之间以及其他部分的绝缘电阻。

绝缘电阻一般不应低于 10 MΩ。如果绝缘电阻较低，应查明原因；如果是绝缘受潮应进行干燥处理。

c. 检查继电器所有接点应接触良好。

d. 检查时间继电器可动系统动作的平稳均匀性，不应有忽慢忽快或摩擦停滞的现象。

(4)继电器整定

一般情况下，生产出厂调试中已按用户要求整定好，则现场调试就不必再整定了(包括低压断路器)。否则,应按设计给定的整定值进行整定。

(5)保护装置的检查试验

保护装置的规格、型号符合设计要求。熔断器的熔体规格、低压断路器的整定值符合设计要求闭锁装置动作准确、可靠。

主开关的辅助开关切换动作与主开关动作一致信号回路的动作和信号显示准确。

【技能要点9】控制回路模拟动作试验

(1)断开电气线路的主回路开关出线处,电动机等电气设备不受电;接通控制电源,检查各部的电压是否符合规定,信号灯、零压断电器等工作是否正常。

(2)操作各按钮或开关,相应的各继电器、接触器的吸合和释放都应迅速,无黏滞现象和不正常噪声。各相关信号灯指示要符合图纸的规定。

(3)用人工模拟的方法试动各保护元件,应能实现迅速、准确、可靠的保护功能。如模拟合闸、分闸,也可将各个连锁接点(包括电信号和非电信号),进行人工模拟动作而控制主回路开关的动作。

检查无功率补偿手动切换是否正常。如果几台柜子之间是有联系的,还要进行联屏试验(如有的无功补偿柜有主柜和副柜之分)。

(4)手动各行程开关,检查其限位作用的方向性及可靠性。

(5)对设有电气连锁环节的设备,应根据电气原理图检查连锁功能是否准确可靠。

【技能要点10】试运行

(1)无论送电或停电,均应严格执行操作规程。

(2)起动后,试运人员要坚守岗位,密切注意仪表指示,电动机的转速、声音、温升及继电保护、开关、接触器等器件是否正常。随时准备出现意外情况而紧急停车。

(3)传动装置应在空载下进行试运，空载运行良好后，再带负荷。

(4)由多台电动机驱动同一台机械设备时，应在试运前分别启动，判明方向后再系统试运。

(5)带有限位保护的设备，应用点动方式进行初试，再由低速到高速进行试运，如有惯性越位时，应重复调整后再试运。

(6)电动闸门类机械，第一次试车时，应在接近极限位置前停车，改用手动关闭闸门，手动调好后，再采用电动方式检查。

(7)直流电机试运时，磁场变阻器的阻值，对于直流发电机应放在最大位置，对于直流电动机则应放在最小位置。

(8)串激电动机不准空载运行。

(9)试运时，如果电气或机械设备发生特殊意外情况，来不及通知试运负责人，操作人员可自行紧急停车。

(10)试运中如果继电保护装置动作，应尽快查明原因，不得任意增大整定值，不准强行送电。

(11)更换电源后，应注意复查电机的旋转方向。

第五章　防雷及接地装置

第一节　接地装置安装

【技能要点 1】一般规定

(1)人工接地装置或利用建筑物基础钢筋的接地装置必须按设计要求位置设测试点。如设计无要求，每 30 m 应设一处检测点，高度不应低于 0.3 m，且不高于 2 m，一个单位工程高度应一致。如墙面为高级装饰材料，可设地下检测井，作接地电阻测试点。

(2)接地装置的材料应采用热浸镀锌处理的钢材，当设计无要求时，最小允许规格、尺寸应符合表 5—1。

表 5—1　接地装置材料最小允许规格、尺寸

种类、规格及单位		敷设位置及使用类别			
		地上		地下	
		室内	室外	交流电流回路	直流电流回路
圆钢直径(mm)		6	8	10	12
扁钢	截面(mm^2)	60	100	100	100
	厚度(mm)	3	4	4	6
角钢厚度(mm)		2	2.5	4	6
钢管管壁厚度(mm)		2.5	2.5	3.5	4.5

(3)地下不得采用裸铝导体作接地装置的接地体和接地线；埋设要求应符合设计要求。

(4)接地装置，水平埋没深度不得小于 0.6 m，经人行通道处埋地深度不小于 1 m，且应采取均压措施或在其上方铺设卵石或沥青地面，垂直接地体在水平接地体的基础上，埋深一般不小于 2.5 m，垂直接地体的间距不小于垂直接地体的 2 倍；接地体通常不少于 2 根，间距不小于 5 m。

(5)接地装置应采用焊接，焊接应采用搭接焊。

【技能要点 2】人工接地体制作

根据设计要求的材料、规格进行加工，钢接地极一般采用圆钢，直径一般不小于 ϕ20 mm，钢管一般采用不小于 D40，壁厚不小于 3.5 mm；角钢采用不小于 40 mm×40 mm×4 mm 的制作，长度均不应小于 2.5 m；为顺利打入土中，可将接地极一端加工成锥形。圆钢将一端用火加热至可锻造时打成尖状，钢管可加热锻打成扁尖形。土质很硬时可采用抽条法，将钢管割成 4～6 瓣，然后焊接，将端部加工成锥形。角钢可切割成尖头形状；为防止端头打裂，钢管顶端可用 10 mm 以上钢板加保护帽封焊；角钢可加大一号，并焊接保护帽。钢管与角钢接地体做法如图 5—1 所示。

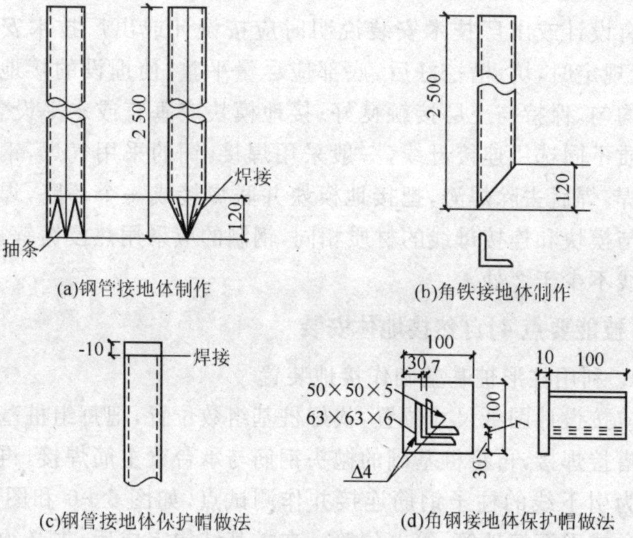

(a)钢管接地体制作　(b)角铁接地体制作

(c)钢管接地体保护帽做法　(d)角钢接地体保护帽做法

图 5—1　钢管与角钢接地体做法图（单位：mm）

【技能要点 3】人工接地装置安装

1. 钢制人工接地体安装

沟、槽挖好后应立即安装接地极，接地极间距不小于 5 m，距地坪不小于0.6 m,接地极一般采用大锤打入,一人扶接地极,一人打入,当接地极打至地坪处,可进行水平接地体敷设,水平接地体,采用扁钢应大于或等于30 mm×4 mm,采用圆钢应大于或等于ϕ12 mm,扁钢应侧放置与接地极焊接,接地极采用钢管或圆钢与水平接地体连接时,焊接不小于3个面,即上面与两个侧面,而且应附加Ω形钢筋(扁钢)或L形钢筋(扁钢),以增加导体连接截面,如图5—2~图5—4所示。如垂直接地体采用角钢应四面均焊接;焊接连接完成可继续将接地体打入槽底。

水平接地体(带形接地体)一般用于建筑物四周敷设成环状闭合的接地装置,也用于土质坚硬的接地装置,如山区丘陵地带;导体连接一般采用熔焊连接:埋设深度不小于0.6 m,所采用材料规格按设计要求,做法可参照图5—5所示。

2. 接地模块安装

有设计或出厂技术安装说明时应按设计或出厂技术安装说明,无规定时,坑、槽挖好后,底部应尽量平整,使埋设的接地模块受力均匀,保持与土层接触良好;接地模块应垂直或水平设置,根据材质不同选用连接母线,一般采用焊接,铜的采用气焊,钢的采用电焊,焊后去除焊渣,把接地模块并联焊接成一个环路,焊接材料应与模块和连接母线的材质相同,钢制的应采用热浸镀锌扁钢,引出线不少于2处。

【技能要点4】自然接地体安装

1. 利用柱形桩基基础作接地装置

应按设计图纸尺寸位置,找好桩基组数位置,把每组桩基四角钢筋搭接焊接,再将桩基础的抛头钢筋与承台梁主筋焊接,再与上面作为引下线的柱子钢筋连接并作测试点,如图5—6和图5—7所示。或引至接地箱、等电位箱。在桩基结构完成后,先必须测试其接地电阻,若达不到设计要求,应在预留辅助接地连接板处加入人工接地极,辅助接地极深度应在−0.8 m以下。

2. 利用钢筋混凝土板式基础做接地体

(1)利用无防水层底板做接地装置,按设计尺寸位置要求标好位置，将底板钢筋搭接焊好，然后将柱主筋，不小于2根与底板钢筋搭接焊好，待基础做完后，进行接地电阻测试，如达不到设计要求，应从预埋连接板处加人工接地，如达到可不做人工接地，如图5—8所示。

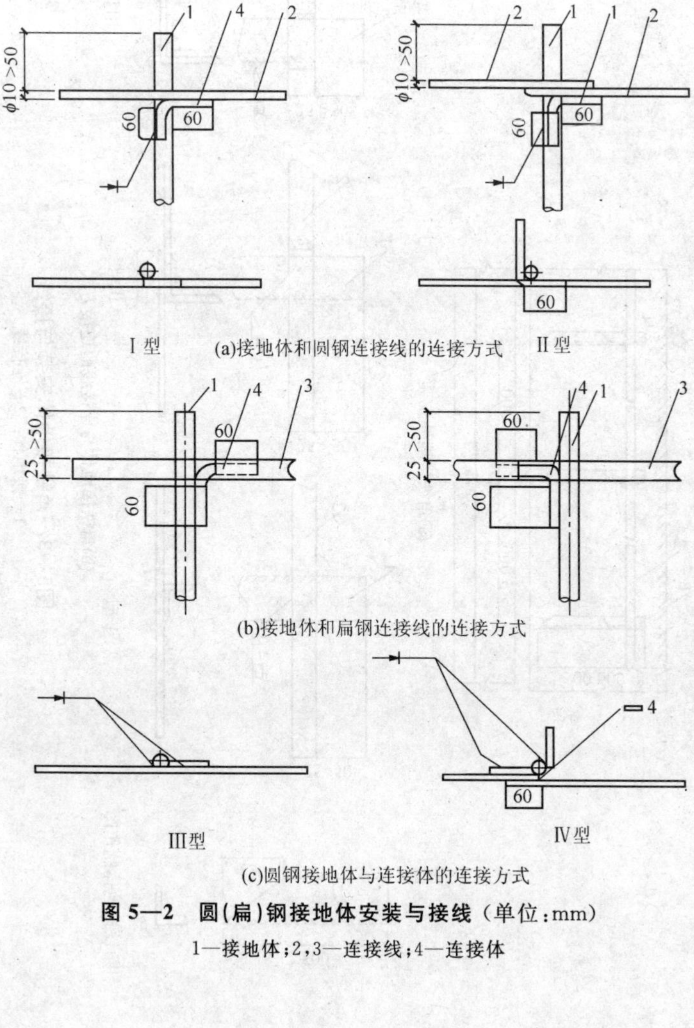

(a)接地体和圆钢连接线的连接方式

(b)接地体和扁钢连接线的连接方式

(c)圆钢接地体与连接体的连接方式

图5—2　圆(扁)钢接地体安装与接线（单位：mm）

1—接地体；2，3—连接线；4—连接体

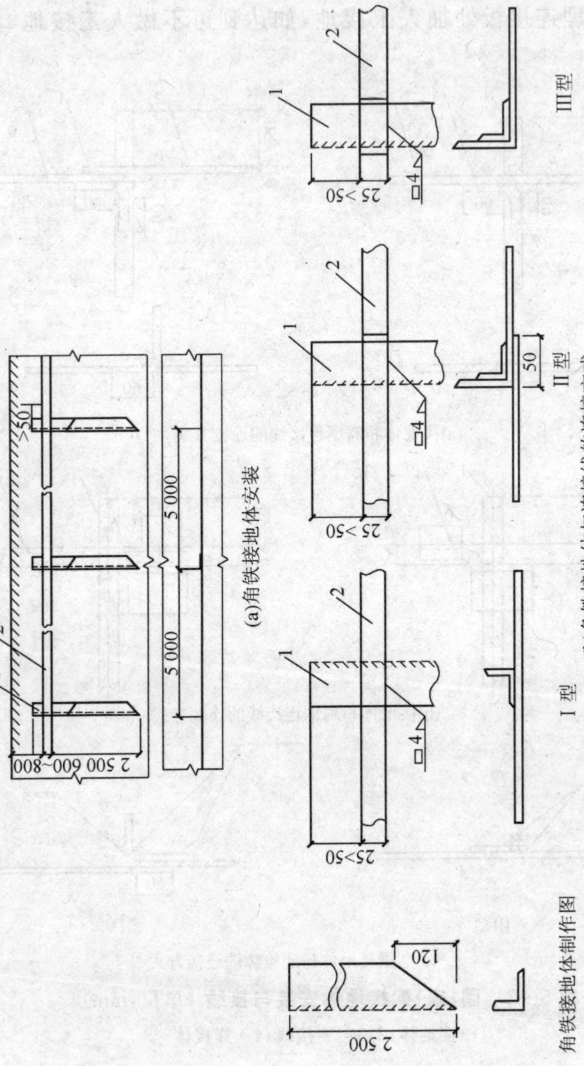

图5—3　角铁接地体安装与接线

1—接地体；2—连接线

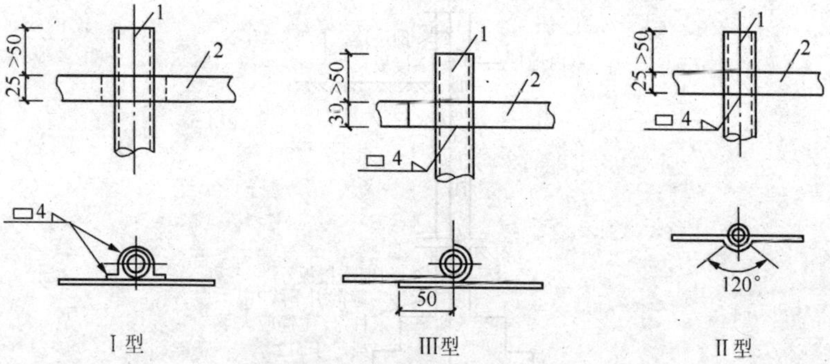

图 5—4　钢管接地体与连接线的连接方式（单位：mm）

1—接地体；2—连接线；3—卡箍

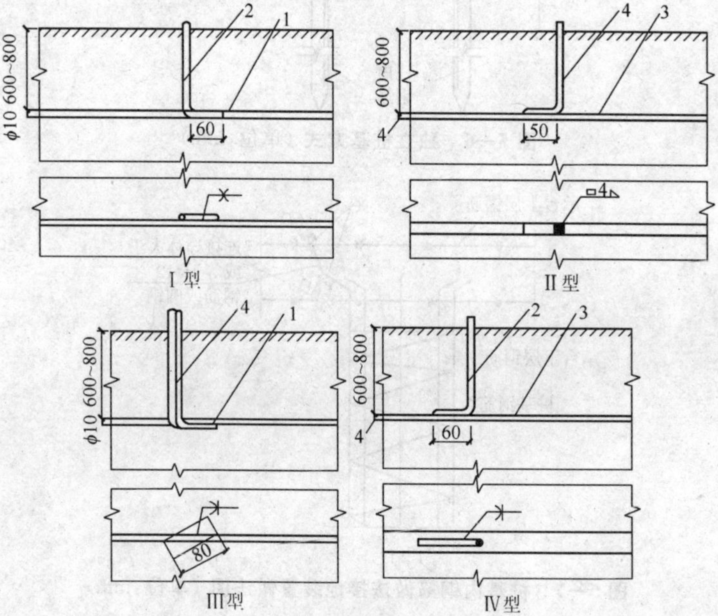

图 5—5　水平接地体做法（单位：mm）

1，3—接地体；2，4—接地线

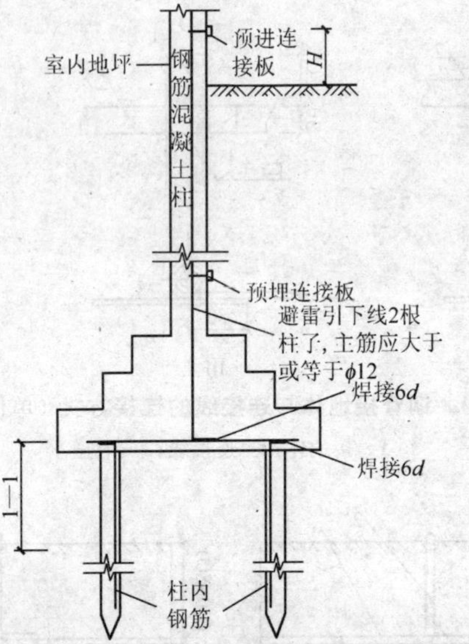

图 5—6　独立桩基方式（单位:mm）

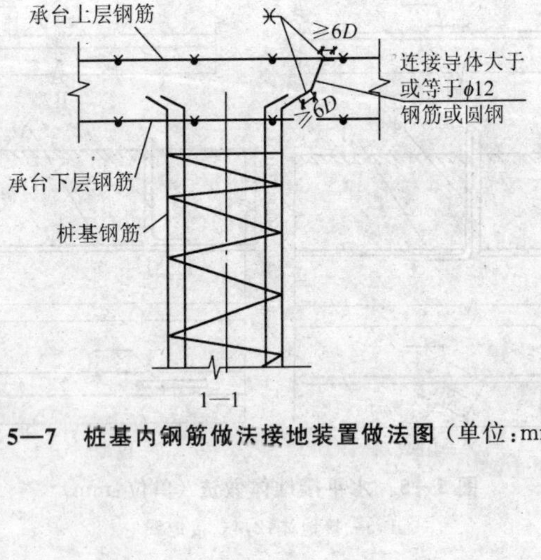

图 5—7　桩基内钢筋做法接地装置做法图（单位:mm）

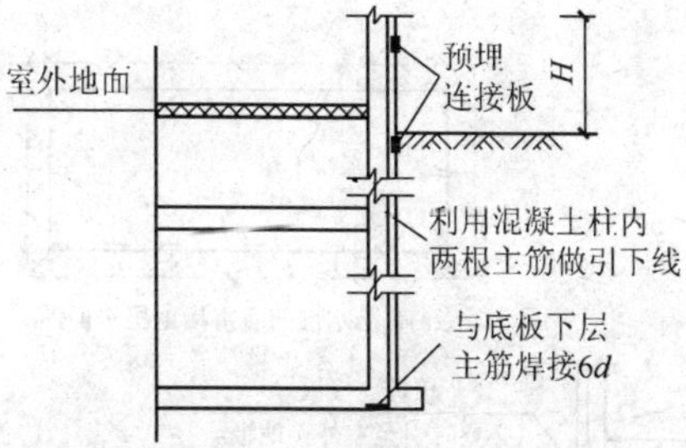

(a)利用无防水层箱形基础钢筋做接地极

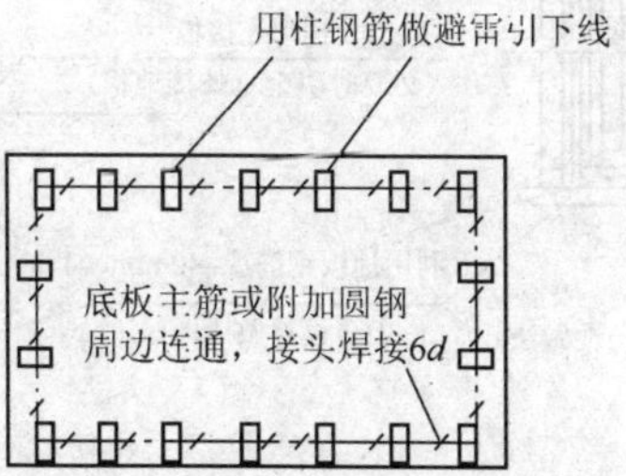

(b)无防水层底板避雷接地极平面图

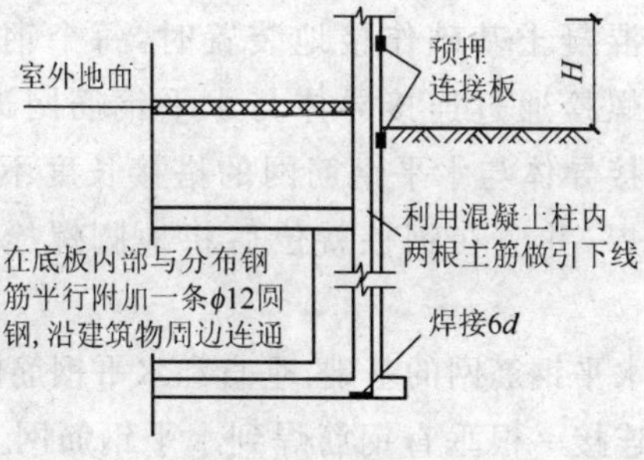

(c)无防水层接地做法

图 5—8　无防水层接地装置做法示意

注：测试板或连接板的调度由设计定：但连接板应距地平面下不小于 0.8 mm。

(2)有防水层板式基础的钢筋做接地装置时，不得破坏防水层，在基础钢筋满足接地要求时，可不做外引人工接地。做法可参照图 5—9 所示。

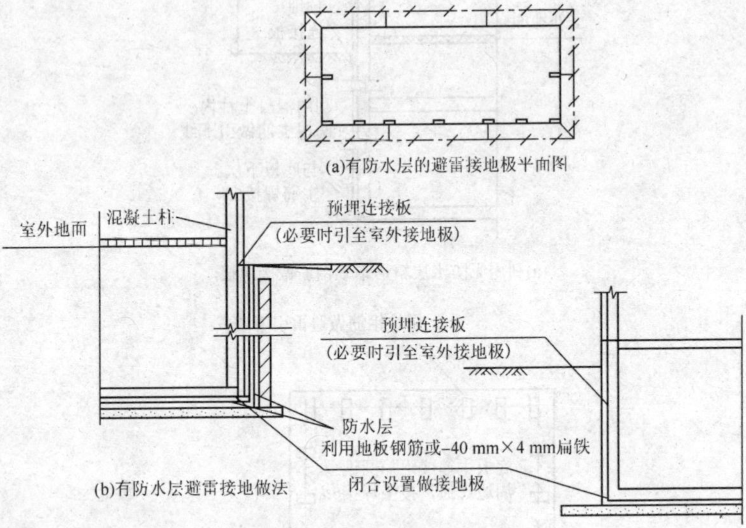

(a)有防水层的避雷接地极平面图

(b)有防水层避雷接地做法

(c)防水混凝土防水基础避雷接地做法

图 5—9　有防水层接地装置做法示意

(3)利用钢柱钢筋混凝土基础作为接地装置:仅有水平钢筋网的钢柱钢筋混凝土基础作接地装置时,每个钢筋混凝土基础中有一个地脚螺栓通过连接导体与水平钢筋网进行焊接连接,地脚螺栓与连接导体与水平钢筋网的搭接长度不应小于钢筋直径的 6 倍双面焊,并应在钢桩就位后将地脚螺栓及螺母和钢柱焊为一体。

有垂直和水平钢筋网的基础:垂直和水平钢筋网的连接,应将与地脚螺栓相连接一根垂直钢筋焊到水平钢筋网上,连接钢筋应大于或等于 ϕ12 圆钢。如果四根垂直主筋能接触到水平钢筋网时,将垂直的 4 根钢筋与水平钢筋宜采用焊接。焊接有困难时,可采用绑扎,绑扎连接应不少于钢筋直径的 20 倍,且接触应紧密牢固。安装可参照图 5—10 所示。基础混凝土工程完成后应立即测试接地电阻。接地电阻达不到设计要求,应加人工接地,但应通过设计做补充设计。

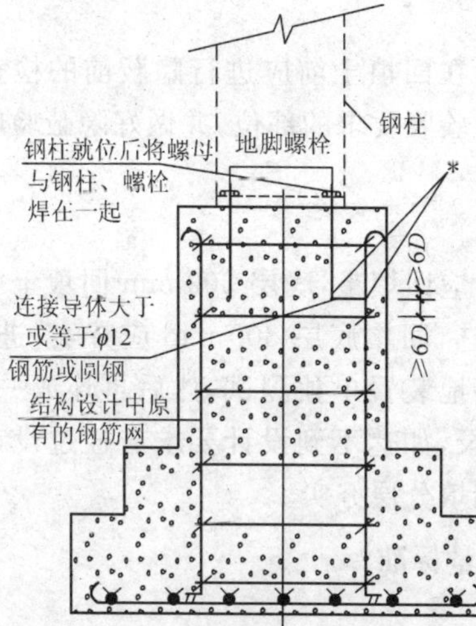

(a)有垂直和水平钢筋网的基础

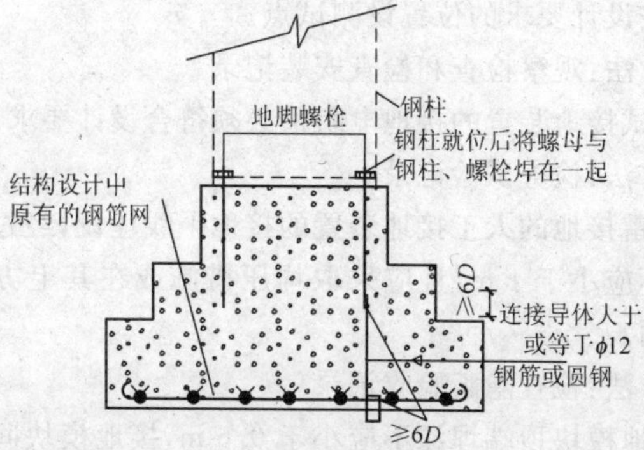

(b)仅有水平钢筋网的基础

图 5—10　钢筋混凝土基础接地装置做法（单位:mm）

【技能要点 5】后期处理

1. 防腐

接地装置安装完成后应进行防腐，除混凝土里面的接地装置，在土壤或砖墙内的焊接处以及镀锌层破坏的部位，一律应进行防腐。设计有要求的应按设计要求。设计无要求的刷两遍沥青漆或两遍防锈漆，刷漆前应清除焊渣，保证油漆附着力好。

2. 隐蔽检查

防腐工程完成后在回填土前应进行隐蔽前的检查，查看是否有达不到设计和质量验收要求的部位，并做好隐蔽验收，并将坐标尺寸绘制草图。

3. 复土夯实

隐蔽工程完成后应回填土，底层 300 mm 回填土应将石子，杂物去掉，土质差应筛选，回填底层 300 mm 应夯实，进行接地电阻测试。测试应每组接地装置单独测试，然后再连成一体进行系统测试，并填好测试记录，如达不到设计要求应通过设计采取措施；如满足要求可继续回填分层夯实。

【技能要点 6】质量标准

1. 主控项目

(1)人工接地装置或利用建筑物基础钢筋的接地装置必须在地面以上按设计要求的位置设测试点。

检验方法：观察检查和检查安装记录。

(2)测试接地装置的接地电阻值必须符合设计要求。

检验方法：检查试验记录。

(3)防雷接地的人工接地装置的接地干线埋设，经过人行道处埋地深度不应小于 1 m，且应采取均压措施或在其上方铺设卵石或沥青地面。

检验方法：检查隐蔽验收记录。

(4)接地模块顶端埋深不应小于 0.6 m，接地模块间距不应小于模块长度的 3～5 倍，接地模块埋设基坑，一般为模块外形尺寸的 1.2～1.4 倍，且在开挖深度内详细记录地层情况。

检验方法：检查隐蔽验收记录。

(5)接地模块应垂直或水平就位，不应倾斜设置，保持与原土层接触良好。

检验方法：施工时旁站和检查隐蔽验收记录。

2. 一般项目

(1)当设计无要求时，接地装置顶面埋设深度不应小于0.6 m。

圆钢、角钢及钢管接地极应垂直埋入地下，间距不应小于 5 m。接地装置的焊接应采用搭接焊，搭接长度应符合下列规定：

①扁钢与扁钢搭接为扁钢宽度的 2 倍，不少于 3 面施焊。

②圆钢与圆钢搭接为圆钢直径的 6 倍，双面施焊。

③圆钢与扁钢搭接为圆钢直径的 6 倍，双面施焊。

④扁钢与钢管、扁钢与角钢焊接，紧贴角钢外侧两面或紧贴钢管 3/4 表面，上下两侧施焊。

⑤除埋设在混凝土中的焊接接头外，应有防腐措施。

检验方法：实测、观察检查和检查隐蔽验收记录。

(2)当设计无要求时，接地装置和材料采用为钢材，热浸镀锌处理，最小允许规格、尺寸应符合表 5—1 的规定。

检验方法：材料进场验收。

(3)接地模块应集中引线，用干线接地模块并联焊接一个环路，干线的材质与接地模块焊接点的材质应相同，钢制的采用热浸镀锌扁钢，引出线不少于 2 处。

检验方法：检查接地装置安装记录。

第二节　避雷引下线敷设

【技能要点 1】一般规定

(1)避雷引下线不应少于两根，但周长不超过 25 m，高度不超过 40 m 的建筑物，且为三类防雷建筑物可只设 1 根引下线。引下线应沿建筑物四周均匀或对称布置，其间距不得大于 25 m，当仅利用建筑物四周的钢柱或柱子钢筋作为引下线时，可按跨度设引下线，但引下线的平均间距不应大于 25 m。

(2)明装敷设引下线截面，采用热浸镀锌圆钢时其直径不得小于 8 mm，采用热浸镀锌扁钢时其截面不得小于 12 mm×4 mm。引下线应沿最短路线引至接地体，弯曲处半径 R 应大于或等于圆钢直径或扁钢厚度的 10 倍。明装引下线距墙面小于或等于 90 mm，每隔1.5～2 m应设置支持架固定。

(3)暗装引下线利用钢筋混凝土板梁、柱钢筋作为引下线和外引预埋连接板,引下线与钢筋的连接应焊接或采用螺栓紧固的U形卡子连接。利用混凝土柱钢筋作引下线,不小于 ϕ10 1根主筋,利用金属构件铁爬梯等作引下线,构件之间必须连接成电气通路。

(4)明装应设断接卡子,距地高度为1.5～1.8 m,断接卡子以下应设钢管或角钢保护,暗装可引到断接卡子箱或连接板检测点或地下接地电阻检测点,具体位置或高度由设计确定。

(5)避雷引下线,接地干线,在容易受机械损伤的部位,应加钢管或角钢保护,在穿越楼板或墙时应加套管保护,跨越伸缩缝时应做Ω弯补偿。

(6)避雷引下线或接地干线所使用的钢材或支持件均应经热浸镀锌。

(7)当电缆穿过零序电流互感器时,电缆头的接地线应通过零序电流互感器后接地;由电缆头至穿过零序电流互感器的一段电缆金属护层和接地线应对地绝缘。

(8)配电间隔和静止补偿装置的栅栏门及变配电室金属门铰链处的接地连接,应采用编织铜线。变配电室的避雷器应用最短的接地线与接地干线连接。

(9)设计要求接地的幕墙金属框架和建筑物的金属门窗,应就近与接地干线连接可靠,连接处不同金属间应有防电化腐蚀措施。铜线接头应挂锡。

【技能要点2】明装避雷引下线安装

(1)引下线支持卡子应按图纸制作并进行热浸镀锌。

(2)定位放线.用线锤找垂直线,在引下线两端定下支持卡子点,卡子距端部0.3 m为宜,并将支架先打眼用水泥砂浆固定。固定时卡子正、侧面应一致,待牢固后挂线,将其他支持卡子均匀分布,间距在1.5～2 m。支持卡子最好在主体完成时安装,外墙完成时宜污染或破坏墙面。

(3)引下线敷设:在支架强度达到安装要求,外墙面装饰已结束,外墙架子没拆除时,应安装引下线,将调直的引下线,上端甩到与接闪器连接部位,从引下线上端开始用支持卡子逐一卡牢,引下线长度不足连接应采用电焊连接,连接应煨来回弯,保持引下线垂直。

(4)断接卡子安装:断接卡子一般距地 1.5～1.8 m,一个单位工程高度应一致。

(5)防腐:在有焊接接头的位置和镀锌层破坏的位置应防腐:刷二度防锈漆和二度银粉漆。

【技能要点 3】暗装避雷引下线安装

1. 沿外墙敷设引下线

在主体工程结束后,按图纸要求定位放线,在主体施工时将暗装断接卡子箱按施工图位置留置洞口或将箱体安装在墙内。在装修前,将引下线,用 U 形卡钉或钩钉,如图 5—11 所示。将引下线固定在墙面上,也可采用膨胀螺栓或射钉枪射钉固钉,固定应平整牢固,接头处应采用电焊连接,焊后应刷二度防锈漆。引下线采用圆钢直径不小于 10 mm,采用扁钢不小于 20 mm×4 mm。

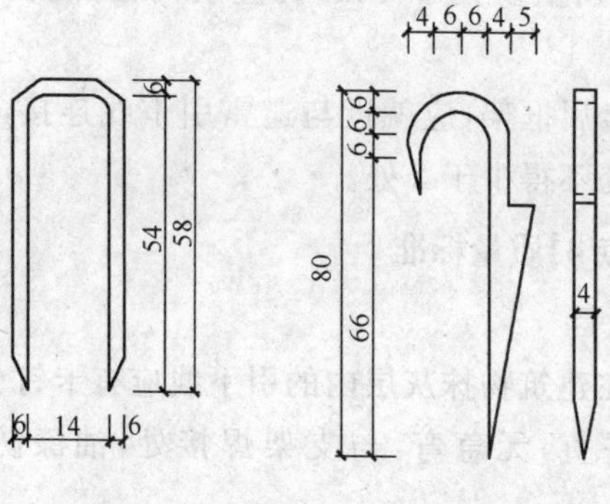

图 5—11　U 形卡钉、钩钉制作(单位:mm)

固定引下线上端应甩头至接闪器与接闪器连接应采用电焊焊接,也可采用 U 形卡子螺栓(钢丝绳元宝卡子)连接但不少于2 个,下端入断接卡子箱。

引下线也可随土建进行敷设，下端与接地装置连接好或与断接卡子箱连接好，将引下线随主体工程进度埋设于建筑物内至屋顶甩足与接闪器连接的引下线导线。

2. 引下线均压环(带)敷设和连接

(1)沿结构层做引下线：利用混凝土结构的板、梁、柱钢筋做引下线和均压环(带)，在板、梁、柱钢筋绑扎后，按施工图要求，对钢筋绑扎或焊接情况进行定位确认，将作引下线的均压环(带)的钢筋，可靠连接，做好记录检查，应满足设计要求。

(2)根据设计要求高层建筑为防侧击雷，需作均压环(带)的，应与作引下线的钢筋应可靠连接，一般 30 m 以上均应每层设均压带，有设计应按设计要求，金属物与金属门窗应与均压环(带)或引下线可靠连接，应从均压环(带)或引下线，梁、柱的钢筋焊接圆钢或扁钢接至金属门窗，预留连接板与金属门窗相连，如图 5—12 所示。也可在避雷导体窗侧的一面焊接一扁钢连接板(25 mm×4 mm×500 mm)，在一端钻一 $\phi6$ 圆眼用 6 mm^2 多股软铜导线，两头用端子压接并挂锡，一头接在接线板上，一头可接在金属门窗上。大于 3 m^2 的金属门窗，避雷导体连接不得少于 2 处。

(3)幕墙金属框架，应就近与避雷引下线连接，并应符合设计要求，但连接处不得少于 2 处。

【技能要点 4】质量标准

1. 主控项目

(1)暗敷在建筑物抹灰层内的引下线应有卡钉分段固定；明敷的引下线应平直，无急弯，与支架焊接处，油漆防腐处理，且无遗漏。

检验方法：观察检查。

(2)变压器室、高低压开关室内的接地干线应有不少于 2 处与接地装置引出干线连接。

检验方法：观察检查。

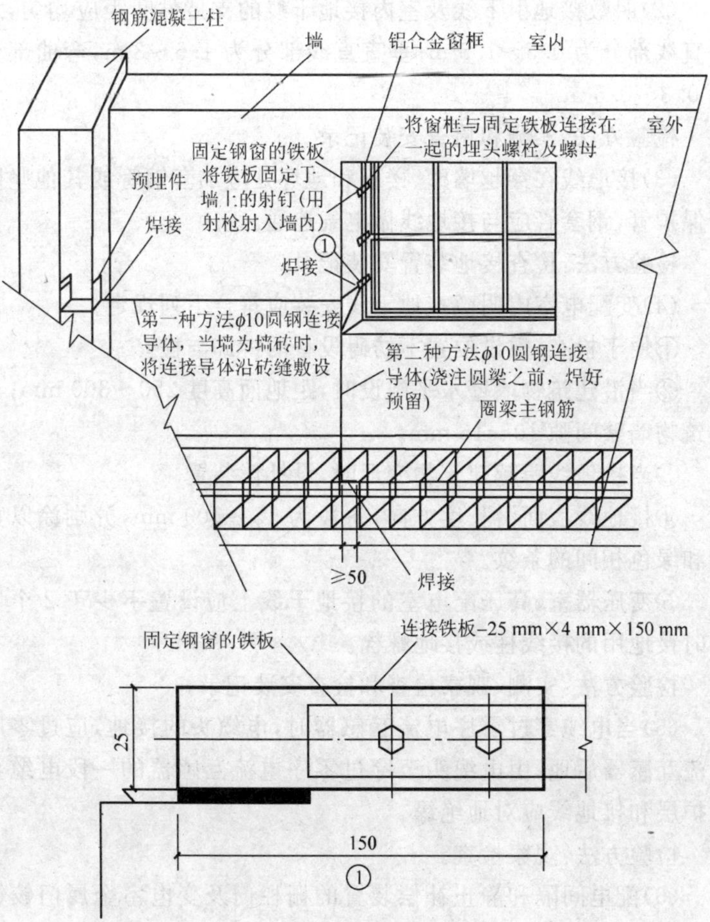

图 5—12　金属门窗与避雷连接作法（单位：mm）

(3)当利用金属构件、金属管道做接地线时，应在构件或管道与接地干线间焊接或连接金属跨接线。

检验方法：观察检查。

2. 一般项目

(1)钢制接地线的焊接连接应符合设计和有关标准的要求。

检验方法：实测、观察检查和检查隐蔽验收记录。

(2)明敷接地引下线及室内接地干线的支持件间距应均匀，水平直线部分为0.5～1.5 m；垂直直线部分为1.5～3 m，弯曲部分为0.3～0.5 m。

检验方法：实测和检查安装记录。

(3)接地线在穿越墙壁、楼板和地坪处应加套钢管或其他坚固的保护管，钢套管应与接地线做电气连通。

检验方法：检查接地装置安装记录。

(4)变配电室内明敷接地干线安装应符合下列规定：

①便于检查，敷设位置不妨碍设备的拆卸与检修。

②当沿建筑物墙壁水平敷设时，距地面高度250～300 mm；与建筑物墙壁间隙10～15 mm。

③当接地线跨越建筑物变形时，设补偿装置。

④接地线表面沿长度方向，每段为15～100 mm，分别涂以黄色和绿色相间的条纹。

⑤变压器室、高压配电室的接地干线上应设置不少于2个供临时接地用的接线柱或接地螺栓。

检验方法：实测、观察检查和检查安装记录。

(5)当电缆穿过零序电流互感器时，电缆头的接地，应过零序电流互感器后地；由电缆头至穿过零序电流互感器的一段电缆金属护层和接地线应对地绝缘。

检验方法：观察检查。

(6)配电间隔和静止补偿装置的栅栏门及变电室金属门铰链处的接地连接，应采用编织铜线。变配电室的避雷器应用最短的接地干线连接。

检验方法：观察检查。

(7)设计要求接地的幕墙金属框架和建筑物的门窗，应就近与接地干线连接可靠，连接处不同金属间应有防电化腐蚀措施。

检查方法：观察检查和检查安装记录。

第三节　接闪器安装

【技能要点1】一般规定

(1)可利用女儿墙上或挑檐上设置的金属栏杆，扶手做接闪器。金属发射塔、接收塔、航空障碍指示灯、建筑物顶部的避雷针、避雷带等必须与顶部外露的其他金属物连成一个整体电气通路，并且要与引下线连接可靠。

(2)接闪器位置设置正确，焊接固定的焊缝饱满，且无漏焊、虚焊。螺栓固定时，各种防松动零件齐全，焊接处防腐油漆完整。

(3)避雷带(明装)应平直，固定支持件间距均匀，固定牢固可靠。每个支持件承受的垂直拉力应大于49 N(5 kg)，并应做拉力试验。

(4)避雷带焊接应采用搭接焊接，搭接长度应符合下列规定：

①扁钢之间搭接为扁钢宽度的2倍，且不少于3面施焊。

②圆钢与圆钢搭接为圆钢直径的6倍，双面施焊。

③圆钢与扁钢搭接时，为圆钢直径的6倍，且双面施焊。

(5)当避雷带跨越建筑物的沉降缝时，应设补偿装置(将避雷带在伸缩缝处煨成Ω形)。

(6)当避雷带不在同一标高时，应用垂直避雷带将其连接，且不少于2处。

【技能要点2】独立避雷针制作安装

1. 钢结构独立避雷针

(1)定位放线做基础：按图纸要求定位放线，挖槽作基础，基础应按设计要求，挖槽应放坡，避免塌方，基础一般采用不低于C15混凝土做钢结构避雷针基础，在浇筑混凝土的时候，安装人员应放样将预埋件或螺栓做好。

(2)避雷针根据设计要求，采用角钢或圆钢制作，规格按设计定，一般按高度分段下料，每节高度宜控制在5 m；顶部一节可控制在3.5 m；针一般为1.5 m左右，采用圆钢 $\phi18\sim\phi22$ 制作，端部应加工成尖状，具体尺寸由设计定；下料时应放样或通过计算，以免浪费；下料后一般采用焊接拼装，焊接时应先点焊，调直后再满焊；每节拼装完成后应进行防腐处理，有条件的可进行热浸镀锌，无条件的可刷二度滰丹漆或防锈漆。

(3)组装前每节应检查是否调正调直，经检查无误，连接处也满足要求，可进行组装，连接有采用焊接或螺栓连接，具体做法设计定，如采用焊接镀锌层或底漆破坏应补刷。

(4)组装 20 m 以下独立避雷针，可组装后用吊车一次吊装完成，超过 20 m 应由专业吊装起重工进行拼接吊装，吊装前应在针的连接处四面用方木或圆木绑扎在针上，以增加强度，避免弯曲变形。

(5)组装完成后应采用经纬仪进行校正，校正后固定牢固，刷面漆二度。

2. 钢筋混凝土环形杆独立避雷针

钢筋混凝土环形杆独立避雷针，如图 5—13 所示。

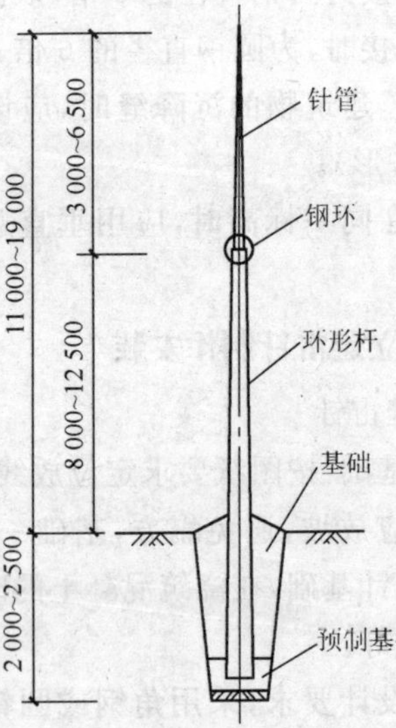

图 5—13　环形避雷针组图示意图（单位：mm）

(1)定位放线作基础：按设计要求定位放线，挖槽作基础，基础应按设计要求，挖槽应注意放坡，避免塌方，地槽挖好后，应用 C10 细石混凝土作 100 mm 的垫层找平；将预制混凝土槽型基础（底盘）厚度在 200 mm，如图 5—14 所示。平放入找平层上。大小由设计定。

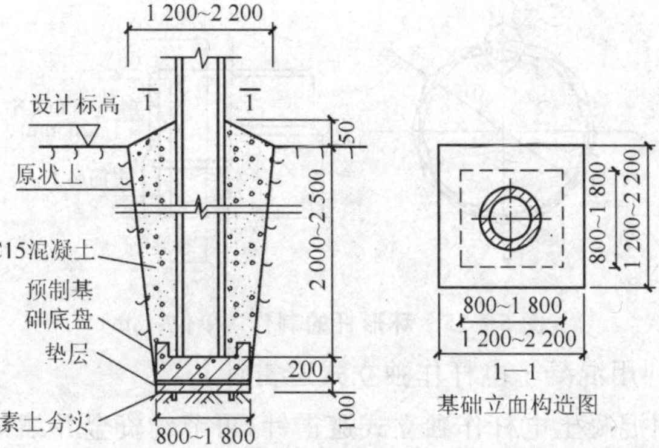

图 5—14　环型杆基础构造（单位：mm）

(2)避雷针管制作：一般采用钢管制作（ϕ33.5×3.25）顶端应制成锐角，可采用抽条法，然后打成尖状焊接而成，高度不足根据实际情况可接一段大型号钢管焊接连接，并做好底盘与环形杆连接针和管应经热浸镀锌，焊接处可刷二度防锈漆二度面漆。

(3)环形杆的制作：应由设计给环形杆加工单位，提供加工图，并提出要求，一般在杆的顶部应有钢环，如图 5—15 所示；环形杆主筋（ϕ12 圆钢）应有不少于 2 根与钢环连接，并与下部 2.5～3 m 处接地螺栓（M16）相连接，以备与接地装置连接。

(4)避雷针管与环形杆连接可采用焊接，将针管底盘与环形杆顶部钢环连接，连接时先应四面点焊然后对称焊，而后满焊，以防止弯曲变形。

(5)环形杆避雷针吊装一般采用汽车吊，吊装四面应拴大绳待吊装调整后，将大绳封死，基坑浇灌混凝土待混凝土强度达到 70％强度后大绳可撤掉；基坑周围土如有松动，应回填时分层夯实。

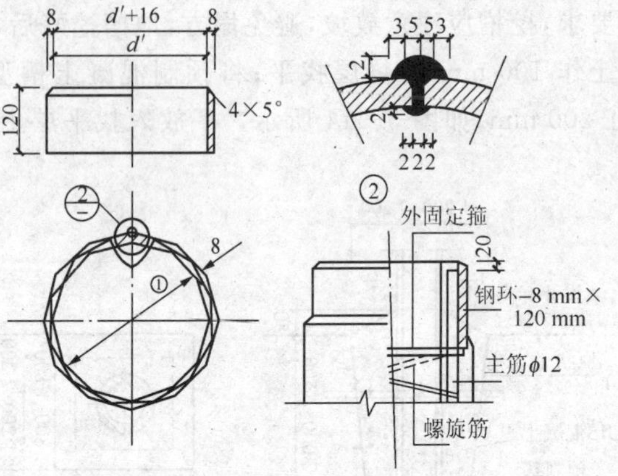

图 5—15　环形杆的制作（单位：mm）

3. 利用混凝土电杆作独立式避雷针

采用混凝土电杆作独立式避雷针，可节约资金并缩短工期，针的做法可采用钢管或圆钢，针的高度一般在 4 m 以内，针的固定可采用 U 形抱箍固定角钢横担，将避雷针固定在横担上，一般不小于 2 道，将引下线焊在避雷针下端，引下线不小于 ϕ8 热浸镀锌圆钢，而后沿电杆用 8 号铅丝垂直绑扎在电杆上，在距地 1.8～2 m 处设断接卡与接地装置连接。

【技能要点 3】建筑物、构筑物避雷针制作安装

1. 避雷针制作

避雷针一般用圆钢或钢管制作，针长在 1 m 以下时，圆钢为 ϕ12，钢管为 DN20。针长在 1～2 m 时，圆钢为 ϕ16，钢管为 DN25。其他型号避雷针按设计要求制作，针的端部应为尖状，制作完成后应进行热浸镀锌。

2. 墙上避雷针制作安装

一般应安装在混凝土结构上，如梁、柱、墙上；在混凝土结构上预埋铁件，将支架焊在铁件上，针总高不超过 7 m，将避雷针用 U 形螺栓卡固在支架上；如砖墙安装应为 MU10 机制砖，可预留洞口或打眼安装支架，支架应用细石混凝土捣牢；不得将避雷针安装在轻质砖墙上，否则应预留混凝土块将支架浇注在混凝土块里，砌组砖墙时，同时砌组墙内，做法可参照图 5—16 所示。

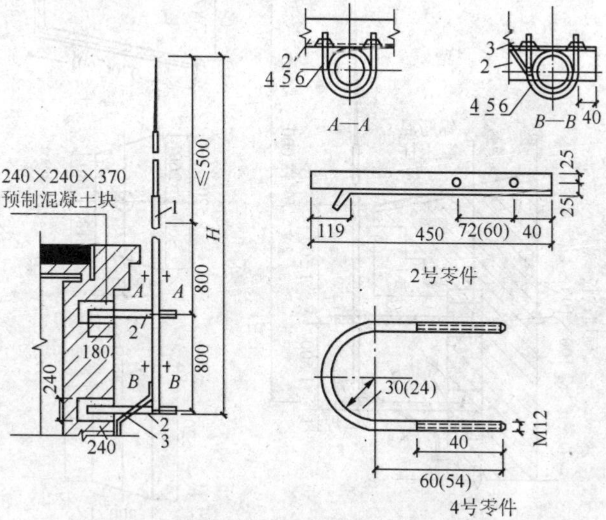

图 5—16　避雷针在砖墙上安装（单位：mm）

1—避雷针；2—支架；3—引下线；4—U 形螺栓；5—螺母；6—垫圈

注：1. 本图适用于基本风压为 70 kg/m² 以下地区，针顶标高不超过 30 m。

2. 针管为 G50 时用括号外的数字，针管为 G40 时用括号内的数字。

3. 3、2 号零件和预制混凝土块可向土建提资料，由土建施工。

当针高超过 7 m 时，不宜在砖墙上安装，可在混凝土结构上安装，安装应在浇灌混凝土前，钢筋绑扎完成时预埋铁件，安装可配合土建进行，也可将资料提供给土建，由土建施工；制作安装可参照图 5—17 所示。

3. 屋面避雷针制作安装

屋面避雷针安装应将避雷针支座设在墙上或梁上，如放在板上应校验板的荷载是否满足避雷针的要求。

避雷针安装前，应在屋面施工时配合土建浇灌好混凝土支座，预留好地脚螺栓，地脚螺栓最少有 2 根与屋面、墙体或梁内钢筋焊接。待混凝土强度达到要求后，再安装避雷针，连接引下线。混凝土支座也可将资料提供给土建施工，因支座应与屋面板同时施工。

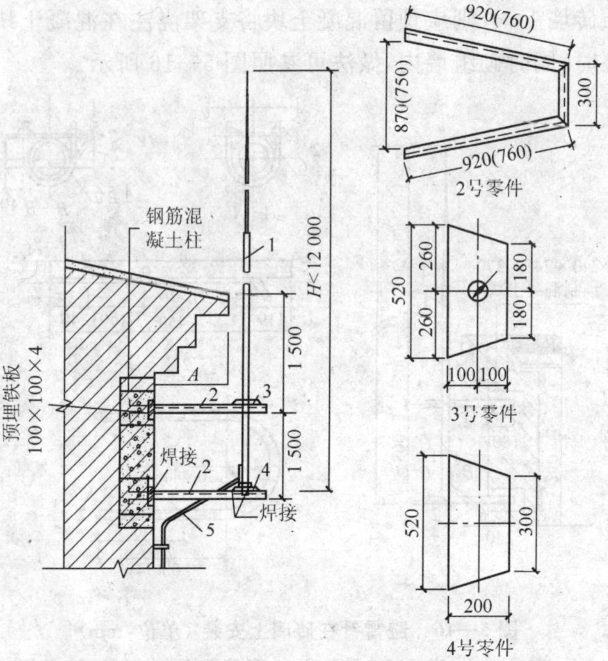

图 5—17　避雷针在混凝土柱、墙上安装（单位：mm）

1—避雷针；2—支架；3—上支持板；4—下支持板；5—引下线

注：1. 本图适用于基本风压为 70 kg/m² 以下地区，针顶标高不超过 30 m。

2. 图中括号内的数字用于 A≤400 mm，括号外的数字用于 400 mm＜A≤600 mm。

3. 钢筋混凝土柱、墙用大于或等于 C20 混凝土现浇。

安装避雷针时，先组装避雷针，在底座板相应位置上焊一块肋板将避雷针立起，找直、找正后进行点焊，然后加以校正，焊上其他三块肋板。避雷针安装要牢固，如图 5—18 所示。焊接引下线，与设计的其他避雷针、避雷网焊接成一个电气通路。

【技能要点 4】暗装避雷带

避雷带暗装，常沿屋面或女儿墙、挑檐等暗敷，此时应在土建做女儿墙压顶，如图 5—19 所示。防水屋面保温层施工或刚性防水屋面浇注混凝土前敷设，要求避雷带位置正确，焊接长度合格，与引下线和突出物面的金属体焊接，卡接可靠。

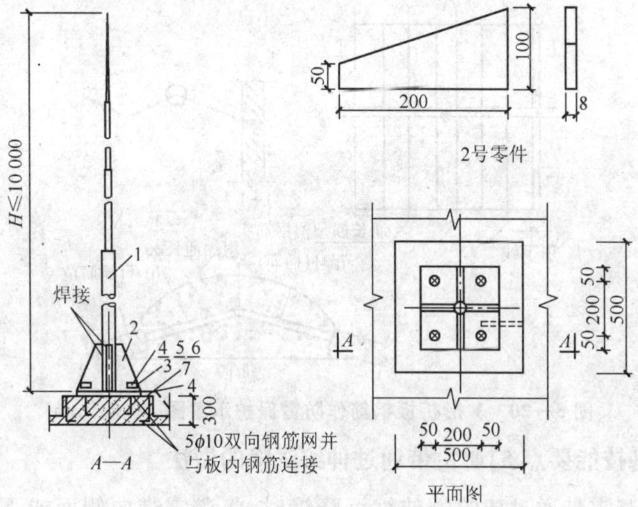

图 5—18 避雷针在屋面上安装（单位：mm）

1—避雷针；2—肋板；3—底板；4—底脚螺丝；5—螺母；6—垫圈；7—引下线

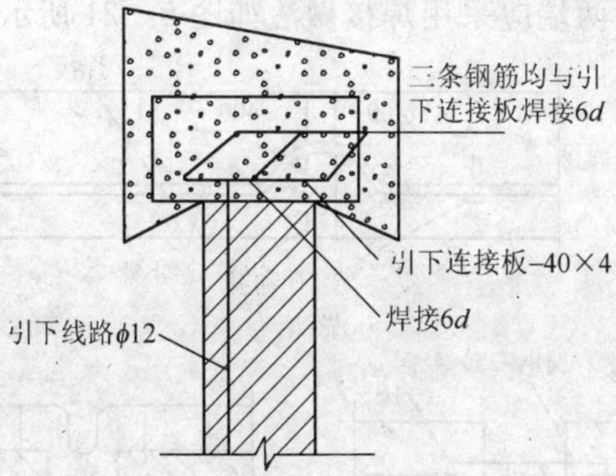

图 5—19 利用女儿墙的钢筋混凝土压顶内部钢筋作避雷带做法

用建筑物 V 形折板内钢筋作避雷带，折板插筋与吊环和钢筋绑扎，通长筋应和插筋、吊环绑扎，折板接头部位的通长筋在端部顶留钢筋 100 mm 长，便于与引下线连接。

等高多跨搭接处通长筋与通长筋应绑扎，不等高多跨交接处，通长筋之间应用 φ8 圆钢连接焊牢，绑扎或连接的间距为 6 m。做法如图 5—20 所示。

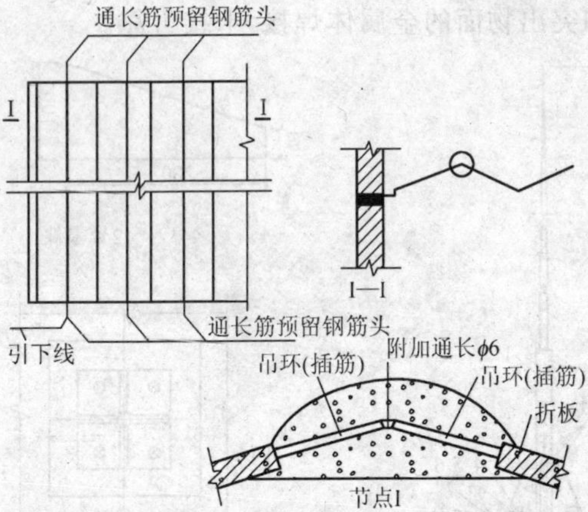

图 5—20　V 形折板钢筋作防雷保护示意图（单位：mm）

【技能要点 5】避雷带通过伸缩沉降的做法

避雷带通过建筑物伸缩沉降缝时，将避雷带向侧面或下面弯成半径为 100 mm 的弧形，且支持卡的中心距建筑物边缘距离减少至 400 mm，两端应采用焊接做法如图 5—21 所示。

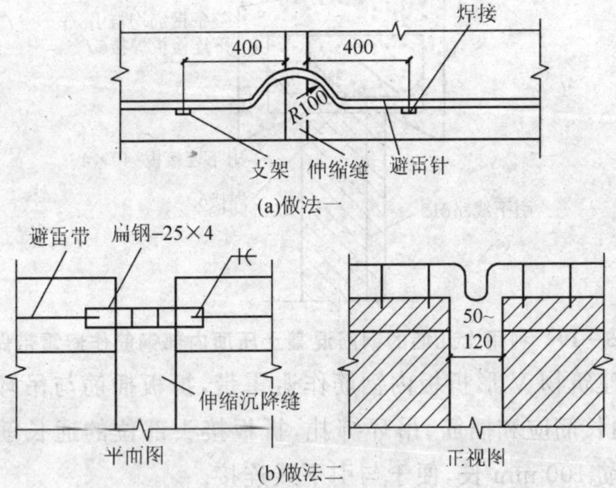

图 5—21　避雷带通过伸缩沉降缝的做法（单位：mm）

【技能要点 6】质量标准

1. 主控项目

建筑物顶部的避雷针、避雷带等必须与顶部外露的其他金属物体连成一个整体的电气通路,且与避雷引下线连接可靠。

检验方法:观察检查和检查安装记录。

2. 一般项目

(1)避雷针、避雷带应位置正确,焊接固定的焊缝饱满无遗漏,螺栓固定的应备帽等防松零件齐全,焊接部分补刷的防腐油漆完整。

检验方法:观察检查。

(2)避雷带应平正顺直,固定点支持件间距均匀。固定可靠,每个支持件应能承受大于 49 N(5 kg)的垂直拉力。当设计无要求时,支持件间距水平直线部分为 0.5～1.5 m;垂直直线部分,弯曲部分为 0.3～0.5 m。

检验方法:检查拉力试验记录,观察或尺量检查。

(3)避雷针体垂直,避雷网规格尺寸和弯曲半径正确。避雷针针体垂直度偏差不大于顶端针杆的直径。

检验方法:吊线尺量或观察检查。

第四节　建筑物等电位联结

【技能要点 1】一般规定

(1)建筑物等电位联结时干线应从与接地装置有不少于 2 处直接的接地干线或总等电位箱引出,等电位联结干线或局部等电位箱间的连接线形成环形网路,环形网路宜就近与等电位联结干线或局部等电位箱连接,支线间不应串联连接。

(2)建筑物每一电源进线均应做总等电位联结,各个总等电位联结端子板应连成一个电气通路,等电位联结的可靠近裸露导体或其他金属部件、金属门窗、栏杆、构件与等电位导线应可靠熔焊、钎焊或机械紧固应导通正常。

(3)需等电位联结的高级装修金属部件或零件，应有专用接线螺栓与等电位联结支线连接，且有标识，连接处螺帽紧固，防松零件齐全，等电位联结用螺栓、垫圈、螺母均应热浸镀锌处理。

(4)金属管道连接处一般不需加跨接线，给水系统的水表需加跨接线以保证水管的等电位联结和接地的有效性。

(5)等电位联结线及端子板宜采用铜质材料，在土壤中应避免使用裸铜线或带铜皮的钢线作接地板引入线，宜用钢材或基础钢筋做联结，以防止电化学腐蚀。

(6)等电位采用钢材焊接时，应满足设计规定。

(7)等电位联结在地下和混凝土及墙内应采用焊接，严禁螺栓连接，明配可采用螺栓联结；等电位联结端子板应采取螺栓连接，以便拆卸，方便检测。

(8)等电位联结的线路最小允许截面应符合表5—2的规定。

表5—2 线路最小允许截面 (单位：mm^2)

材料	截面	
	干线	支线
铜	16	6
钢	50	16

(9)对总等电位、局部等电位、辅助等电位联结外引联结线的截面应符合表5—3的规定。

表5—3 总等电位、局部等电位、辅助等电位联结外引联结线截面

类别 取值	总等电位 联结线(MEB)	局部等电位 联结线(LEB)	辅助等电位联结线 (SEB)	
一般值	不小于0.5×进线PE(PEN)线截面	不小于0.5×进线PE线截面①	两电气设备外露导电部分间	较小PE线截面
			电气设备与装置外可等电部分间	0.5XPE线截面

续上表

类别取值	总等电位联结线(MEB)	局部等电位联结线(LEB)	辅助等电位联结线(SEB)	
最小值	$6\ mm^2$ 铜线	同右	有机械保护时	$2.5\ mm^2$ 铜线
			无机械保护时	$4\ mm^2$ 铜线
	$50\ mm^2$ 铁		$16\ mm^2$ 铁	
最大值	$25\ mm^2$ 铜线或相同电导值的导线②	同左		

①局部场所内最大 PE 线截面。

②等电位联结端子板的截面应满足机械强度要求，并不得小于所接联结线截面。

(10)等电位联结线应有黄绿相间的色标，在等电位联结端子板上应刷黄色底漆并标以黑色记号，其符号为“▽”。

(11)不允许用金属水管、传送爆炸气体或液体的金属管件，正常情况下承受机械压力的结构部分、宜弯曲的金属部分、钢索配线的钢索等，作等电位导体。

【技能要点 2】定位画线

(1)按施工图要求将总等电位箱、局部等电位箱或辅助等电位箱位置坐标确定。

(2)按施工图要求将等电位联结导体走向路线及安装方法定位画线，标定清楚。

【技能要点 3】预留或安装等电位箱体

等电位箱大多为暗装在墙体内，应随土建将箱体预埋在墙体中，也可预留洞口，预留洞口应考虑二次配管或配扁钢或圆钢的间隙，一般进出线侧应留 50～80 mm。待二次配管配线完成后，箱体可用细石混凝土或砂浆，将墙体湿润后固定牢固，采用明配等电位箱，可用膨胀螺栓固定，可根据箱体大小选用适配的膨胀螺栓。

【技能要点 4】等电位联结导体连接

(1)总等电位联结如采用基础钢筋、等自然接地体，经实测接地电阻已满足电气装置的接地要求时，可不需另做人工接地，如经实测接地电阻满足不了电气装置的接地要求时，应按人工接地装置进行安装。

（2）当利用建筑物基础钢筋、金属物体和建筑物、梁、板、柱钢筋做防雷及接地时，MEB 端子板应直接短捷地与建筑物用作防雷及接地的金属体连通。总等电位联结系统可参见图 5—22 所示。

（3）总等电位箱宜设置在电源进线或进线配电箱处，总等电位箱应有标志“▽”或“MEB”字样。

（4）MEB、LEB、SEB 引至设备、器具、管道、门窗等的导体可直接暗敷于地板、墙内或结构中，也可预埋塑料管穿导线与其连接，终端支线可安装 86 接线盒，将导线或扁钢引至盒内，如采用扁钢端头可钻 M6 圆眼，以备与设备、器具、管道、门窗用导线和螺栓连接；86 盒面板可采用电话出线孔，但应标以“▽”等电位接地符号。

（5）等电位端子箱和箱内的端子排（母线）由设计定，一般采用热浸镀锌扁钢或铜排。

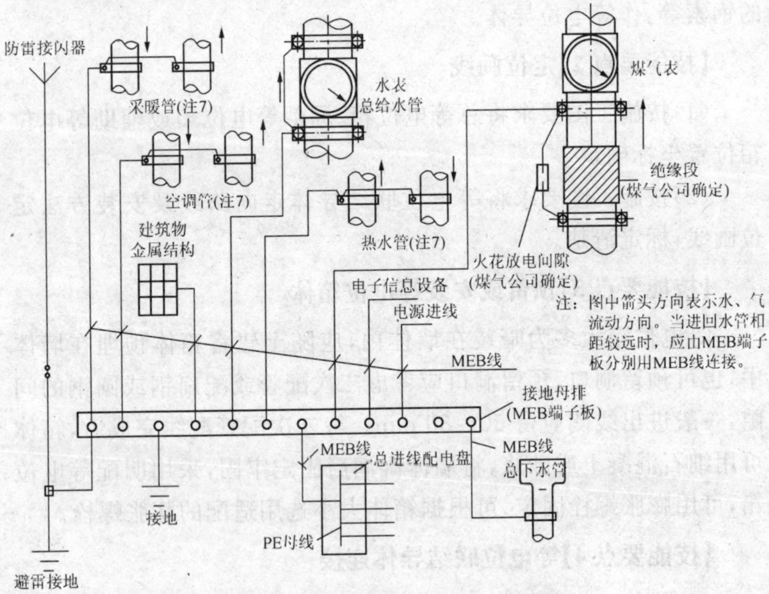

图 5—22　总等电位联结系统图

（6）局部等电位联结应包括卫生间内金属给、排水管、金属浴盆、金属采暖以及墙面、地面、柱子等建筑物的钢筋网，金属吊顶、金属门窗等；可不包括金属地漏、扶手、浴巾架、肥皂盒等孤立之物。卫生间局部等电位联结做法如图 5—23 所示。

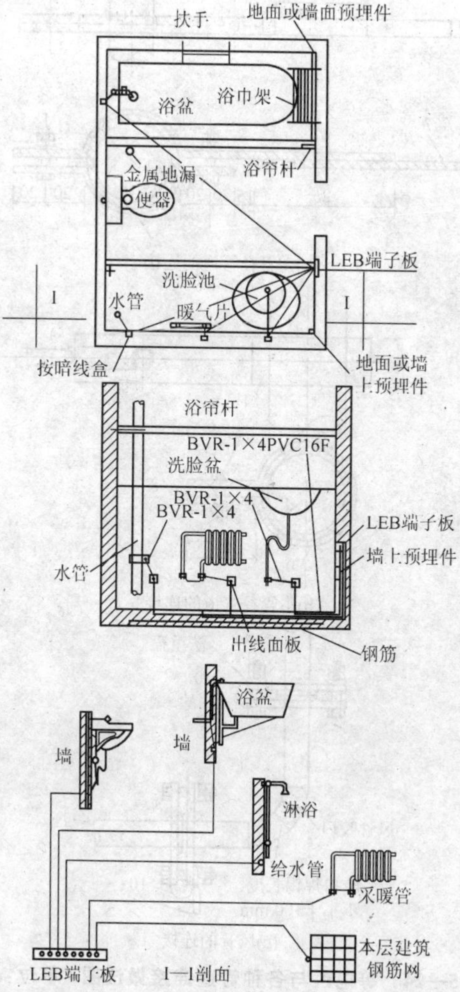

图 5—23　卫生间局部等电位连接

(7)等电位各种管道的连接可采用图 5—24 所示的做法，用抱箍卡接，抱箍与管道卡接处应刮拭干净，安装完毕应刷防护油漆和面漆，镀锌管可擦拭干净即可，抱箍的大小应根据管道的大小制作，材料可采用扁钢或铜带。

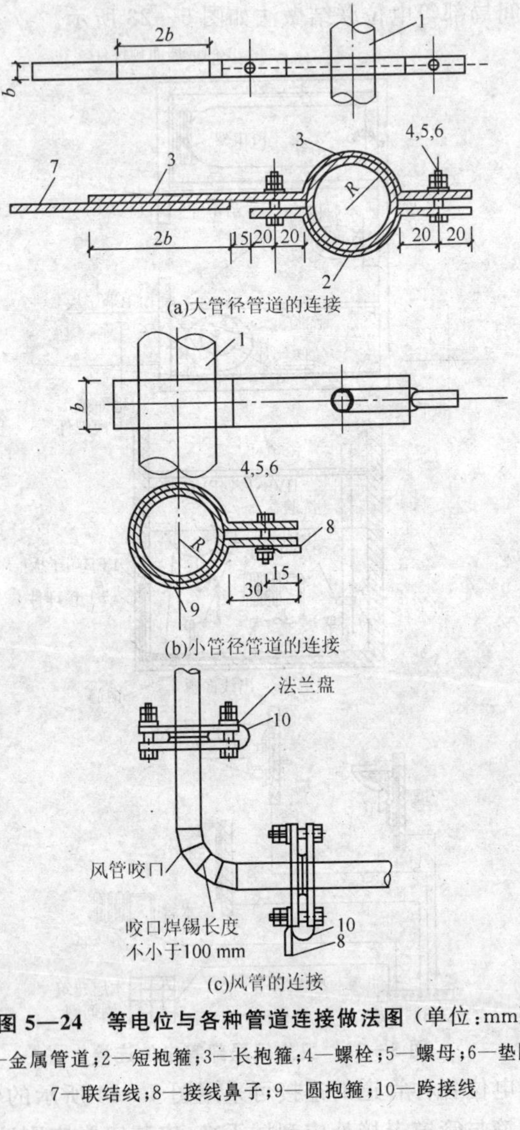

图 5—24　等电位与各种管道连接做法图（单位：mm）

1—金属管道；2—短抱箍；3—长抱箍；4—螺栓；5—螺母；6—垫圈；7—联结线；8—接线鼻子；9—圆抱箍；10—跨接线

【技能要点5】等电位联结导通测试

当MEB、LEB、SEB利用建筑物结构钢筋作导体时应连接可靠，经测试导通电阻值应满足设计要求。如设计无规定应遵循以下规定：

(1)等电位联结安装完毕后应进行导通测试，测试用电源可采用空载电压为4～24 V的直流或交流电源，测试电流不应小于0.2 A，当测得等电位联结端子板与等电位联结范围内的金属管道等金属体末端之间的电阻不超3 Ω时，可认为等电位联结是有效的。

(2)等电位联结进行导通性测试，即对等电位用的管夹、端子板、联结线、有关接头(螺纹、承插等)截面和整个路径上的色标进行检验，等电位联结的有效性必须通过测定证实。

(3)可使用等电位联结测试仪进行检测。距离较远，可进行分段测量，然后电阻值相加，如发现导通不良的连接处应作跨接线。在投入使用后每年应作导通测试不少于一次。

【技能要点6】质量标准

1. 主控项目

(1)建筑物等电位联结干线应从与接地装置有不少于2处直接连接的接地干线或总等电位箱引出，等电位联结干线局部等电位箱间连接线形成环形网路，环形网路应就近与等电位联结干线或局部等电位箱连接，支线间不应串联连接。

检查方法：现场实地观测，检查施工记录和隐蔽验收记录。

(2)等电位联结线路最小允许截面符合表5—2要求。

检查方法：现场实地测量。

2. 一般项目

(1)等电位联结的可接近裸露导体或其他部件、构件与支线连接应可靠、熔焊、钎焊或机械紧固，应导通正常。

检查方法：采用观察检查、查看安装施工记录，实测连接处电阻值等方法。

(2)需等电位联结的高级装修金属部件或零件，应有专用接地螺栓与等电位联结支线连接，且有标识；连接处螺帽紧固，防松零件齐全。

检查方法：观察、检查。

第五节 建筑物电子信息系统防雷施工

【技能要点1】一般规定

(1)建筑物电子信息系统防雷施工，应按已批准的设计施工文件进行。

(2)建筑物电子信息系统防雷工程中采用的器材，应符合国家现行有关标准的规定，并应有合格证件。

(3)电工、焊工和电气调试人员，必须持证上岗。

(4)测试仪表、量具，应鉴定合格，必须在有效期内。

【技能要点2】接地装置

(1)人工接地体在土壤中的埋设深度不应小于0.5 m，宜埋设在冻土层以下。水平接地体应挖沟埋设，钢质垂直接地体宜直接打入地沟内，其间距不宜小于其长度的2倍并均匀布置，铜质和石墨材料接地体宜挖坑埋设。

(2)垂直接地体坑内、水平接地体沟内宜用低电阻率土壤回填并分层夯实。

(3)接地装置宜采用热镀锌钢质材料。在高土壤电阻率地区，宜采用换土法、降阻剂法或其他新技术、新材料降低接地装置的接地电阻。

(4)钢质接地装置宜采用焊接连接，其搭接长度应符合下列规定：

①扁钢与扁钢搭接为扁钢宽度的2倍，不少于3面施焊；

②圆钢与圆钢搭接为圆钢直径的6倍，双面施焊；

③圆钢与扁钢搭接为圆钢直径的6倍，双面施焊；

④扁钢和圆钢与钢管、角钢互相焊接时，除应在接触部位两侧

施焊外，还应增加圆钢搭接件；

⑤焊接部位应做防腐处理。

(5)铜质接地装置应采用焊接或熔接，钢质和铜质接地装置之间连接应采用熔接或采用搪锡后螺栓连接，连接部位应做防腐处理。

(6)接地装置连接应可靠，连接处不应松动、脱焊、接触不良。

(7)接地装置施工完工后，测试接地电阻值必须符合设计要求，隐蔽工程部分应有检查验收合格记录。

【技能要点3】接地线

(1)接地装置应在不同处采用两根连接导体与室内总等电位接地端子板相连接。

(2)接地装置与室内总等电位连接带的连接导体截面积，铜质接地线不应小于 50 mm^2，钢质接地线不应小于 80 mm^2。

(3)等电位接地端子板之间应采用螺栓连接，其连接导线截面积应采用不小于 16 mm^2 的多股铜芯导线，穿管敷设。

(4)铜质接地线的连接应焊接或压接，并应保证有可靠的电气接触。钢质接地线连接应采用焊接。

(5)接地线与接地体的连接应采用焊接。保护地线与接地端子板的连接应可靠，连接处应有防松动或防腐蚀措施。

(6)接地线与金属管道等自然接地体的连接，应采用焊接。如焊接有困难时，可采用卡箍连接，但应有良好的导电性和防腐措施。

【技能要点4】等电位接地端子板(等电位连接带)

(1)在直击雷非防护区(LPZOA)或直击雷防护区(LPZOB)与第一防护区(LPZ1)的界面处应安装等电位接地端子板，材料规格应符合设计要求，并应与接地装置连接。

(2)钢筋混凝土建筑物宜在电子信息系统机房第一防护区与第二防护区(LPZ2)界面处预埋与房屋结构内主钢筋相连的等电位接地端子板，并应符合下列规定：

①机房采用S型等电位连接网络时，宜使用截面积不小于50 mm^2的铜排作为单点连接的接地基准点(ERP)。

②机房采用M型等电位连接网络时，宜使用截面积不小于50 mm^2铜带在防静电活动地板下构成铜带接地网格。

(3)砖混结构建筑物，宜在其四周埋设环形接地装置作为总等电位连接带，构成共用接地系统。

电子信息设备机房宜采用截面积不小于50 mm^2铜带安装局部等电位连接带，并采用截面积不小于35 mm^2的绝缘铜芯导线穿管与总等电位连接带相连。

(4)等电位连接网络的连接宜采用焊接、熔接或压接。连接导体与等电位接地端子板之间应采用螺栓连接，连接处应进行热搪锡处理。

(5)等电位连接导线应使用具有黄绿相间色标的铜质绝缘导线。

(6)对于暗敷的等电位连接线及其连接处，应做隐蔽记录，并在竣工图上注明其实际部位走向。

(7)等电位连接带表面应无毛刺、明显伤痕、残余焊渣，安装应平整端正、连接牢固，绝缘导线的绝缘层无老化龟裂现象。

【技能要点5】浪涌保护器

1. 电源线路浪涌保护器的安装

(1)电源线路的各级浪涌保护器(SPD)应分别安装在被保护设备电源线路的前端，浪涌保护器各接线端应分别与配电箱内线路的同名端相线连接。浪涌保护器的接地端与配电箱的保护接地线接地端子板连接，配电箱接地端子板应与所处防雷区的等电位接地端子板连接。各级浪涌保护器连接导线应平直，其长度不宜超过0.5 m。

(2)带有接线端子的电源线路浪涌保护器应采用压接；带有接线柱的浪涌保护器宜采用线鼻子与接线柱连接。

(3)浪涌保护器的连接导线最小截面积宜符合表5—4的规定。

表 5—4　浪涌保护器连接线最小截面积

防护级别	SPD 的类型	导线截面积(mm^2)	
		SPD 连接相线铜导线	SPD 接地端连接铜导线
第一级	开关型或限压型	16	25
第二级	限压型	10	16
第三级	限压型	6	10
第四级	限压型	4	6

电源线路浪涌保护器安装时，连接线最小截面积推荐值见表 5—4。因为电源线路浪涌保护器标称放电电流较大，要求连接线截面积也相应加大，这样可减小引线电感量，从而减小其动态阻抗，同时减小线路残压。表 5—4 中的推荐值是防雷工程实践经验的总结。

2. 天馈线路浪涌保护器的安装

(1)天馈线路浪涌保护器应串接于天馈线与被保护设备之间，宜安装在机房内设备附近或机架上，也可以直接连接在设备馈线接口上。

(2)天馈线路浪涌保护器的接地端应采用截面积不小于 6 mm^2 的铜芯导线就近连接到直击雷非防护区或直击雷防护区与第一防护区交界处的等电位接地端子板上，接地线应平直。

3. 信号线路浪涌保护器(SPD)的安装

(1)信号线路浪涌保护器应连接在被保护设备的信号端口上。浪涌保护器输出端与被保护设备的端口相连。浪涌保护器也可以安装在机柜内，固定在设备机架上或附近支撑物上。

(2)信号线路浪涌保护器接地端宜采用截面积不小于 1.5 mm^2 的铜芯导线与设备机房内的局部等电位接地端子板连接，接地线应平直。

(3)信号线路浪涌保护器与被保护设备的连接端口有串接与并接之分。由 RJ11、RJ45 和其他接口组成的线路应串接安装 SPD，仅有接线柱组成的接口应并接安装 SPD。SPD 的安装连接图如图 5—25 所示。

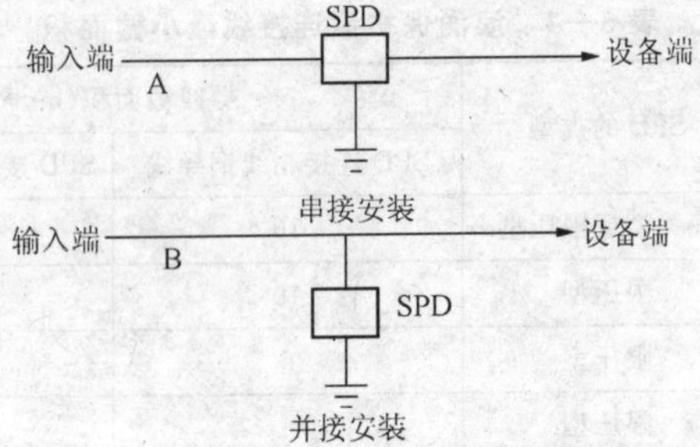

图 5—25　信号 SPD 的安装连接图

(4)浪涌保护器应安装牢固,其位置及布线正确。

【技能要点 6】线缆敷设

(1)接地线在穿越墙壁、楼板和地坪处应套钢管或其他非金属的保护套管,钢管应与接地线做电气连通。

(2)线槽或线架上的线缆,其绑扎间距应均匀合理,绑扎线扣应整齐,松紧适宜;绑扎线头宜隐藏而不外露。

(3)接地线的敷设应平直、整齐。

【技能要点 7】验收项目

1. 接地装置验收项目

(1)接地装置的结构和安装位置。

(2)接地体的埋设间距、深度、安装方法。

(3)接地装置的接地电阻。

(4)接地装置的材质、连接方法、防腐处理。

(5)随工检测及隐蔽工程记录。

2. 接地线验收项目

(1)接地装置与总等电位接地端子板连接导体规格和连接方法。

(2)接地干线的规格、敷设方法及其与等电位接地端子板的连接方法。

(3)接地线之间的连接方法。

(4)接地线与接地体、金属管道之间的连接方法。

3. 等电位接地端子板(等电位连接带)验收项目

(1)等电位连接带的安装位置、材料规格和连接方法。

(2)等电位连接网络的安装位置、材料规格和连接方法。

(3)电子信息系统的导电物体、各种线路、金属管道以及信息设备的等电位连接。

(4)绝缘导线和绝缘层。

4. 屏蔽设施验收项目

(1)系统机房和设备屏蔽设施的安装。

(2)进出建筑物线缆的路由布置。

(3)进出建筑物线缆屏蔽设施的安装。

5. 浪涌保护器验收项目

(1)浪涌保护器的安装位置、连接方法和连接导线规格。

(2)浪涌保护器接地线的导线长度、截面。

(3)电源线路各级浪涌保护器的参数选择及能量配合。

6. 线缆敷设验收项目

(1)接地线的截面、敷设路由、安装方法。

(2)电源线缆、信号线缆的敷设。

(3)接地线在穿越墙体、楼板和地坪时加装的保护管。

【技能要点 8】维护与管理

1. 维护

(1)防雷装置的维护分为周期性维护和日常性维护两类。

(2)周期性维护的周期为一年,每年在雷雨季节到来之前,应进行一次全面检测。

(3)日常性维护应在每次雷击之后进行。在雷电活动强烈的地区,对防雷装置应随时进行目测检查。

(4)检测外部防雷装置的电气连续性,若发现有脱焊、松动和锈蚀等,应进行相应的处理,特别是在断接卡或接地测试点处,应进行电气连续性测量。

防雷装置在整个使用期限内,应完全保持防雷装置的机械特性和电气特性,使其符合本规范设计要求。

防雷装置的部件，一般而言，完全暴露在空气中或深埋在土壤中，由于不同的自然污染或工业污染，诸如潮湿、温度及电解质移动程度、通风程度、空气中的二氧化硫、溶解的盐分等，防雷部件深受这些污染、天气损害、机械损害及雷击的损坏等因素的影响，金属部件将会很快出现腐蚀和锈蚀。金属部件的尺寸不断减小，机械强度不断降低，部件易于失去防雷有效性。

为了保证工作人员的安全，防雷设计的机械强度必须达到1 kN。当金属部件损伤、腐蚀的部位超过原截面的1/3时，要求及时修复和更换。

(5)检查避雷针、避雷带(网、线)、杆塔和引下线的腐蚀情况及机械损伤，包括由雷击放电所造成的损伤情况。若有损伤，应及时修复；当锈蚀部位超过截面的1/3时，应更换。

(6)测试接地装置的接地电阻值，若测试值大于规定值，应检查接地装置和土壤条件，找出变化原因，采取有效的整改措施。

(7)检测内部防雷装置和设备(金属外壳、机架)等电位连接的电气连续性，若发现连接处松动或断路，应及时修复。

(8)检查各类浪涌保护器的运行情况：有无接触不良、漏电流是否过大、发热、绝缘是否良好、积尘是否过多等，出现故障，应及时排除。

2. 管理

(1)防雷装置，应由熟悉雷电防护技术的专职或兼职人员负责管理。

(2)防雷装置投入使用后，应建立管理制度。对防雷装置的设计、安装、隐蔽工程图纸资料、年检测试记录等，均应及时归档，妥善保管。

(3)当发生雷击事故后，应及时调查分析原因和雷害损失，提出改进防护措施。

第六章　线路敷设

第一节　室外线路架设

【技能要点 1】一般规定

(1)架空线路接近建筑物时,线路的边导线在最大计算风偏情况下与建筑物的水平距离;高压线路不应小于 1.50 m;低压线路不应小于 1 m。

导线与地面的距离,在最大弧垂情况下,不应小于表 6—1 所列数值。

表 6—1　导线与地面的最小距离　　(单位:m)

线路通过地区	线路电压	
	高压	低压
居民区	6.50	6.00
非居民区	5.50	5.00
交通困难地区	4.50	4.00

注:1. 工业企业地区、港口、码头、火车站、市镇、乡等人口密集地区。

2. 上述居民区以外的地区,均属非居民区。虽时常有车辆或农机到达,但未建房屋或房屋稀少的地区,亦属非居民区。

3. 主要指车辆、农机不能到达的地区。

(2)导线与山坡、峭壁、岩石之间的净距,在最大计算风偏情况下,不应小于 6—2 所列数值。

表 6—2　导线与山坡、峭壁、岩石最小净距　(单位:m)

线路通过地区	线路电压	
	高压	低压
步行可达到的山坡	4.50	3.00
步行不能达到的山坡、峭壁、岩石	1.50	1.00

(3)架空线路与弱电线路交叉时,架空线路一般设在弱电线路的上方。交叉角应为:弱电线路为一级时大于或等于45°,二级时大于或等于30°,三级时不作具体规定。配电线路的电杆位置宜接近交叉点,但不应小于7 m(城区线路不受此限)。

(4)架空线路与甲类火灾危险的生产厂房、物品仓库、易燃、易爆材料堆场以及可燃或易燃、易爆液(气)体贮罐的防火间距,应大于电杆高度的1.5倍。

(5)高压架空线路通过绿化地带的间距要求如下:

①架空线路通过公园、绿化区和防护林带时,导线在最大风偏时与树木的距离不应小于3.00 m;

②架空线路通过果木林、经济作物林以及城市灌木林时,不应砍伐通道,但导线至树梢的距离不应小于1.50 m;

③架空线路的导线在最大风偏时,与街道绿化树之间的距离不应小于表6—3所列数值。

表6—3　导线与街道绿化树之间的最小距离(单位:m)

最大弧垂时的垂直距离		最大风偏时的水平距离	
高压	低压	高压	低压
1.50	1.00	2.00	1.00

(6)10 kV及以下架空线路杆塔的埋地部分,与地下各种工程设施(不包括电缆线路)间的水平净距离不宜小于1 m。

(7)架空线路与铁路、道路、管道及各种架空线路交叉或接近时,应符合表6—4的要求。

(8)高压线路的导线,应采用三角排列或水平排列,双回路线路同杆架设时,宜采用三角排列或垂直三角排列。

低压线路的导线,宜采用水平排列。

(9)架空线路的排列相序应符合下列规定:

①高压线路:面向负荷从左侧起,导线排列相序为A、B、C;

②低压线路:面向负荷从左侧起,导线排列为A、N、B、C。

(10)电杆上的中性线应靠近电杆,如线路沿建筑物架设时,应靠近建筑物。中性线的位置不应高于同一回线的相线。在同一地区内,中性线的排列应统一。

表 6—4 架空线路与铁路、道路及各种架空线路交叉或接近时的基本要求

项目		铁路			道路		电车道		弱电线路		电力线路		特殊管理		一般管理		人行天桥
		标准轨距	窄轨	电气化线路	一、二级	三级	有轨及无轨		一、二级	三、四级	1以下(kV)	6～10(kV)					
导线最小截面		铝绞线及铝合金线为 35 mm²，钢芯铝线为 25 mm²，铜线为 16 mm²															
导线在跨越挡内的接头		不应接头	— —	—	不得接头	—	不得接头		不得接头	—	—	—	不得接头		不得接头		—
导线支持方式		又固定		—	双固定	单固定	双固定		双固定	单固定	单固定	双固定	双固定		双固定		—
最小垂直距离(m)	项目 / 线路电压(kV)	至轨顶		接触线或承力索	至路面		至路面	至承力索或接触线	至被跨越线		至导线		至管道任何部分：管道上人	管道不上人	管道上人	管道不上人	—
	6～10 kV 以下	7.500	6.00	平原地区配电线路人地	7.00		9.00	3.00	2.00		2.00	2.00	3.00	3.00	3.00	3.00	城镇内宜人地
最小水平距离(m)	项目 / 线路电压(kV)	电杆外缘至轨道中心			电杆中心至路面边缘		电杆中心至路面边缘	电杆外缘至轨道中心	在量大风偏值情况下与边导线间距				在最大风偏情况下边导线至管道任何部分				导线边线至人行天桥边缘
	6～10 kV 以下	交叉：5.00 平行：杆高加3.00		平行：杆高加3.00	0.50		0.50	3.00	2.00		2.50		2.00		2.00		4.00

注：1. 电力线路与弱电线路接近时，最小水平距离值未考虑对弱电线路的危险和干扰影响，如需考虑时应另行计算。
2. 特殊管道指架设在地面上输送易燃、易爆物的管道，各种管道上的附属设施均视为管道的一部分。
3. 架空线路与管道交叉时，交叉点不应选在管道的检查平台和阀门处。与管道交叉跨越或平行接近时管道应接地。
4. 弱电线路等级、道路等级，见水利电力部标准《架空配电线路设计技术规程》(SDJ206 87)附录五、六中的划分。

(11)沿建(构)筑物架设的低压线路应采用绝缘线，导线支持点之间的距离不宜大于15 m。

【技能要点2】导线架设

导线架设前，应调整横担，在电杆组立时将横担碰歪的或因为立杆重量大，没按的横担逐个按图补齐，调整角度，并保证横担横平竖直、牢固。

1. 绝缘子安装

(1)安装时应清除表面灰垢，附着物及表面不应有灰垢，绝缘子不应有裂纹、碰破、掉边、掉瓷等现象。安装应牢固，连接可靠，防止积水。

(2)与电杆、导线金具连接处，无卡压现象。

(3)耐张串上的弹簧销子、螺栓及穿钉应由上向下穿。当有特殊困难时可由内向外或由左向右穿入。

(4)悬垂串上的弹簧销子、螺栓及穿钉应由受电侧穿入。两边线应由内向外，中线应由左向右穿入。

(5)绝缘子裙边与带电部位的间隙不应小于50 mm。

2. 放线

放线前，应清除放线通路的障碍物，采取可靠防护措施，以免弄伤导线，对导线有腐蚀的土壤和积水应有有效的保护措施。

(1)跨越铁路、公路、电力线、通信线应搭设牢固的跨越架。

(2)在线轴孔穿入轴杠，将轴杠两端放在放线架上，放线架是由两根木杠，在木杠上绑扎或钉上档木和两个支架组成。如无线轴，可套入线盘放线。

(3)用人力或拖拉机作为放线牵引动力。

(4)导线绑扎在牵引绳上进行拖动，为防止磨伤导线，可在横担上加设滑轮，使导线沿滑轮移动，如图6—1所示；在不损伤导线的情况下，可将导线沿线路展放在地面上，然后由工人登上电杆，将导线用麻绳提至横担上，分别摆好。

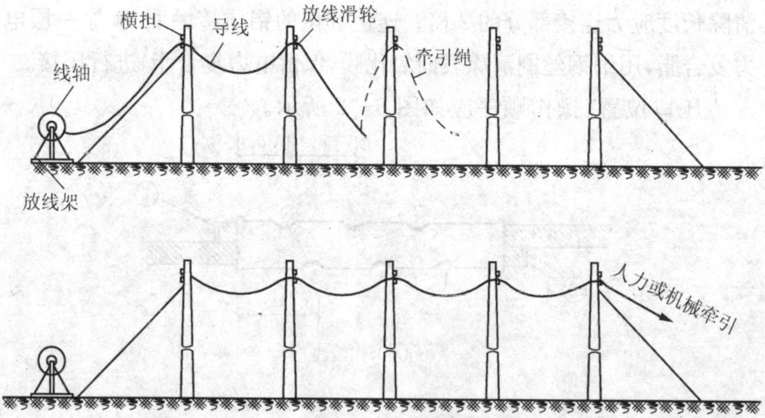

图 6—1　放线架

(5)放铝导线或钢芯铝导线时，应使用铝质滑轮。滑轮直径应不小于导线直径的 10 倍。铜导线应用钢滑轮，也可用木滑轮，绝缘线应用塑料滑轮和木滑轮，这样既省力又不会磨伤导线。

(6)放线架处应留有经验的人员看守，负责检查导线的质量，并对线轴段有制动装置，以便发现有磨伤、散股和断线等时使线轴停止转动，一般可用一根木杠斜插入线轴底部来实现。

(7)放线过程中须有可靠的联络信号，沿线还须有人员看护导线不受损伤，不使导线发生环扣(导线自己绕成小圈)。当导线横跨道路时，应设人看守。

3. 导线连接

导线连接主要有钳压和液压两种接法。

(1)钳压接法

钳压接是借连接管将两根导线连接起来，即将导线穿入连接管内加压，借着管与线股间的握着力，使两根导线牢靠地连接起来。在运行中管与导线共同承受拉力，因之连接管应具有抗拉力和接触电阻小的性能；各种导线采用钳压法，按出厂说明进行，设计有要求的安设计要求，钳压法目前有局部压接或整体压接，采用的方法由设计定。

导线与连接管连接前应清除导线表面和连接管内壁的污垢，

清除长度应为连接部分的 2 倍。连接部位的铝质接触面，应涂一层电力复合脂，用细钢丝刷清除表面氧化膜，保留电力复合脂，进行压接。

压口位置，操作顺序应如图 6—2 所示。

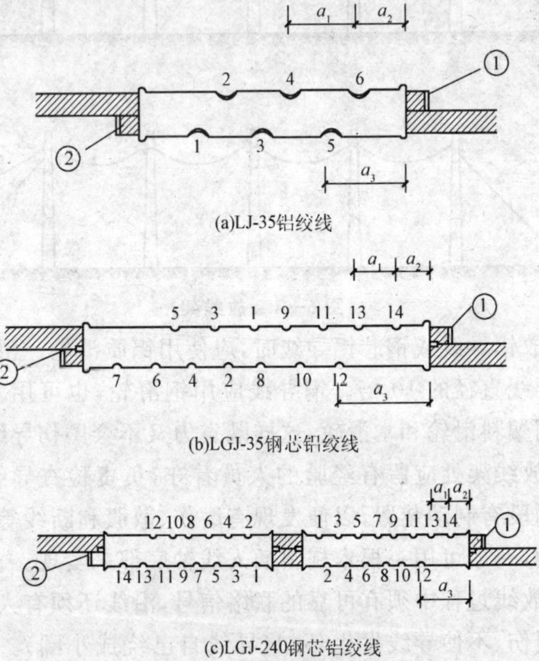

图 6—2　钳压管连接图

1，2，3，…—压接操作顺序；①—绑线；②—垫片

(2)液压法

液压法应按图 6—3～图 6—5 规定的各种接续管的液压部位及操作顺序压接。

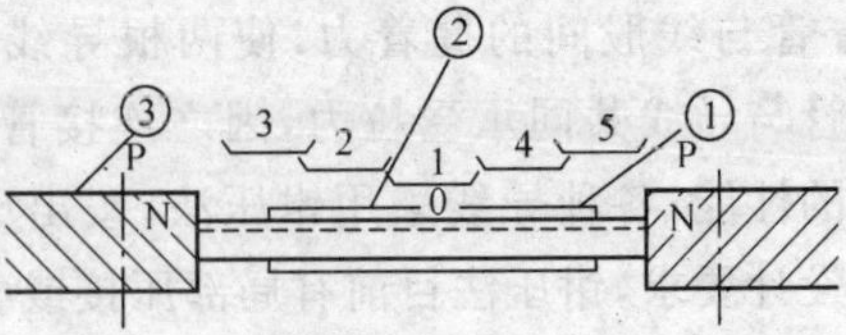

图 6—3　钢芯铝绞线钢芯对接式钢管的施压顺序

①—钢芯；②—钢管；③—铝线

图 6—4　钢芯铝绞线钢芯对接式铝管的施压顺序

①—钢芯；②—已压钢管；③—铝线；④—铝管

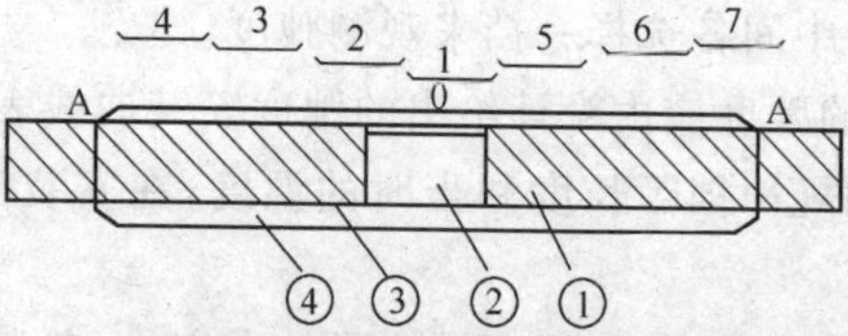

图 6—5　钢芯铝绞线钢芯搭接式铝管的施压顺序

①—钢芯；②—已压钢管；③—铝线；④—铝管

4. 紧线

一般采用钳式紧线器进行紧线，方法如下：

(1)紧线前在紧线段耐张杆受力对侧除有正式拉线外，应装设临时拉线。一般可用钢丝绳或具有足够强度的钢线，拴在横担的两端，以防紧线时横担发生偏扭。待紧完导线并固定好以后，才可拆除临时拉线。

(2)紧线前应有专人检查导线，是否有未清除的绑线及其他附着物，有无尚未处理的缺陷，如有时应立即处理。

(3)将导线固定在紧线段固定端耐张杆的悬式绝缘子上或蝴蝶形绝缘子上。

(4)在耐张段操作端，直接或通过滑轮组来牵引导线，使导线紧起后，再用钳式紧线器(紧线器固定在横担上)夹住导线。夹握导线之前，应在导线上垫以麻布等物，保护导线不被夹伤。

(5)弛度观测人员与紧线人员密切配合，通过紧线器来松紧导线，使导线弛度达到要求为止。

(6)弛度调好后，把导线固定在悬式绝缘子上或蝴蝶形绝缘子上。

5. 导线弛度观测

观测导线的弛度，通常与紧线工作配合进行。观测的目的，是使安装后的导线，能达到最合理的弛度。

(1)在耐张段内选出弛度观测挡，耐张段内有1～6挡时，可选择中部一挡观测弛度；7～15挡时，应选择两挡来观测弛度，并尽量选在稍靠近耐张两端；15挡以上时，应选择三挡观测弛度，即在耐张段两端及中间各选择一挡来观测弛度。

(2)导线的弛度应由设计给出的弛度安装曲线表查得，也就是根据耐张段的规律挡距长度和当时的温度，在安装曲线表中查得相应的弛度值。

(3)测量环境温度时，温度计应悬挂在空中，并背向阳光，以使温度计测出的数值为空气的真正温度。

(4)一般施工中常用平行四边形法观测导线弛度，从给定的弛度表或曲线表中查得弛度值，然后观测弛度挡两侧直线杆上的导线悬挂点，垂直向下量至与弛度相等的距离处，各绑上一块弛度板（即水平的板尺），由观测人员在杆上，从一侧弛度板瞄准对侧弛度板，调整导线，使导线正好切于瞄准直线上，即停止调整。此时的弛度，即为所要求的弛度，如图6—6所示。

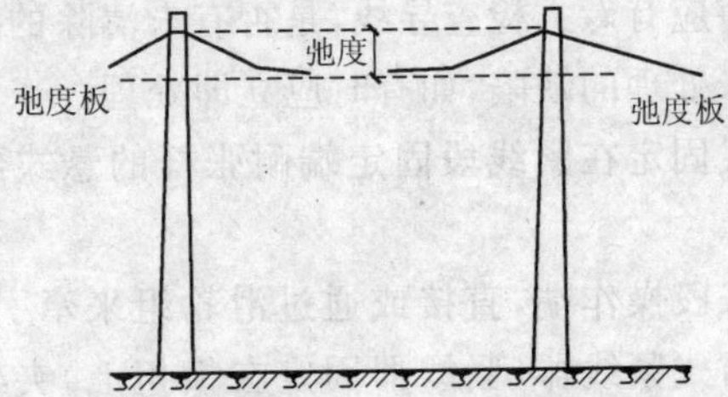

图6—6 平行四边形法观测导线弛度

6. 导线固定绑扎

导线在蝶形绝缘子（一般是装在耐张杆、终端杆上等）上的绑扎法，如图6—7所示。绑线直径和长度见表6—5。

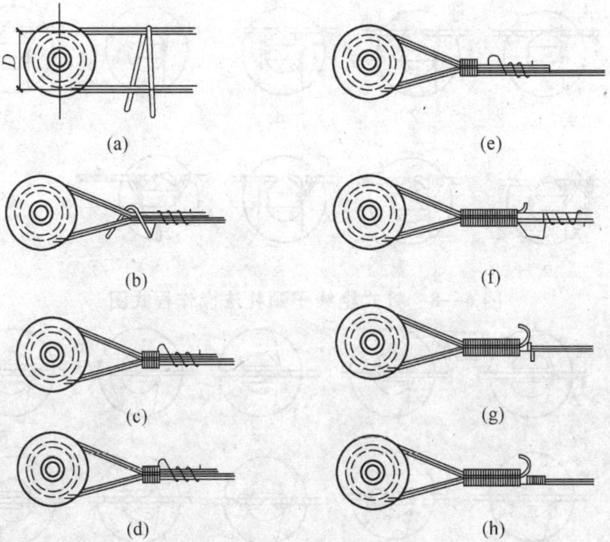

(a)　(e)　(b)　(f)　(c)　(g)　(d)　(h)

图 6—7　铜导线在蝶形绝缘子上的绑扎法

表 6—5　铜导线在绝缘子上绑扎所用绑线直径和长度

绝缘子类型 \ 绑线长度(m) 绑线直径(mm) 导线截面或直径		95 cm²	50 cm²	95 cm² 或 5.0 mm	95 cm² 或 4.0 mm	95 cm² 或 3.2 mm	95 cm² 或 2.6 mm
高压针式绝缘子	1.6	2.0	1.8	1.5	—	—	—
低压针式绝缘子	1.6	1.6	1.5	—	—	—	—
	1.2	—	—	1.4	1.4	1.0	0.85
高压蝴蝶形绝缘子	2.0	6.0	4.0	—	—	—	—
	1.6	—	—	2.5	—	—	—
低压蝴蝶形绝缘子	12.0	5.0	4.0	—	—	—	—
	1.2	—	—	2.2	1.5	1.0	0.85

导线在针式绝缘子上的绑扎法，可分为顶扎法（在直线杆上）和颈扎法（在转角杆上或绝缘子顶部无槽时，在直杆上）两种。颈扎法应将导线放在和张力方向相反的绝缘子槽内如图 6—8 和图 6—9 所示；铝导线应在绝缘子部分绕缠 10 mm×1 mm 的铝包带且两侧应宽出不小于 50 mm，如图 6—10 所示。

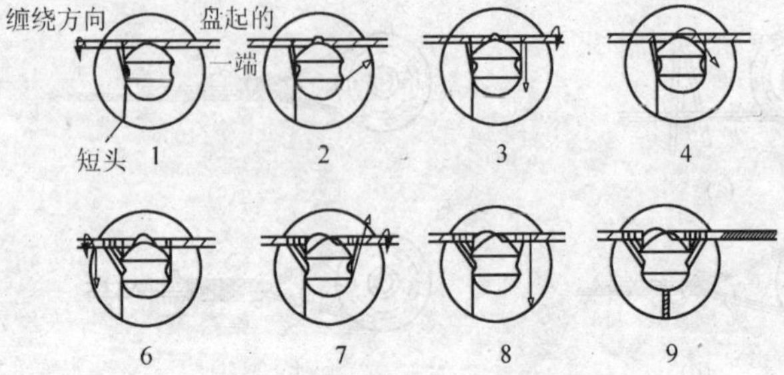

图 6—8　针式绝缘子颈扎法操作程式图

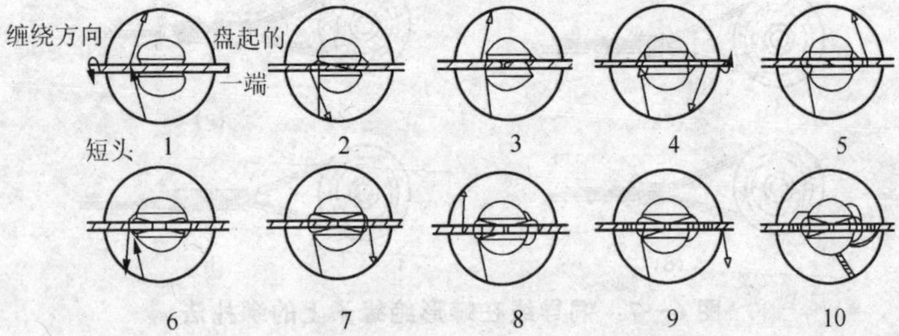

图 6—9　针式绝缘子顶扎法操作程式图

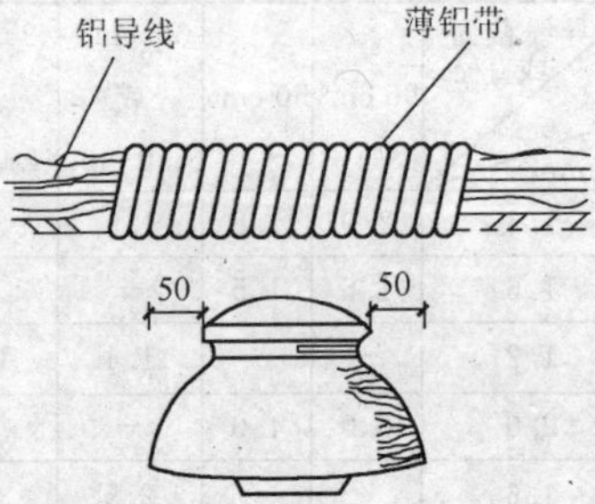

图 6—10　裸铝导线在针式绝缘子上包扎铝带示意（单位:mm）

【技能要点 3】接户线

1. 一般规定

(1)按设计图纸要求加工进户线横担及铁件,并进行热浸镀锌。

(2)电力线接户线的安装,其各部电气距离应满足设计要求。

(3)低压接户线挡距不宜超过 25 m,高压接户线挡距不宜大于 30 m。

(4)绝缘接户线导线的截面不应小于下列数值：

①高压：铜芯线，25 mm^2，铝及铝合金芯线 35 mm^2。

②低压：铜芯线，10 mm^2，铝及铝合金芯线 16 mm^2。

(5)接户线不应从 1～10 kV 引下线间穿过，接户线不应跨越铁路。

(6)不同规格不同金属的接户线不应在挡距内连接，跨越通车道的接户线不应有接头。

(7)两个电源引入的接户线不宜同杆架设。

(8)接户线与导线如为铜铝连接必须采用铜铝过渡措施。

(9)接户线与主杆绝缘线连接应进行绝缘密封。

(10)接户线零线在进户处应有重复接地，接地可靠，接地电阻符合要求。

2. 接户线距离要求

(1)分相架设的低压绝缘接户线的线间最小距离见表 6—6。

表 6—6　分相架设的低压绝缘接户线的线间最小距离　(单位：m)

架设方式		挡距	线间距离
自电杆上引下		25 及以下	0.15
沿墙敷设	水平排列	4 及以下	0.10
	垂直排列	6 及以下	0.15

(2)绝缘接户线受电端的对地面距离：高压不应小于 4 m，低压不应小于 2.5 m。

(3)跨越街道的低压绝缘接户线，至路面中心的垂直距离，不应小于下列数值：

①通车街道不应小于 6 m。

②通车困难的街道、人行道不应小于 3.5 m。

③胡同(里、弄、巷)不应小于 3 m。

(4)分相架设的低压绝缘接户线与建筑物有关部分的距离，不应小于下列数值：

①与接户线下方窗户的垂直距离不应小于 0.3 m。

②与接户线上方阳台或窗户的垂直距离不应小于 0.8 m。

③与阳台或窗户的水平距离不应小于0.75 m。

④与墙壁、构架的距离不应小于0.05 m。

(5)低压绝缘接户线与弱电线路的交叉距离，不应小于下列数值：

①低压接户线在弱电线路的上方不应小于0.6 m。

②低压接户线在弱电线路的下方不应小于0.3 m。

如不能满足上述要求，应采取隔离措施。

3. 接户线的固定

(1)接户线的固定在绝缘子或线夹上，固定时接户线不得本身缠绕，应用单股塑料铜线绑扎。

(2)在用户墙上使用挂线钩、悬挂线夹、耐线线夹和绝缘子固定。

(3)挂线钩应固定牢固，可采用穿透墙的螺栓固定，内端应有垫铁，混凝土结构的墙壁可使用膨胀螺栓，禁止用木塞固定。

(4)接户线固定端采用绑扎固定时，其绑扎长度应符合表6—7的规定。

表6—7　接户线固定绑扎长度

导线截面积(mm^2)	绑扎长度(mm^2)
10及以下	>50
16及以下	>80
25～50	>120
70～120	>200

【技能要点4】质量标准

1. 主控项目

(1)架空导线的弧垂值，允许偏差为设计弧垂值的±5%，水平排列的同挡导线间弧垂值偏差±50 mm。

检验方法：实测和检查施工记录。

(2)变压器中性点应与接地装置引出干线直接连接，接地装置的接地电阻值必须符合设计要求。

检验方法：观察检查和检查接地记录。

2. 一般项目

(1)拉线的绝缘子及金具应齐全,位置正确,承力拉线应与线路中心一致,转角拉线与线路分角线方向一致。拉线应收紧,收紧程度与杆上导线数量规格及弧垂值相适配。

检验方法:观察检查和检查安装记录。

(2)导线无断股、扭绞和死弯,与绝缘子固定可靠,金具规格应与导线规格适配。

检验方法:观察检查。

(3). 线路的跳线、过引线、接户线的线间和线对地间的安全距离,电压等级为6～10 kV及以下的应大于150 mm。用绝缘导线架设的线路,绝缘破口处应修补完整。

检验方法:实测和检查安装记录。

第二节　电线导管

【技能要点1】一般规定

(1)电线管路宜沿最近的线路敷设并应减少弯曲,埋入墙内或混凝土内的管子高表面的净距不应小于15 mm。

(2)根据设计图和现场情况加工好各种盒、箱、管弯。钢管摵弯采用冷弯法,一般管径为20 mm及以下时,用手扳摵管器;管径为25 mm及以上时,使用液压弯管器。管子断口处应平齐不歪斜,刮锉光滑,无毛刺。管子套丝螺纹应干净清晰,不乱扣不过长。

(3)以土建弹出的水平线为基准,根据设计图要求确定盒、箱实际尺寸位置,并将盒、箱固定牢固。

(4)管路主要用管箍螺纹连接,套丝不得有乱扣现象。上好管箍后,管口应对严,外露螺纹应不多于2扣。套管连接宜用于暗配管,套管长度为连接管径的1.5～3倍。连接管口的对口处应在套管的中心,焊口应焊接牢固严密。

管路超过下列长度,应加装接线盒,其位置应便于穿线:无弯时为30 m,有一个弯时为20 m,有二个弯时为15 m,有三个弯时为8 m。

盒、箱开孔应整齐并与管径相吻合,要求一管一孔,不得开长孔。管口入盒、箱，暗配管可用跨接地线焊接固定在盒棱边上，严禁管口与敲落孔焊接，管口露出盒、箱应小于5 mm，有锁紧螺母者与锁紧螺母平，露出锁紧螺母的螺纹为2～4扣。

(5)将堵好的盒子固定牢后敷管，管路每隔1 m左右用铅丝绑扎牢。

(6)用ϕ5圆钢与跨接地线焊接，跨接地线两端焊接面不得小于该跨接线截面的6倍，焊缝均匀牢固，焊接处刷防腐漆。

(7)钢导管管路与其他管路间最小间距见表6—8。

表6—8　钢导管管路与其他管路间的最小间距

（单位：mm）

管路名称	管路敷设方式		最小间距
蒸汽管	平行	管道上	1000
		管道下	500
	交叉		300
暖气管、热水管	平行	管道上	300
		管道下	200
	交叉		100
通风、给排水及压缩空气管	平行		100
	交叉		50

注：1. 对蒸汽管路、当管外包隔热层后，上下平行距离可减至200 mm。

2. 当不能满足上述最小间距时，应采取隔热措施。

【技能要点2】钢管暗敷设

1. 钢管质量要求

钢管的壁厚是否均匀、一致，不应有折扁、裂缝、砂眼、塌陷等现象。内外表面应光滑，不应有折叠、裂缝、分层、搭焊、缺焊、毛刺等现象。切口应垂直、无毛刺，切口斜度不应大于2°，焊缝应整齐，无缺陷。镀锌层应完好无损，锌层厚度均匀一致，不得有剥落、气泡等现象。

2. 按图画线定位

根据施工图和施工现场实际情况确定管段起始点的位置并标明，并应将盒箱固定，量取实际尺寸。

3. 量尺寸割管

(1)配管前根据图纸要求的实际尺寸将管线切断,大批量的管线切断时,可以采用型钢切割机,利用纤维增强砂轮片切割,操作时用力要均匀、平稳、不能过猛,以免砂轮崩裂。

(2)小批量的钢管一般采用钢锯进行切割,将需要切断的管子放在台虎钳(压力钳)的钳口内卡牢,注意切口位置与钳口距离应适宜,不能过长或过短,操作应准确。在锯管时锯条要与管子保持垂直,人要站直,操作时要扶直锯架,使锯条保持平直,手腕不能颤动,当管子快要断时,要减慢速度,平稳锯断。

(3)切断管子也可采用割管器,但使用割管器切断管子,管口易产生内缩,缩小后的管口要用绞刀或锉刀刮光。

4. 套丝

(1)套丝一般采用套丝板来进行。套丝时,先将管子固定在台虎钳或压力钳架上,钳紧。根据管子的外径选择好相应的板牙,将绞扳轻轻套在管端,调整绞板的 3 个支承脚,使其紧贴管子,这样套丝时不会出现斜丝,调整好绞扳后,手握绞扳,平稳向里推,带上 2～3 扣后,再站在侧面按顺时针方向转动套丝板,开始时速度应放慢,套丝时应注意用力均匀,以免发生偏丝、啃丝的现象,螺纹即将套成时,轻轻松开扳机,开机通扳。

(2)管径小于 DN20 的管子应分两板套成,管径大于 DN25 的管子应分三板套成。

(3)进入盒(箱)的管子其套丝长度不宜小于管外径的 1.5 倍,管路间连接时,套丝长度一般为管箍长度的 1/2 加 2～4 扣,需要退丝连接的螺纹长度为管箍的长度加 2～4 扣。

(4)套丝量大的可采用套丝机。

5. 煨弯

(1)管径在 DN25 及其以上的管子应使用液压煨管器,根据管线需要煨成的弧度选择相应的模具,将管子的起弯点对准煨管的起弯点,然后拧紧夹具,煨出所需的弯度。煨弯时使管外径与弯管器紧贴,以免出现凹凸现象。

(2)焊接钢管也可采用热煨法。煨管前将管子一端堵住，灌入事先已被炒干的沙子，并随灌随敲打管壁，直灌满时，然后将另一端堵严。煨管时将管子放在火上加热，烧红后煨出所需的角度，随煨随加冷却液，热煨法应掌握好火候。弯管处无折皱、凹凸和裂缝等现象。

(3)管径在 DN25 以下的管子可使用手动弯管器。操作时，先将管子需要弯曲的部分的前段放在弯管器内，管子的焊缝放在弯曲方向的背面或旁边，弯曲时逐渐向后方移动弯管器，使管子弯成所需要的弯曲半径。

(4)管路的弯扁度应不大于管外径的 10%，弯曲角度不宜小于 90°，弯曲处不可有折皱、凹穴和裂缝等现象。

(5)暗配管时弯曲半径不应小于管外径的 6 倍，埋设于地下或混凝土楼板时，不应小于管外径的 10 倍。煨管时管子焊缝一般应放在管子弯曲方向的正、侧面交角的 45°线上。

6. 管与盒的连接

(1)在配管施工中，管与盒、箱的连接一般情况采用螺母连接。采用螺母连接的管子必须以套好丝，将套好丝的管端拧上锁紧螺母，插入管外径相匹配的接线盒的敲落孔内，管线要与盒壁垂直，再在盒内的管端拧上锁紧螺母；应避免在左侧管线已带上锁紧螺母，而右侧管线未拧紧锁紧螺母。

(2)带上螺母的管端在盒内露出锁紧螺母纹应为 2～4 扣，不能过长或过短，如采用金属护口，在盒内可不用锁紧螺母，但入箱的管端必须加锁紧螺母。多根管线同时入箱时应注意其入箱部分的管端长度应一致，管口应平齐。

(3)配电箱内如引入管太多时，可在箱内设置一块平挡板，将入箱管口顶在挡板上，待管子用锁母固定后拆去挡板，这样管口入箱可保持一致高度。

(4)电气设备防爆接线盒的端子箱上，多余的孔应采用丝堵堵塞严密，当孔内垫有弹性密封圈时则弹性密封圈的外侧，应设钢制堵板，其厚度不应小于 2 mm，钢制堵板应经压盘或螺母压紧。

7. 管与管的连接

(1)丝接:丝接的两根管应分别拧进管箍长度的1/2,并在管箍内吻合好,连接好的管子外露螺纹应为2～3扣,不应过长,需退丝连接的管线,其外露螺纹可相应增多,但也应在5～6扣,连接的管线应顺直,螺纹连接紧密,不能脱扣。管箍必须采用通丝管箍。

(2)套管焊接:套管焊接的方法只可用于暗配厚壁管。套管的内径应与连接管的外径相吻合,其配合间隙以1～2 mm为宜。不得过大或过小,套管的长度应为连接管外径的1.5～3倍,连接时应把连接管的对口处放在套管的中心处,连接管的管口应光滑、平齐,两根管对口相吻合。套管的管口应平齐并焊接牢固,不得有缝隙。

(3)防爆配管:

①防爆钢管敷设时,钢管间及钢管与电气设备应采用螺纹连接,不得采用套管焊接。螺纹连接处应连接紧密牢固,啮合扣数应不少于6扣,并应加防松螺帽牢固拧紧。并应在螺纹上涂电力复合酯或导电性防锈酯,不得在螺纹上缠麻或绝缘胶带及涂其他油漆,除设计有特殊要求外,各连接处不可焊接接地线。

②防爆钢管管路之间不得采用倒扣连接,当连接有困难时应采用防爆活接头,其结合面应紧贴。防爆钢管与电气设备直接连接若有困难应采用防爆可挠管连接,防爆可挠管应无裂纹孔洞机械损伤变形等缺陷。

③爆炸危险场所钢管配线,应使用镀锌水煤气管或经防腐处理的厚壁钢管(敷于混凝土的钢管外壁可不防腐)。

④钢管配线的隔离密封。钢管配线必须设不同形式的隔离密封盒,盒内填充非燃性密封混合填料,以隔绝管路。

⑤管路通过与其他场所相邻的隔墙,应在隔墙任一侧装设横向式隔离密封盒且应将管道穿墙处的孔洞堵塞严密。

⑥管道通过楼板或地坪引入相领场所时,应在楼板或地坪的上方装设纵向式密封盒,并将楼板或地坪的穿管孔洞堵塞严密。

⑦当管径大于50 mm,管路长度超过15 m时,每15 m左右应

在适当地点装设一个隔离密封盒。

⑧易积聚冷凝水的管路应装设排水式隔离密封盒。

8. 固定盒、箱

(1)盒、箱固定应平整牢固、灰浆饱满,纵横坐标准确,符合设计图和施工验收规范规定。

(2)砖墙稳埋盒、箱:

①预留盒、箱孔洞:根据设计图规定的盒、箱预留具体位置,随土建砌体电工配合施工,在约 300 mm 处预留出进入盒、箱的管子长度,将管子甩在盒、箱预留孔外,管端头堵好,等待最后一管一孔地进入盒、箱稳埋完毕。

②剔洞稳埋盒、箱,再接短管:按画线处的水平线,对照设计图找出盒、箱的准确位置,然后剔洞,所剔孔洞应比盒、箱稍大一些。洞剔好后,先用水把洞内四壁浇湿,并将洞中杂物清理干净。依照管路的走向敲掉盒子的敲落孔,用不低于 M10 水泥砂浆填入洞内将盒、箱稳端正,待水泥砂浆凝固后,再接短管入盒、箱。

(3)组合钢模板、大模板混凝土墙稳埋盒、箱:

①在模板上打孔,用螺丝将盒、箱固定在模板上;拆模前及时将固定盒、箱的螺丝拆除。

②利用穿筋盒,直接固定的钢筋上,并根据墙体厚度焊好支撑钢筋,使盒口或箱口与墙体平面平齐。

(4)滑模板混凝土墙稳埋盒、箱:

①预留盒、箱孔洞,采取下盒套、箱套,然后待滑模板过后再拆除盒套或箱套,同时稳埋盒或箱体。

②用螺丝将盒、箱固定在扁铁上,然后将扁铁焊在钢筋上,或直接用穿筋固定在钢筋上,并根据墙厚度焊好支撑钢筋,使盒口平面与墙体平面平齐。

(5)顶板稳埋灯头盒:

①加气混凝土板、圆孔板稳埋灯头盒。根据设计图标注出灯位的位置尺寸,先打孔,然后由下向上剔洞,洞口下小上大。将盒子配上相应的固定体放入洞中,并固定好吊顶,待配管后用高标号

水泥砂浆稳埋牢固。

②现浇混凝土楼板等，需要安装吊扇、花灯或吊装灯具超过3 kg时，应预埋吊钩或螺栓，其吊挂力矩应保证承载要求和安全。

(6)隔墙稳埋开关盒、插座盒。如在砖墙泡沫混凝土墙等，剔槽前应在槽两边弹线，槽的宽度及深度均应比管外径大，开槽宽度与深度以大于1.5倍管外径为宜。砖墙可用錾子沿槽内边进行剔槽；泡沫混凝土墙可用手提切割机锯成槽的两边后，再剔成槽。剔槽后应先稳埋盒，再接管，管路每隔1 m左右用镀锌铁丝固定好管路，最后抹灰并抹平齐。如为石膏圆孔板时，宜将管穿入板孔内并敷至盒或箱处。

在配管时应与土建施工配合，尽量避免切割剔凿，如果发生需切割剔凿墙面，敷设线管，需剔槽的深度、宽度应合适，不可过大或过小。管线敷设好后，应在槽内用管卡进行固定，再抹水泥砂浆，管卡数量应依据管径大小及管线长度而定，不需太多，以固定牢固为标准。

9. 管路接地

(1)管子与管子(采用套管焊接除外)、管子与配电箱及接线盒等连接处都应做系统接地。接地的方法一般是连接处焊上跨接地线或用螺栓及配套接地卡子进行连接。

(2)跨接线的直径可参照表6—9。地线的焊接长度要求达到接地线直径6倍以上。钢管与配电箱的连接地线，为便于检修，可先在钢管上焊以专用接地螺栓，然后用接地导线与配电箱可靠连接。

表6—9 跨接线选择表

公称直径(mm)		跨接线(mm)	
电线管	钢管	圆钢	扁钢
≤32	≤25	$\phi 6$	—
40	32	$\phi 8$	—
50	40～50	$\phi 10$	—
70～80	70～80	—	25×4

(3)卡接:镀锌钢管应用专用接地线卡连接,不得采用熔焊连接地线。

(4)管路应做整体接地连接,穿过建筑物变形缝时,应有接地补偿装置。可采用跨接或卡接,以使整个管路形成一个电气通路。

10. 管路补偿

管路在通过建筑物的变形缝时,应加装管路补偿装置。管路补偿装置是在变形缝的两侧对称预埋一个接线盒,用一根短管将两接线盒相邻面连接起来,短管的一端与一个盒子固定牢固,另一端伸入另一盒内,且此盒上的相应位置的孔要开长孔,长孔的长度不小于管径的2倍。如果该补偿装置在同一轴线墙体上,则可有拐角箱作为补偿装置,如不在同一轴线上则可用直筒式接线箱进行补偿。做法可参照图6—11和图6—12所示。也可采用防水型可挠金属电线管跨越两侧接线箱盒并留有适当余量。

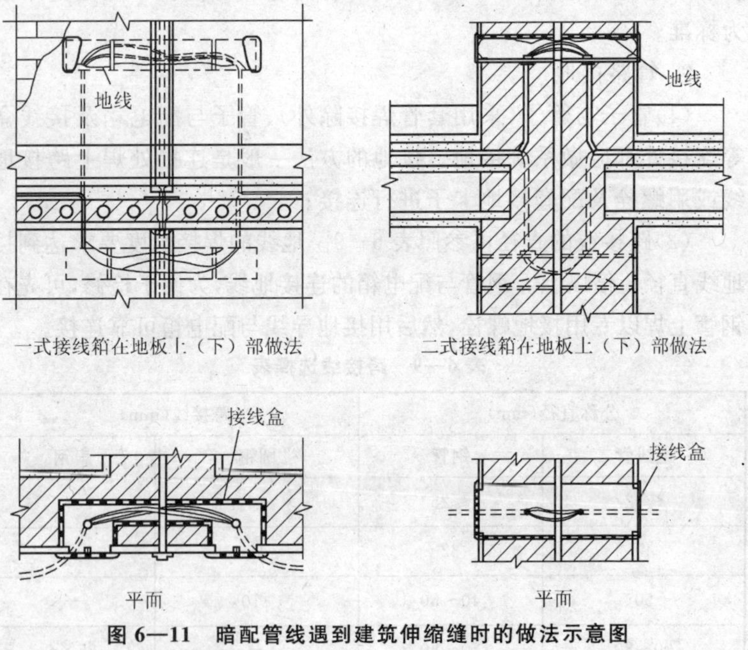

图6—11　暗配管线遇到建筑伸缩缝时的做法示意图

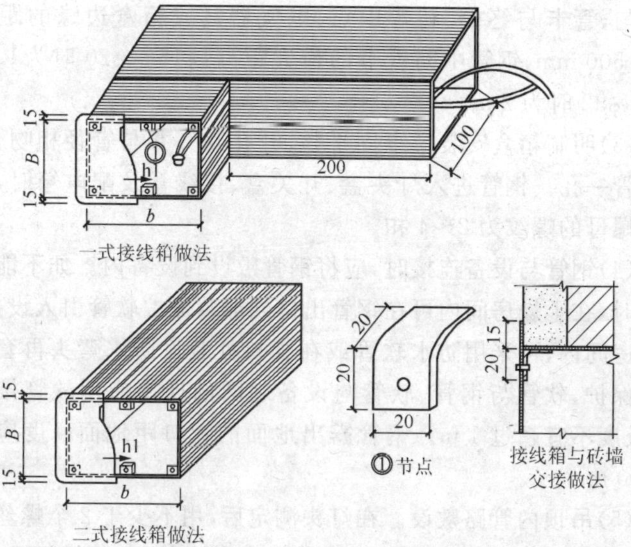

图 6—12 建筑伸缩沉降缝处转角接线箱做法示意图(单位:mm)

11. 管路防腐处理

(1)在各种砖墙内敷设的管路,应在跨接地线的焊接部位,丝接管线的外露丝部位及焊接钢管的焊接部位,刷防腐漆。

(2)焦碴层内的管路应在管线周围打 50 mm 的混凝土保护层进行保护。

(3)直埋入土壤中的钢管也需用混凝土保护,如不采用混凝土保护时,可刷沥青漆进行保护。

(4)埋入有腐蚀性或潮湿土壤中的管线,如为镀锌管丝接,应在丝头处抹铅油缠麻,然后拧紧丝头。如为非镀锌管件,应刷沥青漆油后缠麻,然后再刷一道沥青漆。

【技能要点 3】钢管明敷设

1. 明配管敷设基本要求

(1)明配管弯曲半径一般不小于管外径 6 倍,如只有一个弯时应不小于管外径的 4 倍。

(2)根据设计首先测出盒箱与出线口的准确位置,然后按照安装标准的固定点间距要求确定支、吊架的具体位置,固定点的距离应均匀,管卡与终端、转弯中点、电气器具或箱盒边缘的距离为150～500 mm,钢管中间管卡的最大距离:ϕ15～ϕ20 时为1.5 m,ϕ25～ϕ32 时为 2 m。

(3)明制箱盒安装应牢固平整,开孔整齐并与管径相吻合,要求一管一孔。钢管进入灯头盒、开关盒、接线盒及配电箱时,露出锁紧螺母的螺纹为 2～4 扣。

(4)钢管与设备连接时,应将钢管敷设到设备内。如不能直接进入时,在干燥房间内可在钢管出口处加装保护软管引入设备;在潮湿房间内,可采用防水软管或在管口处装设防水弯头再套绝缘软管保护,软管与钢管、软管与设备之间的连接应用软管接头连接,长度不宜超过 1 m。钢管露出地面的管口距地面高度应不小于 200 mm。

(5)吊顶内管路敷设。在灯头测定后,用不少于 2 个螺丝把灯头盒固定牢,管路应敷设在主龙骨上边,管入箱、盒须摵灯叉弯,并应里外带锁紧螺母。管路主要采用配套管卡固定,固定间距不小于 1.5 m。吊顶内灯头盒至灯位采用金属软管过渡,长度不宜超过 0.5 m,其两端应使用专用接头。吊顶内各种盒、箱的安装口方向应朝向检查口以利于维护检查。

(6)支架固定点的距离应均匀,管卡与终端、转弯中点、电气器具或接线盒边缘,均应固定距离为 150～300 mm。管路中间的固定点间距离应小于表 6—10 的规定。

表 6—10 钢管中间管卡最大距离

钢管名称	钢管直径(mm)			
	15～20	25～30	40～50	65～100
厚壁钢管	1 500	2 000	2 500	3 500
薄壁钢管	1 000	1 500	2 000	—

(7)盒、箱、盘配管应在箱、盘 100～300 mm 处加稳固支架,将管固定在支架上,盒管安装应牢固平整,开孔整齐并与管径相吻合。要求一管一孔,不得开长孔。铁制盒箱严禁用电气焊开孔。

根据设计图纸确定明配钢管的具体走向和接线盒、灯头盒开关箱的位置，并注意尽量避开风管、水管，放好线，然后按照安装标准规定的固定点间距的尺寸要求，计算确定支架、吊架的具体位置。

2. 支架、吊架预制加工

支架、吊架应按设计图要求进行加工。支架、吊架的规格设计无规定时，应符合以下规定：扁钢支架不小于 30 mm×3 mm；角钢支架不小于 25 mm×25 mm×3 mm；埋设支架应有燕尾，埋设深度应不小于 120 mm。

3. 管路敷设

(1)检查管路是否畅通，去掉毛刺，调直管子。

(2)敷管时，先将管卡一端的螺丝拧进一半，然后将管敷设在管卡内，逐个拧牢。使用铁支架时，可将钢管固定在支架上，不许将钢管焊接在其他管道上。

(3)水平或垂直敷设明配管允许偏差值：管路在 2 m 以下时，偏差为 3 mm，全长不应超过管子内径的 1/2。

(4)管路连接：明配管一律采用丝接。

(5)钢管与设备连接：应将钢管敷设到设备内，如不能直接进入时，应符合下列要求：

①在干燥房屋内，可在钢管出口处加保护软管引入设备，管口应包缠严密。

②在室外或潮湿房间内，可在管口处装设防水弯头，由防水弯头引出的导线应套绝缘保护软管，经弯成防水弧度后再引入设备。

③管口距地面高度一般不低于 200 mm。

(6)金属软管引入设备时，应符合下列要求：

①金属软管与钢管或设备连接时，应采用金属软管接头连接，长度不宜超过 1 m。

②金属软管用管卡固定，其固定间距不应大于 1 m，不得利用金属软管作为接地导体。

(7)配管必须到位，不可有裸露的导线无管保护。

4. 接地线连接

明配管接地线，与钢管暗敷设相同，但跨接线应紧贴管箍，焊接或管卡连接应均匀、美观、牢固。

5. 防腐处理

螺纹连接处、焊接处均应补刷防锈漆，面漆按设计要求涂刷。

【技能要点 4】吊顶内、护墙板内管路敷设

吊顶内、护墙板内管路敷设的固定参照明配管施工工艺；连接、弯度、走向等参照暗配管施工，接线盒可使用暗盒。

会审时要与通风暖卫等专业协调并绘制大样图经审核无误后，在顶板或地面进行弹线定位。如吊顶是有格块线条的，灯位必须按格块分均，护墙板内配管应按设计要求，测定盒、箱位置，弹线定位，如图 6—13 所示。

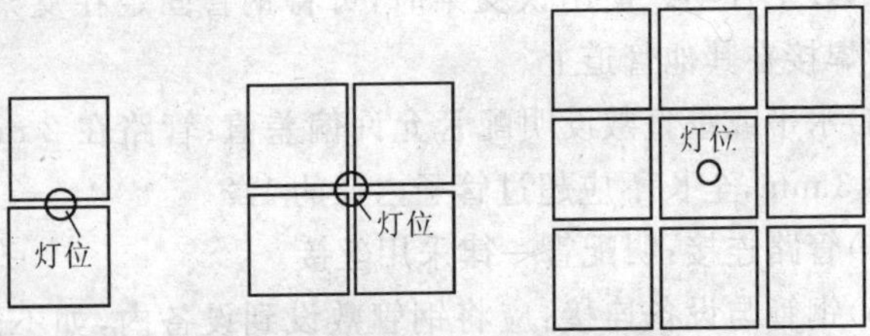

(a)两块板缝中　(b)在四块板角缝的十字中　(c)在一块板中心

图 6—13　弹线定位

灯位测定后，用不少于 2 个螺丝把灯头盒固定牢。如有防火要求，可用防火棉、毡或其他防火措施处理灯头盒。无用的敲落孔不应敲掉，已脱落的要补好。

管路应敷设在主龙骨的上边，管入盒、箱必须煨等差(灯叉)弯，并应里外带锁紧螺母。采用内护口，管进盒、箱以内锁紧螺母平为准。固定管路时，如为木龙骨可在管的两侧钉钉，用铅丝绑扎后再把钉钉牢。如为轻钢龙骨、可采用配套管卡和螺丝固定或用拉铆钉固定。直径 25 mm 以上和成排管路应单独设支架。

管路敷设应牢固畅顺，禁止做拦腰管或拌脚管。遇有长丝接管时，必须在管箍后面加锁紧螺母。管路固定点的间距不得大于

1.5 m，受力灯头盒应用吊杆固定，在管进盒处及弯曲部位两端15～30 cm处加固定卡固定。

吊顶内灯头盒至灯位可采用阻燃型普利卡金属软管过渡，长度不宜超过1 m。其两端应使用专用接头。吊顶内各种盒、箱的安装，盒箱口的方向应朝向检查口以利于维修检查。

【技能要点5】套接紧定式钢导管敷设

1. 放线测位

(1)暗装箱、盒预埋时需一次定位准确。在间隔墙上定位时，可以参照土建装修施工预放的统一水平线，在混凝土墙、柱内预留接线盒、箱时，除参照钢筋上的标高外，还应和土建施工人员联系定位，用经纬仪测定总标高，以确定室内各点地坪线。

(2)安装现浇混凝土墙板内的箱、盒时，可在箱盒背后另加设ϕ6钢筋套圈，以稳定箱、盒位置，使箱、盒能被模板紧紧地夹牢，不易移位。

(3)接线箱、盒上开孔时，木制品必须用木钻，铁制品开孔必须用专用配电箱开孔器开孔；穿线时，应先清除箱、盒内的灰渣，再在盒内壁刷两道防锈漆。穿好导线后，用接线盒盖把盒子临时盖好，盒盖周边应小于圆木或插座板、开关板，但应大于盒子。待土建装修喷浆完成后，再拆去盒子盖，安装电器、灯具，这样可以保持盒内卫生。

(4)明配管的箱、盒应用明配的专用箱盒，不得用暗装接线盒替代。

2. 支架制作

根据施工图加工好各种弯管、盒箱支架。套接紧定式钢导管，管路明敷设时，支架、吊架的规格，当设计无要求时，应符合下列规定：圆钢不应小于直径6 mm，扁钢不应小于30 mm×3 mm，角钢不应小于25 mm×3 mm。

3. 煨弯

用配套的煨管器，一般管径25 mm以下可采用冷煨法，管径32 mm及以上应采用定型弯管。

4. 管路敷设

(1)套接紧定式钢导管管路垂直敷设时，管内绝缘电线截面应不大于 50 mm^2，长度每超过 30 m，应增设固定导线的拉线盒。

(2)套接紧定式钢导管管路水平或垂直敷设时，其水平或垂直安装的允许偏差为 1.5‰，全长偏差不应大于管内径的 1/2。

(3)套接紧定式钢导管管路明敷时，固定点于终端、弯头中点、电器具或箱盒边缘的距离为 150～300 mm。

(4)套接紧定式钢导管管路明敷设时，排列应整齐，固定点牢固，间距均匀，其最大间距应符合表 6—11 的要求。

表 6—11 固定点间距

敷设方式	钢导管种类	钢导管直径(mm)		
		16～20	25～32	40
吊架、支架或沿墙敷设	厚壁钢导管	1.5	2.0	2.5
	薄壁钢导管	1.0	1.5	2.0

(5)套接紧定式钢导管管路敷设时，其弯曲半径不应小于管外径的 6 倍，埋入混凝土内平面敷设时，其弯曲半径不应小于管外径的 10 倍。

(6)套接紧定式钢导管管路埋入墙体或混凝土时，管路于墙体或混凝土表面净距不应小于 15 mm。

(7)套接紧定式钢导管管路暗敷设时，管路固定点应牢固，间距应符合下列规定：

①敷设在钢筋混凝土墙及楼板的管路，紧贴钢筋内侧与钢筋绑扎固定。直线敷设时，固定点间距不大于 1 m。

②设在砖墙、砌体墙内的管路，垂直敷设剔槽宽度不宜大于管外皮 5 mm。固定点间距不大于 1 m。连接点外侧一端 200 mm 处，增设固定点。敷设在预制圆孔板上的管路平顺，紧贴板面。固定点间距不大于 1 m。

(8)套接紧定式钢导管管路进入盒、箱处应顺直，且应采用专用接头固定。

(9)套接紧定式钢导管固定可采用支架、膨胀螺栓、预埋铁件等方式，严禁木塞固定。

5. 管路连接

(1)套接紧定式钢导管管路连接的紧定螺钉，应采用专用工具操作。不应敲打、切断、折断螺帽。严禁熔焊连接。

(2)套接紧定式钢导管管路连接处，应涂电力复合脂或导电性防腐脂，两侧连接的管口应平整、光滑、无毛刺、无变形。管材插入套管接触应紧密，且应符合下列规定：

①直管连接时，两管口分别插入直管接头中间，紧贴凹槽处两端，用紧定螺钉定位后，进行旋紧至螺帽脱落。

②弯曲连接时，弯曲管两端管口分别插入套管接头凹槽处，用紧定螺钉定位后，进行旋紧螺帽脱落。

③套接紧定式钢导管管路连接处，紧定螺钉应处于可视部位。

④套接紧定式钢导管管路，当管径为 ϕ32 mm 及以上时，连接套管每端的紧定螺钉不应少于 2 个。

⑤套接紧定式钢导管管路连接处，管插入连接套管前，插入部分的管端应保持清洁，连接处的缝隙应有封堵措施。

(3)套接紧定式管道管路于盒箱连接时，应一管一孔，管径与盒箱敲落孔应吻合。管与箱盒的连接处，应采用爪形螺纹帽和螺纹管接头锁紧。

(4)两根及以上管路与盒箱连接时，排列应整齐、间距均匀。不同管径的管材，同时插入盒箱时，应采取技术措施。

(5)套接紧定式钢导管管路敷设完毕后，管路固定牢固，连接处符合规定，防止异物进入端头应封堵。

6. 管路接地

①套接紧定式钢导管管路敷设及金属附件组成的电线管路，当管与管、管与盒箱连接符合套接式钢导管管路连接的规定时，连接处可不设置跨接地线，管路外壳应有可靠接地。

②套接紧定式钢导管管路与接地线不应熔焊连接。

③套接紧定式钢导管管路不应作为电器设备的接地线。

【技能要点 6】硬质阻燃塑料管(PVC)敷设

保护电线用的塑料管及其配件必须有阻燃处理的材料制成，塑料管外壁应有间距不大于 1 m 的连续阻燃标记和制造厂标，且不应敷设在高温和易受机械损伤的场所。

支架、吊架及敷设在墙上的管卡固定点及盒、箱边缘的距离为 150～300 mm，管路中间距离见表 6—12。

表 6—12　管路中间固定点间距　（单位：mm）

安装方式	支架 间距 管径 15～20	支架 间距 管径 25～40	支架 间距 管径 50	支架 允许偏差
垂直	1 000	1 500	2 000	30
水平	800	1 200	1 500	30

1. 测定盒、箱及管路固定点位置

(1)按照设计图测出盒、箱、出线口等准确位置。测量时，应使用自制尺杆，弹线定位。

(2)根据测定的盒、箱位置，把管路的垂直点水平线弹出，按照要求标出支架，吊架固定点具体尺寸位置。

2. 管路固定

(1)胀管法：先在墙上打孔，将胀管插入孔内，再用螺丝(栓)固定。

(2)剔注法：按测定位置，剔出墙洞用水把洞内浇湿，再将合好的高标号砂浆填入洞内，填满后，将支架、吊架或螺栓插入洞内，校正埋入深度和平直，再将洞口抹平。

(3)先固定两端支架、吊架，然后拉直线固定中间的支架、吊架。

3. 管路敷设

(1)断管：小管径可使用剪管器，大管径可使用钢锯锯断，断口后将管口锉平齐。

(2)敷管时,先将管卡一端的螺丝(栓)拧紧一半,然后将管敷设于管卡内,逐个拧紧。

(3)支架、吊架位置正确、间距均匀、管卡应平正牢固;埋入支架应有燕尾,埋入深度不应小于 120 mm;用螺栓穿墙固定时,背后加垫圈和弹簧垫用螺母紧牢固。

(4)管水平敷设时,高度应不底于 2 000 mm;垂直敷设时,穿过楼板或易受机械损伤的地方,应用钢管保护,其保护高度距板表面距离不应小于 500 mm。

(5)管路较长敷设时,超过下列情况时,应加接线盒;管路无弯时,30 m;管路有 1 个弯时,20 m;管路有 2 个弯时,15 m;管路有 3 个弯时,8 m;如无法加装接线盒时,应将管直径加大一号。

4. 管路连接

(1)管口应平整光滑,管与管、管与盒(箱)等器件应采用插入法连接,连接处接合面应涂专用胶合剂,接口应牢固密封。

(2)管与管之间采用套管连接时,套管长度宜为管外径的 1.5～3倍管与管的对口应位于套管中心处对平齐。

(3)管与器件连接时,或承插连接时,插入深度宜为管外径的 1.1～1.8 倍。

5. 管路入盒、箱连接

(1)管路入箱、盒一律采用端接头与内锁母连接,要求平整、牢固。向上立管管口采用端帽护口,防止异物堵塞管路。

(2)变形缝做法变形缝穿墙应加保护管,保护管应能承受管外的冲击,保护管的管径宜大于穿插线管的管外径二级。

6. 暗管敷设时的弹线定位

(1)根据设计图要求,在砖墙、大模板混凝土墙、滑模板混凝土墙、木模板混凝土墙、组合钢模板混凝土墙处,确定盒、箱位置进行弹线定位,按弹出的水平线用小线和水平尺测量出盒,箱准确位置并标出尺寸。

(2)根据设计图灯位要求,在加气混凝土板、现浇混凝土板、进行测量后,标注出灯头盒的准确位置尺寸。

(3)各种隔墙剔槽稳埋开关盒弹线。根据设计图要求,在砖墙、泡沫混凝土墙、石膏孔板墙、礁渣砖墙等,需要稳埋开关盒的位置,进行测量确定开关盒准确位置尺寸。

7. 暗敷管路

(1)管路连接

①管路连接应使用套箍连接(包括端接头接管)。用小刷子沾配套供应的塑料管粘接剂,均匀涂抹在管外壁上,将管子插入套箍;管口应到位。粘接剂性能要求粘接后 1 min 内不移位,黏性保持时间长,并具有防水性。

②管路垂直或水平敷设时,每隔 1 m 距离应有一个固定点,在弯曲部位应以圆弧中心点为始点距两端 300～500 mm 处各加一个固定点。

③管进盒、箱,一管一孔,先接端接头然后用内锁母固定在盒、箱上,在管孔上用顶帽型护口堵好管口,最后用纸或泡沫塑料块堵好盒子口(堵盒子口的材料可采用现场现有柔软物件,如水泥纸袋等)。

(2)管路暗敷设

①现浇混凝土墙板内管路暗敷设:管路应敷设在两层钢筋中间,管进盒、箱时应煨成等差(灯叉)弯,管路每隔 1 m 处用镀锌铁丝绑扎牢,弯曲部位按要求固定,往上引管不宜过长,以能煨弯为准,向墙外引管可使用“管帽”预留管口待拆模后取出“管帽”再接管。

②滑升模板敷设管路时,灯位管可先引到牛腿墙内,滑模过后支好顶板,再敷设管至灯位。

③现浇混凝土楼板管路暗敷设:根据建筑物内房间四周墙的厚度,弹十字线确定灯头盒的位置,将端接头、内锁母固定在盒子的管孔上,使用帽护口堵好管口,并堵好盒口,将固定好盒子,用机螺丝或短钢筋固定在底盘上。跟着敷管、管路应敷设在底排钢筋的上面,管路每隔 1 m 处用镀锌铁丝绑扎牢。引向隔断墙的管子、可使用“管帽”预留口,拆模后取出管帽再接管。

④塑料管直埋于现浇混凝土内，在浇捣混凝土时，应有防止塑料管发生机械损伤的措施。

⑤灰土层内管路暗敷设：灰土层夯实后进行挖管路槽，接着敷设管路，然后在管路上面用混凝土砂浆埋护，厚度不宜小于80 mm。

8. 扫管穿带线

对于现浇混凝土结构，如墙、楼板应及时进行扫管，即随拆模随扫管这样能够及时发现堵管不通现象，便于处理，因为在混凝土未终凝时，修补管路。对于砖混结构墙体，在抹灰前进行扫管，有问题时修改管路，便于土建修复。经过扫管后确认管路畅通，及时穿好带线，并将管口、盒口、箱口堵好，加强成品配管保护，防止出现二次塞管路现象。

【技能要点 7】质量标准

1. 主控项目

(1)金属的导管和线槽必须接地(PE)或接零(PEN)可靠，并符合下列规定：

①镀锌的钢导管、可挠性导管和金属线槽不得熔焊跨接接地线，以专用接地卡跨接的两卡间连线为铜芯软导线，截面积不小于4 mm^2。

②当非镀锌钢导管采用螺纹连接时，连接处的两端焊跨接接地线，当镀锌钢导管采用螺纹连接时，连接处的两端用专用接地卡固定跨接接地线。

③金属线槽不作设备的接地导体，当设计无要求时，金属线槽全长不少于 2 处与接地(PE)或接零(PEN)干线连接。

④非镀锌金属线槽间连接板的两端跨接铜芯接地线，镀锌线槽间连接板的两端不跨接接地线，但连接板两端不少于 2 个有防松垫圈的连接固定螺栓。

检验方法：观察检查和检查安装记录。

(2)金属导管严禁对口熔焊连接；镀锌和壁厚小于或等于2 mm的钢导管不得套管熔焊连接。

检验方法:观察检查。

(3)防爆导管不应采用倒扣连接,当连接有困难时,应采用防爆活接头,其接合面应严密。

检验方法:观察检查。

(4)当绝缘导管在砌体上剔槽埋设时,应采用强度等级不小于M10的水泥砂浆抹面保护,保护层厚度大于15 mm。

检验方法:观察检查和检查安装记录。

2. 一般项目

(1)室外埋地敷设的电缆导管,埋深不应小于0.7 m。壁厚小于等于2 mm的钢电线导管不应埋设于室外土壤内。

检验方法:观察检查。

(2)室外导管的管口应设置在盒、箱内。在落地式配电箱内的管口、箱底无封板的,管口应高出基础面50～80 mm。所有管口在穿入电线、电缆后应做密封处理。由箱式变电所或落地式配电箱引向建筑物的导管,建筑物一侧的导管管口应设在建筑物内。

检验方法:观察检查和检查安装记录。

(3)金属导管内外壁应防腐处理;埋设于混凝土内的导管内壁应防腐处理,外壁可不防腐处理。

检验方法:施工时观察检查。

(4)室内进入落地式柜、台、箱、盘内的导管管口,应高出柜、台、箱、盘的基础面50～80 mm。

检验方法:实测和检查安装记录。

(5)暗配的导管,埋设深度与建筑物、构筑物表面的距离不应小于15 mm;明配的导管应排列整齐,固定点间距均匀,安装牢固;在终端、弯头中点或柜、台、箱、盘等边缘的距离150～500 mm范围内设有管卡,中间直线段管卡间的最大距离应符合表6—13的规定。

检验方法:实测和检查安装记录。

(6)导管和线槽,在建筑物变形缝处,应设补偿装置。

检验方法:观察检查。

表 6—13　管卡间的最大距离

敷设方式	导管种类	导管直径				
		15～20	25～32	32～40	50～65	65 以上
		管卡间最大距离(m)				
支架或沿墙明敷	壁厚大于 2 mm 刚性导管	1.5	2.0	2.5	2.5	3.5
	壁厚小于或等于 2 mm 刚性钢导管	1.0	1.5	2.0	—	—
	刚性绝缘导管	1.0	1.5	1.5	2.0	2.0

第三节　电线穿管与线槽敷线

【技能要点 1】一般规定

(1)配线所采用的导线的规格、型号必须符合设计要求，当设计无规定时不同敷设方式导线应符合表 6—14 的规定。

表 6—14　设计无规定时不同敷设方式导线

敷设方式		线芯最小截面(mm^2)		
		铜心软线	铜线	铝线
敷设在室内绝缘支持件上的裸导线		—	2.5	4.0
敷设在绝缘支持件上的绝缘导线及其支持点距离 L(m)	$L<2$	—	1.0	2.5
		—	1.5	2.5
	$2<L<6$	—	2.5	4.0
	$6<L<12$	—	2.5	6.0
穿管敷设的绝缘导线		1.0	1.0	2.5
槽板内敷设的绝缘导线		—	1.0	2.5
塑料护套线明敷		—	1.0	2.5

(2)配线的布置应符合设计规定当设计无规定时室内外绝缘导线与地面的距离应符合表 6—15 的规定。

(3)在顶棚内由接线盒引向器具的绝缘导线，应采用可挠性金属软管或金属软管等，保护导线不应有裸露部分。

(4)穿线时，应穿线、放线互相配合，统一指挥，一端拉线，一端送线号令应一致，穿线才顺利。

表 6—15　设计无规定时室内外绝缘导线与地面的距离

敷设方式		最小距离(m)
水平敷设	室内	2.5
	室外	2.7
垂直敷设	室内	1.8
	室外	2.7

(5)配线工程施工完毕后，应进行各回路的绝缘检查，保护地线连接可靠，对带有漏电保护装置的线路应做模拟动作并做好记录。

【技能要点 2】穿管施工

1. 导线选择

(1)应根据设计图要求选择导线露天架空。进(出)户的导线应使用橡胶绝缘导线，严禁使用塑料绝缘导线。

(2)相线、中性线及保护地线的颜色应加以区分，用黄绿色相间的导线做保护地线，淡蓝色导线做中性线。同一单位工程的相线颜色应作统一规定。

2. 穿带线扫管

(1)带线一般采用 $\phi1.2$～$\phi2.0$ 的铁丝。先将铁丝的一端弯成不封口的圆圈，再利用穿线器将带线穿入管路内，在管路的两端均应留有 30～50 cm 的余量。

(2)在管路较长或转弯较多时，可以在敷设管路的同时将带线一并穿好。

(3)穿带线受阻时，应用两根铁丝在两端同时搅动，使两根铁丝的端头互相钩绞在一起，然后将带线拉出。

(4)将布条的两端牢固的绑扎在带线上，两人来回拉动带线，将管内杂物清净；最后换新布条拉出后，干净为符合要求。

3. 管内穿线

(1)相线、中性线及保护地形的颜色应加以区分，用淡蓝色导线为中性线，用黄绿颜色相间的导线为保护地线。

(2)穿带线:带线一般采用 $\phi1.2 \sim \phi2.0$ 的铁丝,将其头部弯成不封口的圆圈穿入管内。在管路软长或转弯较多时,可以在敷设管路同时将带线一并穿好,穿线受阻时,应用两根带线在管路两端同时搅动,使两根铁丝的端头互相钩绞在一起,然后将带线拉出。

(3)穿线前,钢管口上应先装上护口。管路较长、弯曲较多穿线困难时,可向管内吹入适量的滑石粉润滑。两人穿线时应配合协议好,一拉一送。

(4)导线连接:单股铜导线一般采用 LC 安全型压线帽连接,将导线绝缘层剥去 10～12 mm,清除氧化物,按规格选用适当的压线帽,将线芯插入压线帽的压接管内,若填充不实可将线芯折回头,充满为止。线芯插到底后,导线绝缘应和压接管平齐,并包在帽壳内,用专用压接钳压实即可。

多股导线采用同规格的接线端子压接。削去导线的绝缘层,将线芯紧紧地绞在一起,清除套管、接线端子孔内的氧化膜,将线芯插入,用压接钳压紧。导线外露部分应小于 1～2 mm。

(5)用 500 V 兆欧表对线路干线和支线的绝缘进行摇测,在电气器具、设备未安装前摇测一次,在其安装接线后送电前再摇测一次,确认绝缘摇测无误后再进行送电试运行。

4. 电线、电缆与带线的绑扎

(1)当导线根数较少时,例如 2～3 根导线,可将导线前端的绝缘层削去,然后将线芯直接插入带线的盘圈内并折回压实,绑扎牢固,使绑扎处形成一个平滑的锥形过渡部位。

(2)当导线根数较多或导线截面较大时,可将导线前端的绝缘层削去,然后将线芯错开排列在带线上,用绑线缠绕扎牢固。使绑扎接头处形成一个平滑的锥形过渡部位,便于穿线。

(3)电缆应加金属网套进行固定。

【技能要点 3】线槽敷线

1. 施工准备

线槽内配线前应将线槽内的积水和污物清除干净。清扫明敷线槽时,可用抹布擦净线槽内残余的杂物和积水,使线槽内外保持清洁；清扫暗敷地面内的线槽内，可先将带线穿通至接线口，然后将布条绑在带线一端，从另一端将布条拉出，反复多次就可以将线槽内的杂物和积水清理干净，也可以用空气压缩机将线槽内的杂物和积水吹出。

(1)线槽应平整，无扭曲变形，内壁无毛刺，附件齐全。

(2)线槽直线段连接采用连接板，用垫圈、弹簧垫圈、螺母紧固，接口缝隙严密平齐，槽盖装上后平整，无翘角，出线口的位置准确。

(3)线槽进行交叉、转弯、丁字连接时，应采用单通，二通、三通等进行变通连接，导线接头处应设置接线盒或将导线接头放在电气器具内。

(4)线槽与盒、箱、柜等接茬时，进线和出线口等处应采用抱脚连接，并用螺丝紧固，末端应加装封堵。

(5)不允许将穿过墙壁的线槽与墙上的孔洞一起抹死。

(6)敷设在强、弱电竖井处的线槽在穿越楼板处理(封堵防火堵料)。

2. 放线敷设

放线前应先检查管与线槽连接处的护口是否齐全，导线和保护地线的选择是否符合设计要求，管进入盒时内外螺母是否锁紧，确认无误后放线。导线应放在放线盘或放线架上，放线应有专人监护，不应出现挤压、背扣、扭接、损伤等现象。

在同一线槽内的导线截面积总和应该不超过内部截面的40%，线槽底向下配线时，应将分支导线分别用尼龙绑带绑扎成束，并固定在线槽低板下，以防导线下坠。绑扎导线时，应用尼龙扎带，不允许用金属丝进行绑扎。

不同电压、不同回路、不同频率的导线应加隔板放在同一线槽内。下列情况时，可直接放在同一线槽内：电压在 65 V 及以下；同一设备或同一流水线的动力和控制回路；照明花灯的所有回路；三相四线制的照明回路。

导线较多时，除采用导线外皮颜色区分相序外，也可利用在导线端头和转弯处做标记的方法来区分。在穿越建筑物的变形缝时，导线应留有补偿余量。接线盒内的导线预留长度不应超过15 cm；盘、箱内的导线预留长度应为其周长的1/2。

从室外引入室内的导线，穿过墙外的一段应采用橡胶绝缘导线，不允许采用塑料绝缘导线。穿墙保护管的外侧应有防水措施。

【技能要点4】质量标准

1. 主控项目

(1)三相或单相的交流单芯电缆，不得单独穿于钢导管内。

检验方法：观察检查。

(2)不同回路、不同电压等级和交流与直流的电线，不应穿于同一导管内，同一交流回路的电线应穿于同一金属导管内，且管内电线不得有接头。

检验方法：观察检查和检查安装记录。

(3)爆炸危险环境照明线路的电线和电缆额定电压不得低于750 V，且电线必须穿于钢导管内。

检验方法：观察检查和检查安装记录。

2. 一般项目

(1)电线、电缆穿管前，应清除管内杂物和积水。管口应有保护措施，不进入接线盒(箱)的垂直管口穿入线、电缆后，管口应密封。

检验方法：观察检查。

(2)当采用多相供电时，同一建筑物、构筑物的电线绝缘层颜色选择应一致，即保护地线(PE线)应是黄绿相间色，零线用淡蓝色，相线用：A相－黄色、B相－绿色、C相－红色。

检验方法：观察检查。

(3)线槽敷线应符合下列规定：

①电线在线槽内有一定余量，不得有接头。电线按回路编号分段绑扎，绑扎点间距不应大于2 m。

②同一回路的相线和零线，敷设于同一金属线槽内。

③同一电源的不同回路无抗干扰要求的线路可敷设于同一线

槽内;敷设于同一线槽内有抗干扰要求的线路用隔板隔离或采用屏蔽电线且屏蔽护套一端接地。

检验方法:观察检查和检查安装记录。

第四节　导线连接施工

【技能要点 1】导线的切剥

剥削线芯绝缘常用工具有电工刀、克丝钳和剥皮钳,可进行削、克及剥削绝缘层。

一般 4 mm^2 以下的导线原则上使用剥皮钳,但使用电工刀时,不允许采用刀在导线周围转圈剥削绝缘层的方法以免破坏线芯。剥削线芯绝缘的方法如图 6—14 所示。

(1)单层剥法:不允许采用电工刀转圈剥削绝缘层,应使用剥削钳。

(2)分段剥法:一般适用于多层绝缘导线剥削,如编制橡皮绝缘导线,用电工刀先削去外层编织层,并留有 12 mm 的绝缘层,线芯长度随接线方法和要求的机械强度而定。

(3)斜削法:用电工刀以 45°倾斜切入绝缘层,当切近线芯时就应停止用力,接着应使刀子倾斜角度为 15°左右,沿着线芯表面向前头端部推出,然后把残存的绝缘层剥离线芯,用刀口插入背部以 45°角削断。

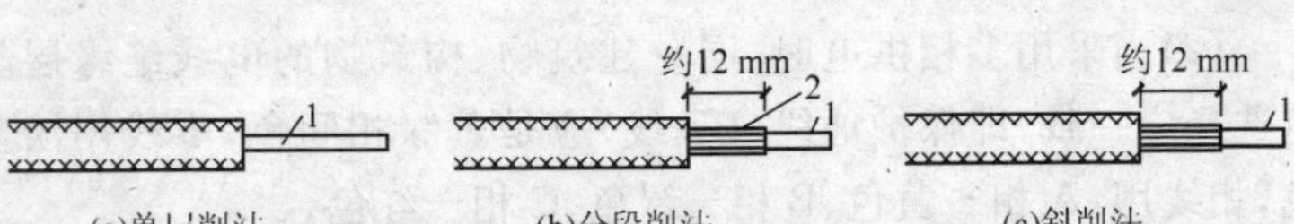

图 6—14　剥削线芯绝缘的方法

1—导体;2—橡皮

【技能要点 2】单芯铜导线的直接连接

单芯铜导线的直接连接,可参照图 6—15 处理,所有铜导线连接后均应挂锡,防止氧化,增加导电率。

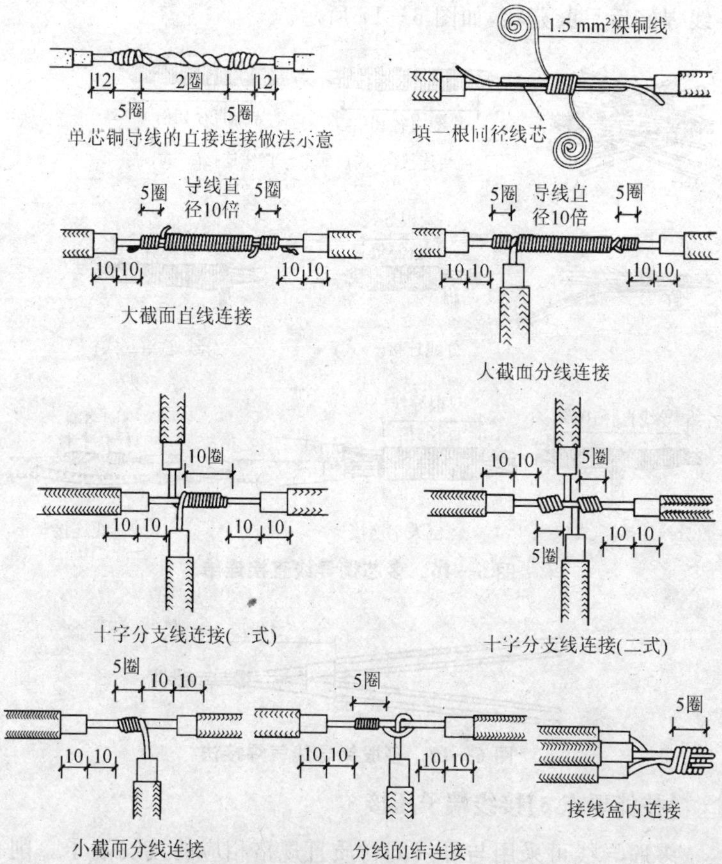

图 6—15　单芯铜导线连接（单位：mm）

【技能要点 3】多芯铜导线的直接连接

多芯铜导线的直接连接可参照图 6—16 处理，所有多芯铜导线连接应挂锡，防止氧化增加导电率。

【技能要点 4】导线焊接

铝导线焊接前将铝导线线芯破开顺直合拢，用绑线把连接处做临时绑缠。导线绝缘层处用浸过水的石棉绳包好，以防烧坏。导线焊接所用的焊剂有两种：一种是锌 58.5%、铅 40%、铜 5%的焊剂；另一种是含锌 80%、铅 20%的焊剂(焊剂成分均为重量比)；

导线焊好后呈蘑菇状，如图 6—17 所示。

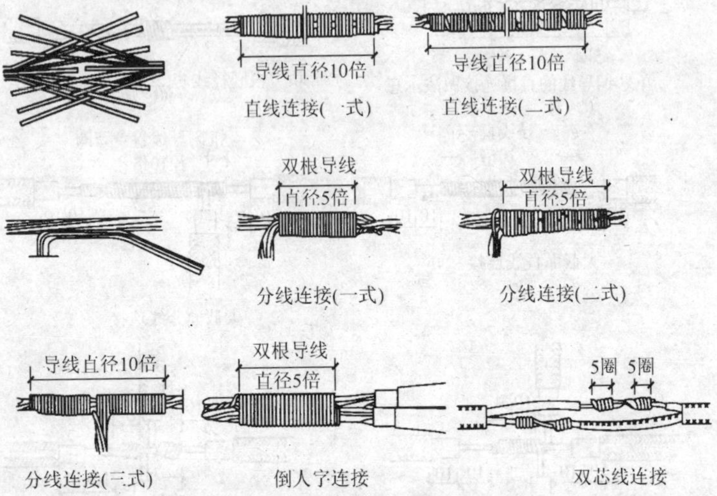

图 6—16　多芯铜导线直接连结

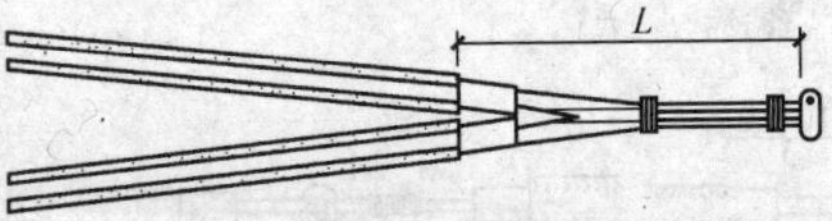

图 6—17　多股铝导线气焊接法

【技能要点 5】接线端子压接

多股导线可采用与导线同材质且规格相应的接线端子。削去导线的绝缘层，不要碰伤线芯，清除套管，接线端子孔内的氧化膜，涂导电脂将线芯插入，用压接钳压紧，导线外露部分应小于2 mm。

(1)单芯线连接：用一十字机螺丝压接，盘圈开口不宜大于 2 mm。按顺时针方向压接。

(2)多股铜芯软线用螺丝压接时，应将软线芯做成单眼圈状，刷锡后，将其压平再用螺丝加垫紧牢固。

(3)导线与针孔式接线桩连接：把要连接的线芯插入接线桩针孔内，导线裸露出针孔 1～2 mm，针孔大于导线直径 1 倍时需要折回头插入压接。

【技能要点 6】导线包扎

首先用橡胶绝缘带从导线接头处始端的完好绝缘层开始，缠绕 1～2 个绝缘带宽度，以半幅宽度重叠进行缠绕，在包扎过程中应可能收紧绝缘带。最后在绝缘层上缠绕 1～2 圈，在进行回缠。采用橡胶绝缘带包扎时，应将其拉长 2 倍后再进行缠绕。然后用黑胶布包扎，包扎时要衔接好，以半幅宽度边压边进行缠绕，同时在包扎过程中收紧胶布，导线接头处两端应用黑胶布封严。

【技能要点 7】质量标准

1. 主控项目

(1)高压电力电缆直流耐压试验必须按《建筑电气工程施工质量验收规范》(GB 50303—2002)第 3. 1. 8 条的规定交接试验合格。

检验方法：检查试验记录。

(2)低压电线和线间和线对地间的绝缘电阻值必须大于 0. 5 MΩ。

检验方法：检查绝缘电阻测试记录。

(3)电线接线必须准确，并联运行电线和电缆的型号、规格、长度、相位应一致。

检验方法：观察检查和检查安装记录。

2. 一般项目

(1)芯线与电器设备的连接应符合下列规定：

①截面积在 10 mm^2 及以下的单股铜芯线和单股铝芯线直接与设备，器具的端子连接。

②截面积在 2. 5 mm^2 及以下的多股铜芯线拧紧搪锡或接续端子后与设备，器具的端子连接。

③截面积大于 2. 5 mm^2 的多股铜芯线，除设备自带插接式端子外，接续端子后与设备或器具的端子连接；多股铜芯线与插接式端子连接前，端部拧紧搪锡。

检验方法：观察检查和检查安装记录。

(2)电线的芯线连接金具(连接管和端子)，规格应与芯线的规格适配，且不得采用开口端子。

检验方法：观察检查。

(3)电线的回路标记应清晰，编号准确。

检验方法：观察检查。

第七章　母线装置

第一节　一般规定

【技能要点1】母线安装基本要求

(1)母线装置的安装应按已批准的设计进行施工。

(2)设备和器材的运输、保管,应符合本规范要求,当产品有特殊要求时,同时应符合产品的要求。

(3)设备及器材在安装前的保管,其保管期限应为一年及以下。当需长期保管时,应符合设备及器材保管的专门规定。

(4)采用的设备和器材均应符合国家现行技术标准的规定,并应有合格证件。设备应有铭牌。

(5)设备和器材到达现场后,应及时做下列验收检查:

①包装及密封应良好。

②开箱检查清点,规格应符合设计要求,附件、备件应齐全。

③产品的技术文件应齐全。

④按设计求作外观检查。

(6)施工中的安全技术措施,应符合本规范和现行有关安全技术标准及产品的技术文件的规定。对重要工序,应事先制定安全技术措施。

(7)与母线装置安装有关的建筑工程施工应符合下列要求:

①与母线装置安装有关的建筑物、构筑物的工程质量应符合国家现行的建筑工程施工及验收规范中的有关规定;当设计及设备有特殊要求时,应符合其要求。

②母线装置安装前,建筑工程应具备下列条件:

a. 基础、构架符合电气设备的设计要求;

b. 屋顶、楼板施工完毕,不得渗漏;

c. 室内地面基层施工完毕，并在墙上标出抹平标高；

d. 基础、构架达到允许安装的强度，焊接构件的质量符合要求，高层构架的走道板、栏杆、平台齐全牢固；

e. 有可能损坏已安装母线装置或安装后不能再进行的装饰工程全部结束；

f. 门窗安装完毕，施工用道路通畅；

g. 母线装置的预留孔、预埋铁件应符合设计的要求。

③母线装置安装完毕投入运行前，建筑工程应符合下列要求：

a. 预埋件、开孔、扩孔等修饰工程完毕；

b. 保护性网门、栏杆以及所有与受电部分隔绝的设施齐全；

c. 受电后无法进行的和影响运行安全的工作施工完毕；

d. 施工设施应拆除和场地应清理干净。

(8)母线装置安装用的紧固件，除地脚螺栓外应采用符合国家标准的镀锌制品，户外使用的紧固件应用热镀锌制品。

(9)绝缘子及穿墙套管的瓷件，应符合现行国家标准《高压绝缘子瓷件技术条件》和有关电瓷产品技术条件的规定。

(10)封闭、插接母线组装和固定位置应正确，外壳与底座间，外壳各连接部位和母线的连接螺栓应按产品技术文件要求选择正确，连接紧固。

(11)封闭、插接式母线安装组对接线前，应先进行绝缘电阻测试，绝缘电阻值大于 20 MΩ，测试合格后才能安装组对。

(12)母线支架和封闭，插接式母线的外壳应进行接地或接零。接地完成后，母线绝缘电阻测试和交流工频耐压试验合格方能进行通电。

(13)母线装置安装用的紧固件，除地角螺栓外应采用镀锌件铜件。

【技能要点 2】设备材料进场验收

(1)铜、铝母线应有产品合格证及材质证明，并符合表 7—1 的要求，母线表面应光洁平整，不应有裂纹、折皱、夹杂物及变形和扭曲现象。

表 7—1　母线的机械性能和电阻率

母线名称	母线名称	最小抗折强度	最小伸长率	20℃时最大电阻率
铜母线	TMY	255	6	0.017 77
铝母线	LMY	115	3	0.029 0

(2)封闭母线、插接式母线应有出厂合格证、安装技术文件，技术文件应包括额定电压。额定容量、试验报告等技术数据、型号、规格、电压等级应符合技术要求，封闭母线、插接式母线各段应标志清晰，附件齐全，外壳无变形，内部无损伤。

(3)绝缘子及穿墙套管瓷件，应符合并执行国家标准和有关电瓷产品技术条件的规定，并有产品合格证。

(4)绝缘材料的型号、规格、电压等级应符合技术要求，外观无损伤及裂纹，绝缘良好。

(5)所有各种规格的型钢应无明显锈蚀，金属紧固件、卡件、各种螺栓、垫圈应符合设计要求，并且必须采用热镀锌件。

(6)各种油漆、电焊条等均有合格证。

第二节　裸母线安装

【技能要点 1】测量放线定位

(1)进入现场后首先依据图纸进行测量，根据母线沿墙、跨拄、沿梁及屋架敷设的不同情况，核对是否与图纸相符。

(2)核对检查母线敷设全方向有无障碍物，有无与建筑结构、设备、管道、通风等其他安装部件相互交叉矛盾的地方。

(3)配电柜内安装的母线，还要测量其与设备上其他部件安全距离是否符合要求。

(4)检查预留孔洞、预埋铁件的尺寸、标高方位是否符合要求。

(5)测量放线定出各段母线加工尺寸、支架尺寸并画出支架安装距离及剔洞或固定件安装位置。

(6)检查脚手架是否安全符合操作要求。

【技能要点 2】支架制作安装

(1)按图纸尺寸加工各种支架,支架采用∟50×50×5 角钢制作,具体尺寸由设计定,采用 M10～M12 膨胀螺栓固定在墙上,也可将支架开燕尾埋设在墙内如图 7—1 所示。

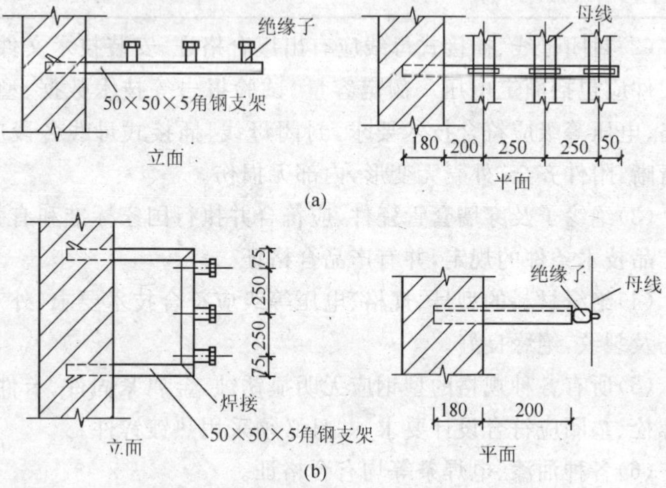

图 7—1　母线支架固定做法(单位:mm)

(2)母线配线拉紧装置如图 7—2 所示。

(3)支架安装距离,当裸母线为水平敷设时不超过 3 m,垂直敷设时不超过 2 m,支架距离要均匀一致,两支架间距离偏差不得大于 50 mm。

【技能要点 3】绝缘子安装

(1)母线绝缘子安装前应进行检查,外观无裂纹、缺损现象,绝缘子灌注的螺栓、螺母结合牢固,安装前应测量绝缘电阻,大于1 MΩ为合格,6～10 kV 支柱绝缘子安装还应做交流耐压试验。

(2)绝缘子上下要各垫一个厚度不小于 1.5 mm 的石棉垫。

(3)绝缘子夹板卡板的安装要紧固。夹板、卡板的制作规格与母线的规格相适配,做法如图 7—3 所示。

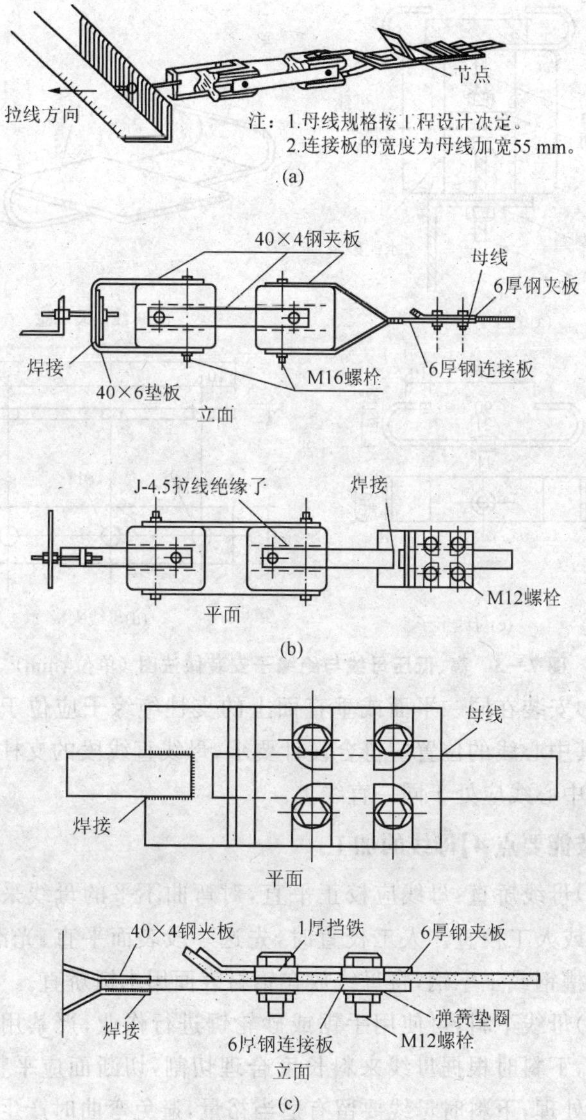

图 7—2　母线拉紧装置（单位：mm）

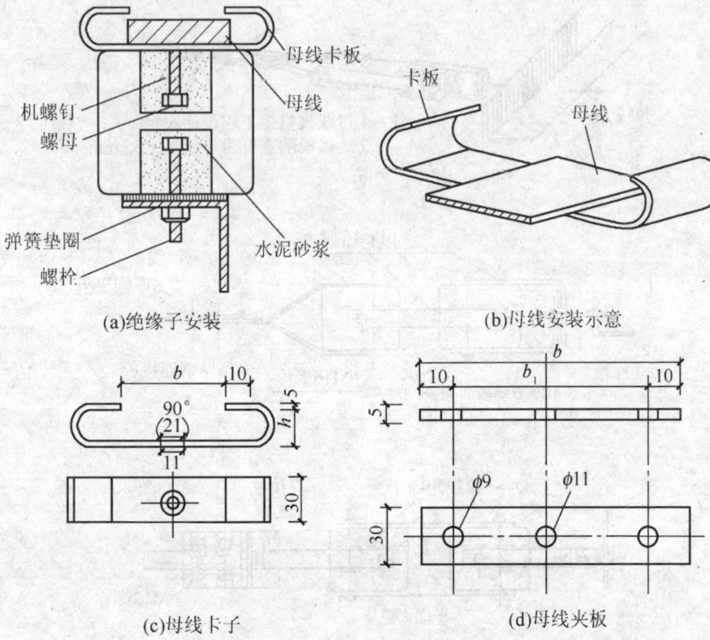

图 7—3 高、低压母线与绝缘子安装做法图（单位:mm）

(4)安装在同一平面或垂直面上的支柱绝缘子应位于同一平面上;其中心线的位置应符合设计要求,母线直线段的支柱绝缘子的安装中心线应处于同一直线上。

【技能要点 4】母线的加工

(1)母线矫直:母线应校正平直,对弯曲不平的母线采用母线校直器或人工校直。人工校直时,先选一段表面平直、光滑、洁净的大型槽钢或工字钢,将母线放在钢材表面用木锤矫直。

(2)母线下料:可使用手锯或砂轮锯进行作业,严禁用气焊进行切割,下料时根据母线来料长度合理切割,切断面应平整,棱角应磨光处理,下料时母线要留有适当裕量,避免弯曲时产生误差造成整根母线报废。

(3)母线弯曲;母线的弯曲采用专用工具(母线煨弯器)冷煨,弯曲处不得有裂纹及显著的皱折,不得进行热弯,母线开始弯曲处距母线连接位置不应小于 50 mm，母线扭弯，扭转部分的长度不得小于母线宽度的 2.5～5 倍，如图 7—4 所示。母线平弯的弯曲半径不得小于表 7—2 的规定。

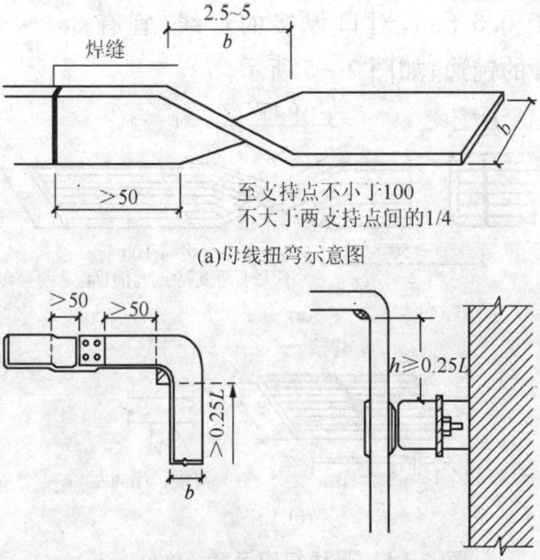

(a)母线扭弯示意图

(b)母线立弯示意图　　(c)母线平弯示意图

图 7—4　母线弯曲示意图（单位：mm）

表 7—2　矩形母线最小弯曲半径(*R*)值

弯曲方式	母线断面尺寸	最小弯曲半径(mm)		
		铜	铝	钢
平弯	50×5 及其以下	2*h*	2*h*	2*h*
	125×10 及其以下	2*h*	2.5*h*	2*h*
立弯	50×5 及其以下	1*h*	1.5*h*	0.5*h*
	125×10 及其以下	1.5*h*	2*h*	1*h*

【技能要点 5】母线的连接

母线的连接可采用焊接或搭接两种方式。

(1)焊接

①焊接位置：焊接距离弯曲点或支持绝缘子边缘不得小于 50 mm，同一相如有多片母线，其焊接应相互错开 50 mm 以上。

②焊接前应将母线坡口两侧表面各 50 mm 范围内清刷干净，不得有氧化膜，水分和油污；坡口加工面应无毛刷和飞边。

③焊接前对口应平直，其弯折偏移不应大于 0.2%，中心线偏移不应大于 0.5 mm，对口焊接的母线，宜有 35°～40°的坡口，1.5～2 mm 的钝边，如图 7—5 所示。

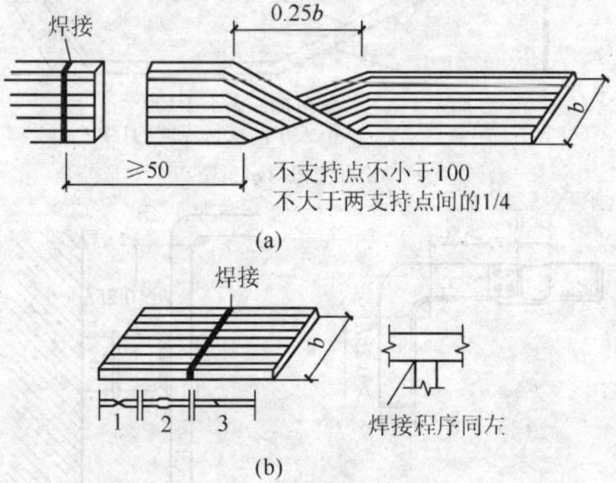

图 7—5 母线扭弯示意（单位：mm）

④铝及铝合金母线的焊接采用氩弧焊。

⑤每个焊缝应一次焊完，除瞬间断弧外不得停焊，母线焊完未冷却前，不得移动或受力，焊缝对口平直，不得错口。必须双面焊接。焊缝应凸起呈弧形，母线对接焊缝的上部应有 2～4 mm 加强高度，两侧应有 2～4 mm 加强宽度，引下线母线采用搭接焊时，焊缝的长度不应小于母线宽度的两倍。

(2)母线搭接

①矩形母线的搭接连接要按设计要求严格执行。当母线与设备接线端子连接时，应符合现行国家标准《变压器、高压电器和套管的接线端子》(GB/T 5273—1985)的要求。

②矩形母线采用螺栓固定搭接时，连接处距支柱绝缘子的支持夹板边缘不应小于 50 mm，上片母线端头与下片母线平弯起始处的距离不应小于 50 mm。

矩形母线采用螺栓固定搭接时，连接处矩支柱绝缘子的支持夹板边缘不应小于 50 mm；上片母线端头与下片母线平弯开始处的距离不应小于 50 mm，如图 7—6 所示。

母线扭转 90°时，其扭转部分的长度应为母线宽度的 2.5～5 倍，如图 7—7 所示。

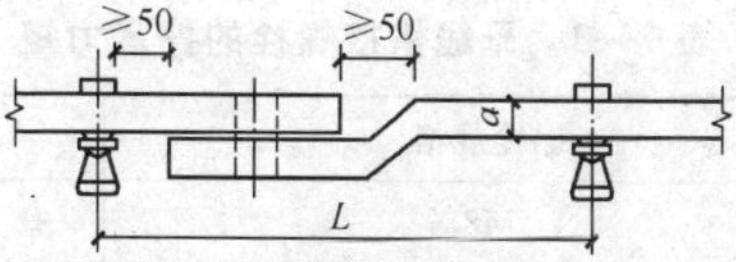

图 7—6　矩形母线搭接（单位：mm）

L—母线两支持点之间的距离

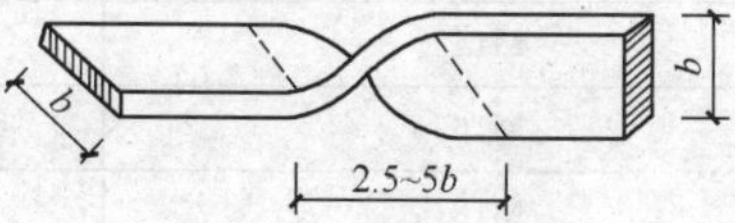

图 7—7　母线扭转 90°

b—母线的宽度

③螺栓规格与母线规格有关，螺栓、平垫圈及弹簧垫必须采用镀锌件，螺栓长度应考虑在螺栓紧固后露出半个螺帽长度，母线接头螺孔的直径宜大于螺栓直径 1 mm；钻孔前，先在连接部位。按规定划好孔位中心线并冲眼，钻孔应垂直，不歪斜，螺孔中心距离的误差应为±0.5 mm。

④母线接触面保持清洁，涂电力复合脂，螺栓孔周边无毛刺，连接螺栓两侧有平垫圈，相邻垫圈间有大于 3 mm 的间隙，螺母侧装有弹簧垫圈或锁紧螺母：螺栓受力均匀，不使电器的接线端子受额外压力。

⑤母线与母线，母线与电器接线端子搭接，搭接面的处理应符合下列规定：

a. 铜与铜：室外、高温且潮湿的室内，搭接面搪锡，干燥的室内，不搪锡。

b. 铝与铝：搭接面不做涂层处理。

c. 钢与钢：搭接面搪锡或镀锌。

d. 铜与铝：在干燥的室内，铜导体搭接面搪锡；在潮湿的场所，铜导体搭接面搪锡，且采用铜铝过渡板与铝导体连接。

e. 钢与铜或铝：钢搭接面搪锡。

⑥母线的接触面应连接紧密，连接螺栓应用力矩扳手紧固，其紧固力矩值见表7—3。

表7—3　母线搭接螺栓的拧紧力矩

序号	螺栓规格	力矩值(N/m)
1	M8	8.8～10.8
2	M10	17.7～22.6
3	M12	31.4～39.2
4	M14	51.0～60.8
5	M16	78.5～98.1
6	M18	98.0～127.4
7	M20	156.9～196.2
8	M24	274.6～343.2

【技能要点6】母线的安装

(1)母线与母线或母线与电器接线端子的螺栓搭接面的安装，应符合下列要求：

①母线接触面加工后必须保持清洁，并涂以电力复合脂。

②母线平置时，贯穿螺栓应由下往上穿，其余情况下，螺母应置于维护侧，螺栓长度宜露出螺母2～3扣。

③贯穿螺栓连接的母线两外侧均应有平垫圈，相邻螺栓垫圈间应有3 mm以上的净距，螺母侧应装有弹簧垫圈或锁紧螺母。

④螺栓受力应均匀，不应使电器的接线端子受到额外应力。

⑤母线的接触面应连接紧密，连接螺栓应用力矩扳手紧固。

(2)母线与螺杆形接线端子连接时，母线的孔径不应大于螺杆形接线端子直径1 mm。螺纹的氧化膜必须刷净，螺母接触面必须平整，螺母与母线间应加铜质搪锡平垫圈，并应有锁紧螺母，但不得加弹簧垫。

(3)母线在支柱绝缘子上固定时应符合下列要求：

①母线固定金具与支柱绝缘子间的固定应平整牢固，不应使其所支持的母线受到额外应力。

②交流母线的固定金具或其他支持金具不应成闭合磁路。

③当母线平置时，母线支持夹板的上部压板应与母线保持1～1.5 mm 的间隙，当母线立置时，上部压板应与母线保持 1.5～2 mm的间隙。

④母线在支柱绝缘子上的固定死点，每一段应设置一个，并宜位于全长或两母线伸缩节中点。

⑤管形母线安装在滑动式支持器上时，支持器的轴座与管母线之间应有 1～2 mm 的间隙。

⑥母线固定装置应无棱角和毛刺。

(4)多片矩形母线间，应保持不小于母线厚度的间隙；相邻的间隔垫边缘间距离应大于 5 mm。

(5)母线伸缩节不得有裂纹、断股和折皱现象；其总截面不应小于母线截面的 1.2 倍。

(6)终端或中间采用拉紧装置的车间低压母线的安装，当设计无规定时，应符合下列规定：

①终端或中间拉紧固定支架宜装有调节螺栓的拉线，拉线的固定点应能承受拉线张力。

②同一挡距内，母线的各相弛度最大偏差应小于 10%。

(7)母线长度超过 300～400 m 而需换位时，换位不应小于一个循环。槽形母线换位段处可用矩形母线连接，换位段内各相母线的弯曲程度应对称一致。

(8)室内裸母线的最小安全净距应符合表 7—4 和图 7—8 所示的要求。

(9)母线支持点的间距，对低压母线不得大于 900 mm，对高压母线不得大于 1 200 mm，低压母线垂直安装且支持点间距无法满足要求时，应加装母线绝缘夹板，母线在支持点的固定，水平安装的母线应采用开口元宝卡子，垂直安装的母线应采用母线夹板。母线只允许在垂直部分的中部夹紧在一对夹板上，同一垂直部分其余的夹板和母线之间应留有 1.5～2 mm 的间隙。

(10)低压母线，过墙、过楼板对采用穿墙隔板，其安装做法如图 7—9 所示。

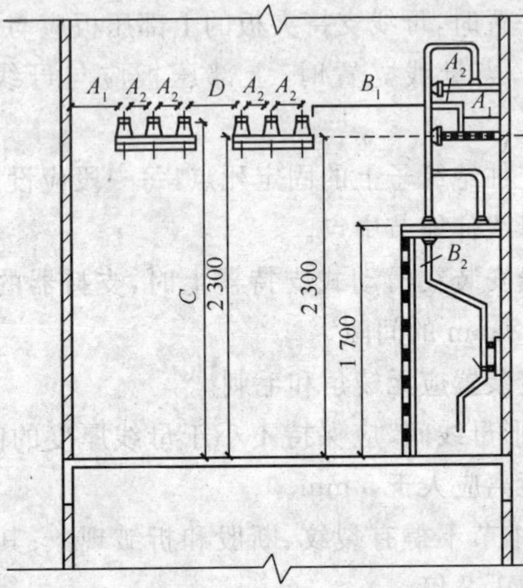

(a)室内A_1、A_2、B_1、B_2、C、D值校验

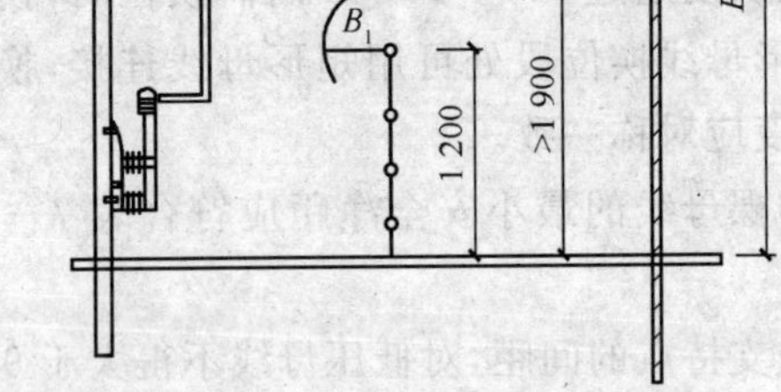

(b)室内B_1、E值校验

图 7—8　室内裸母线最小安全净距

表 7—4　室内裸母线最小安全净距　（单位:mm）

符号	范围	图号	额定电压(kV)			
			0.4	1～3	6	10
A_1	1.带电部分至接地部分之间 2.网状和板状遮拦向上延伸线距地2.3 m处与遮拦上方带电部分之间	图 7—8(a)	20	75	100	125
A_2	1.不同相的带电部分之间 2.断路器和隔离开关的断口无遮拦带电部分之间	图 7—8(a)	20	75	100	125
B_1	1.栅状遮拦至带电部分之间 2.交叉的不同时停电检修的无遮拦带电部分之间	图 7—8(b)	800	825	850	875
B_2	网状遮拦至带电部分之间	图 7—8(a)	100	175	200	225
C	无遮拦裸导体至地(楼)面之间	图 7—8(a)	2 300	2 375	2 400	2 425
D	平行的不同时停电检修的无遮拦裸导体之间	图 7—8(a)	1 875	1 875	1 900	1 925
E	通向室外的出线套管至室外通道的路面	图 7—8(b)	3 650	4 000	4 000	4 000

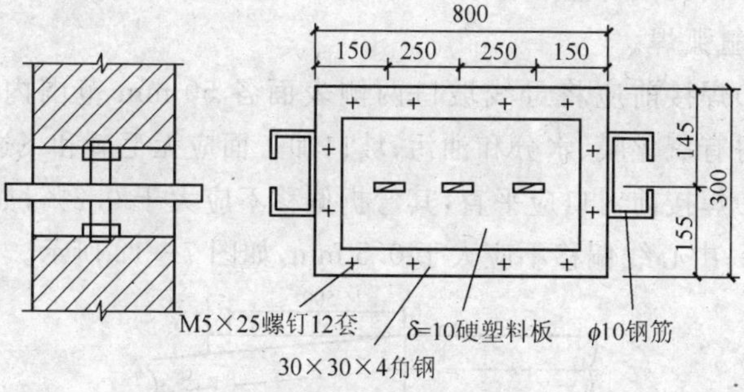

图 7—9　穿墙隔板安装做法（单位:mm）

(11)高压母线过墙过楼板时，采用穿墙套管，其安装做法如图 7—10 所示。

(12)穿墙套管垂直安装时，法兰座向上，水平安装时；法兰座在外，法兰及铁板应可靠接地或接零。

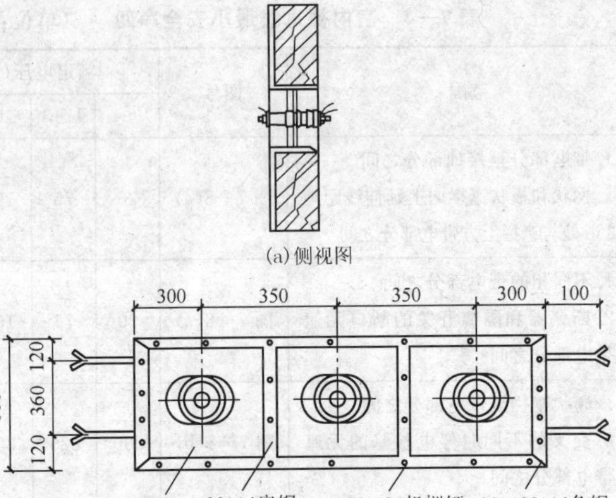

(a)侧视图

(b)正视图

图 7—10　高压穿墙套管及穿墙板示意图（单位:mm）

【技能要点 7】硬母线焊接

(1)母线焊接所用的焊条、焊丝应符合现行国家标准;其表面应无氧化膜、水分和油污等杂物。

(2)铝及铝合金的管形母线、槽形母线、封闭母线及重型母线应采用氩弧焊。

(3)焊接前应将母线坡口两侧表面各 50 mm 范围内清刷干净,不得有氧化膜、水分和油污;坡口加工面应无毛刺和飞边。

(4)焊接前对口应平直,其弯折偏移不应大于 0.2%,如图 7—11 所示;中心线偏移不应大于 0.5 mm,如图 7—12 所示。

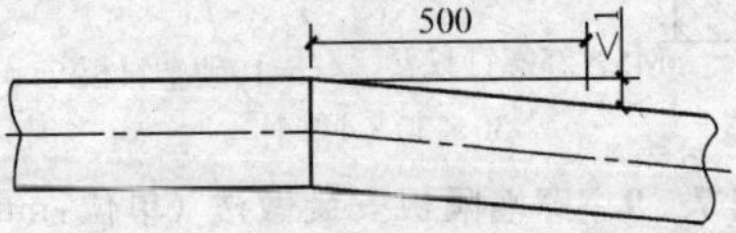

图 7—11　对口允许弯折偏移（单位:mm）

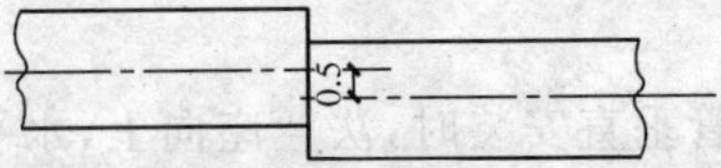

图 7—12　对口中心线允许偏差（单位:mm）

(5)每个焊缝应一次焊完，除瞬间断弧外不得停焊，母线焊完未冷却前，不得移动或受力。

(6)母线对接焊缝的上部应有 2～4 mm 的加强高度；330 kV 及以上电压的硬母线焊缝应呈圆弧形，不应有毛刺、凹凸不平之处；引下线母线采用搭接焊时，焊缝的长度不应小于母线宽度的两倍；角焊缝的加强高度应为 4 mm。

(7)铝及铝合金硬母线对焊时，焊口尺寸应符合表 7—5 的规定；管形母线的补强衬管的纵向轴线应位于焊口中央，衬管与管母线的间隙应小于 0.5 mm，如图 7—13 所示。

表 7—5　对口焊焊口尺寸　　（单位：mm）

母线类别	焊口形式	母线厚度 g	间隙 c	钝边厚度 b	坡口角度 a(°)
矩形母线	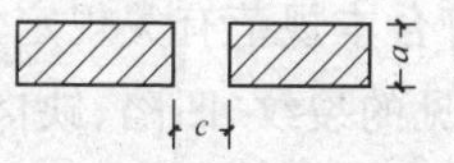	＜5	＜2		
	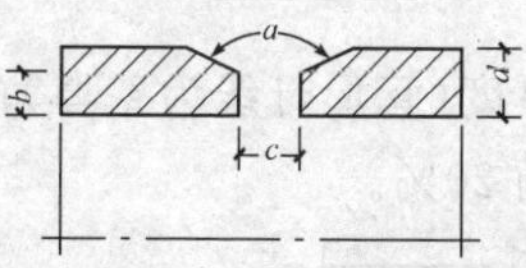	5	1～2	1.5	65～75
		6.3～12.5	2～4	1.5～2	65～75
管形母线	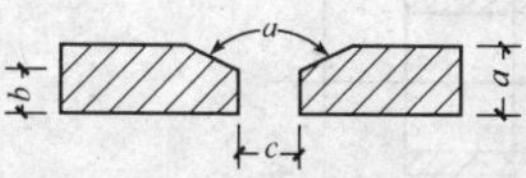	3～6.3	1.5～2	1	60～65
		5.3～10	2～3	1.5	60～75

(8)母线对接焊缝的部位应符合下列规定：

①离支持绝缘子母线夹板边缘不应小于 50 mm。

②母线宜减少对接焊缝。

③同相母线不同片上的对接焊缝，其错开位置不应小于 50 mm。

(9)母线施焊前，焊工必须经过考试合格，并应符合下列要求：

①考试用试样的焊接材料、接头型式、焊接位置、工艺等应与实际施工时相同。

②在其所焊试样中，管形母线取 2 件，其他母线取 1 件，按下列项目进行检验，当其中有一项不合格时，应加倍取样重复试验，如仍不合格时，则认为考试不合格：

a. 表面及断口检验：焊缝表面不应有凹陷、裂纹、未熔合、未焊透等缺陷；

b. 焊缝应采用 X 光无损探伤，其质量检验应按有关标准的规定；

c. 焊缝抗拉强度试验：铝及铝合金母线，其焊接接头的平均最小抗拉强度不得低于原材料的 75%；

d. 直流电阻测定：焊缝直流电阻应不大于同截面、同长度的原金属的电阻值。

(10)母线焊接后的检验标准应符合下列要求：

①焊接接头的对口、焊缝应符合本规范有关规定。

②焊接接头表面应无肉眼可见的裂纹、凹陷、缺肉、未焊透、气孔、夹渣等缺陷。

③咬边深度不得超过母线厚度(管形母线为壁厚)的 10%，且其总长度不得超过焊缝总长度的 20%。

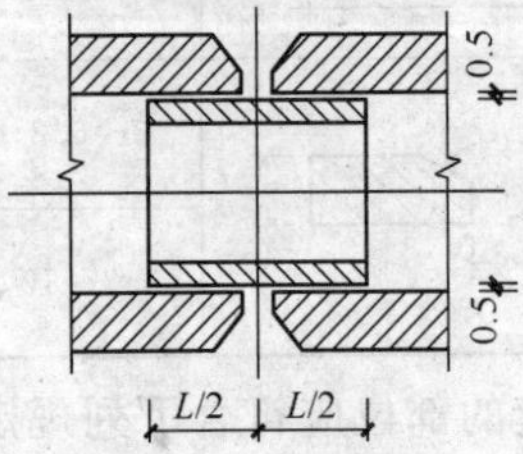

图 7—13　衬管位置图

L—衬管长度

【技能要点 8】母线涂相色漆

母线的相序排列及涂色，当设计无要求时应符合下列规定

(1)上下布置的交流母线，由上至下排列为 A、B、C 相；直流母线正极在上，负极在下。

(2)水平布置的交流母线，由盘后向盘前排列为 A、B、C 相；直流母线正极在后，负极在前。

(3)面对引下线的交流母线。由左至右排列为A、B、C相，直流母线正极在左，负极在右。

(4)母线的涂色。交流，A相为黄色，B相为绿色，C相为红色。直流：正极为赭色，负极为蓝色。在设备接线端，连接处或支持件边缘两侧10 mm以内不涂色。

(5)保护接地线应涂刷黄绿相间的颜色。零线应涂浅蓝色。

【技能要点9】检查送电

(1)母线安装完后，应进行下列检查：

①金属构件加工，配制。螺栓连接。焊接等应符合国家现场标准的有关规定。

②所有螺栓。垫圈、闭口销、弹簧垫圈、锁紧螺母等应齐全，可靠。

③母线配制及安装架应符合设计规定，且连接正确，螺栓紧固，接触可靠；相间及对地电气距离应符合要求。

④瓷件应完整、清洁，铁件和瓷件胶合处均应完整无损，充油套管应无渗油，油位应正常。

⑤油漆应完好，相色正确，接地良好。

(2)母线送电前应进行耐压试验，高压母线交流工频耐压试验必须符合现行国家标准《电气装置安装工程电气设备交接试验标准》(GB 50150－2006)的规定，低压母线相间和相对地间的绝缘电阻值应大于0.5 MΩ，交流工频耐压试验电压为1 kV。当绝缘电阻值大于10 MΩ时。可采用2 500 V兆欧表摇测替代，试验持续时间1 mm，无击穿闪络现象。

(3)母线送电要有专人负责，送电程序应为先高压，后低压，先干线，后支线，先隔离开关后负荷开关，停电时与上述顺序相反。

(4)车间母线送电前应先挂好有电标志牌，并通知有关单位及人员，送电后应有指示灯。

第三节　封闭母线，插接式母线施工

【技能要点 1】设备开箱清点检查

(1)设备开箱清点检查：应由建设单位代表、监理单位代表、供货商及施工单位共同进行并做好记录。

(2)母线分段标志清晰齐全，外观无损伤变形，内部无损伤，母线螺栓固定搭接截面应平整，其镀银无麻点、起皮及未覆盖部分，绝缘电阻符合设计要求。

(3)根据母线排列图和装箱单。检查封闭插接母线、进线箱、插接开关箱及附件，其规格、数量应符合要求。

【技能要点 2】支架制作

(1)根据施工现场的结构类型，支吊架应采用角钢，槽钢或圆钢制作，可采用"——"、"L"、"T"、"凵"等形式，可参照电缆桥架安装和桥架内电缆敷设部分制作。

(2)支架应用切割机下料，加工尺寸最大误差为 5 mm，用台钻，手电钻钻孔，严禁用气割开孔，孔径不得超过螺栓直径 2 mm。

(3)吊杆螺纹应用套丝机或套丝板加工，不得有断丝。

(4)支架及吊架制作完毕，应除去焊渣，支架焊接应牢固、焊缝均匀、无夹渣、气孔、咬肉、结瘤等缺陷；有条件可进行热浸镀锌，无条件可刷防锈漆和面漆。

【技能要点 3】支架安装

(1)支架和吊架安装时必须拉线或吊线锤，以保证成排支架或吊架的横平竖直，并按规定间距设置支架和吊架。

(2)母线的拐弯处及与配电箱，柜连接处必须安装支架，直线段支架间距不应大于 2 m 支架和吊架必须安装牢固。

(3)母线垂直敷设支架，可在楼板上安装槽钢代替支架。将槽钢用膨胀螺栓固定在楼板上或有一端埋入墙内，楼层超过 2.5 m，中间应加设支架。支架埋入墙内用细石混凝土强度等级不少于 C20，砂浆不少于 M10，应保证灰浆饱满，也可配合土建埋铁件将支架焊接在铁件上。

(4)母线水平敷设支架,可采用"凵"型吊架、"—"型或"L"型支架,用膨胀螺栓固定在顶板上或墙上。在预应力楼板上打膨胀螺栓孔时,应避开钢筋位置。

(5)膨胀螺栓固定支架不少于2个,一个吊架应用2根吊杆,固定应牢固,螺纹外露2～4扣,膨胀螺栓应加平垫和弹簧垫,吊架应用双螺母夹紧。

(6)支架焊接应牢固、焊缝均匀,不应有夹渣、结瘤、咬肉等缺陷。

(7)支架及支架与埋件焊接处刷防腐漆应均匀,无漏刷,不污染建筑物。

【技能要点4】封闭、插接母线安装

(1)按照母线排列图,将各节母线,插接开关箱,进线箱运至各安装地点。

(2)安装前应逐节摇测母线的绝缘电阻,电阻值不得小于20 MΩ。

(3)插接母线槽的安装,尚应符合下列要求:

①悬挂式母线槽的吊钩应有调整螺栓,固定点间距离不得大于3 m。

②母线槽的端头应装封闭罩,引出线孔的盖子应完整。

③各段母线槽的外壳的连接应是可拆的,外壳之间应有跨接线,并应接地可靠。

(4)封闭母线的安装尚应符合下列规定:

①支座必须安装牢固,母线应按分段图、相序、编号、方向和标志正确放置,每相外壳的纵向间隙应分配均匀。

②母线与外壳间应同心,其误差不得超过5 mm,段与段连接时,两相邻段母线及外壳应对准,连接后不应使母线及外壳受到机械应力。

③封闭母线不得用裸钢丝绳起吊和绑扎,母线不得任意堆放和在地面上拖拉,外壳上不得进行其他作业,外壳内和绝缘子必须擦拭干净,外壳内不得有遗留物。

④橡胶伸缩套的连接头、穿墙处的连接法兰、外壳与底座之间、外壳各连接部位的螺栓应采用力矩扳手紧固，各接合面应密封良好。

⑤外壳的相间短路板应位置正确，连接良好，相间支撑板应安装牢固，分段绝缘的外壳应做好绝缘措施。

⑥母线焊接应在封闭母线各段全部就位并调整误差合格，绝缘子、盘形绝缘子和电流互感器经试验合格后进行。

⑦呈微正压的封闭母线，在安装完毕后检查其密封性应良好。

(5)母线槽，固定距离不得大于 2.5 m，水平敷设距地高度不应小于 2.2 m。

(6)母线槽的端头应装封闭罩，如图 7—14 所示。各段母线槽的外壳连接应是可拆的，外壳间有跨接地线。两端应可靠接地。

(7)母线与设备连接采用软连接，如图 7—15 所示。母线紧固螺栓应由厂家配套供应，应用力矩扳手紧固。

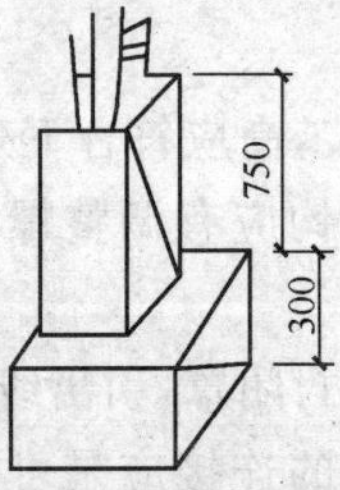

图 7—14　母线槽端头装封闭罩

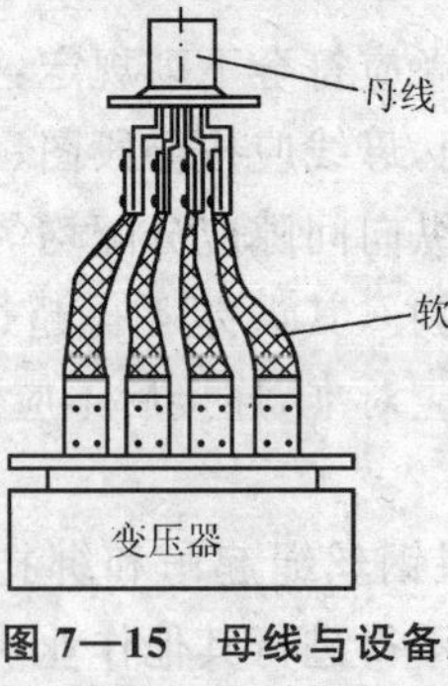

图 7—15　母线与设备连接

(8)按母线排列图，从起始端(或电气竖井入口处)开始向上，向前安装。

(9)曲线母线槽在插接母线组装中要根据其部位进行选择。L 型水平弯头应用于平卧水平安装的转弯，也应用于垂直安装与侧卧水平安装的过度，L 型弯头应用与侧卧安装的转弯，也应用于垂直安装与平卧安装之间的过度，T 型垂直弯头应用与侧卧安装的转弯，也应用与垂直安装与平卧安装之间的过度，Z 型水平弯头应用于母线平卧的转弯，Z 型垂直弯头应用于母线侧卧安装的转弯，变压器母线槽应用于大容量母线槽向小容量母线槽的过度。

(10)母线槽沿墙水平安装如图 7—16 所示。安装高度应符合设计要求，无要求时距地不应小于 2.2 m，母线应可靠固定在支架上。

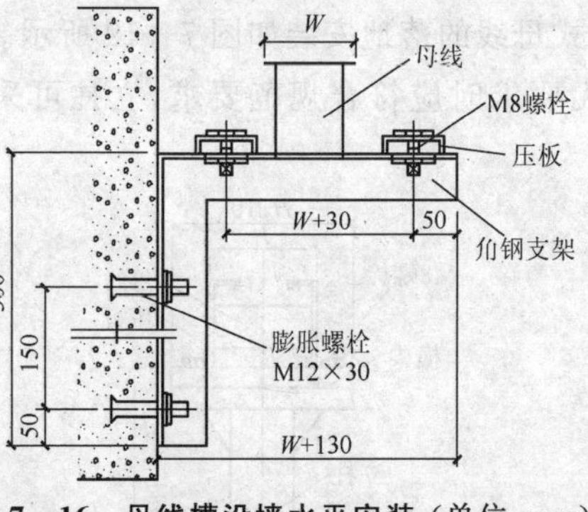

图 7—16　母线槽沿墙水平安装（单位：mm）

(11)母线槽悬挂吊装如图 7—17 和图 7—18 所示。吊杆直径按产品技术文件要求选择，螺母应能调节。

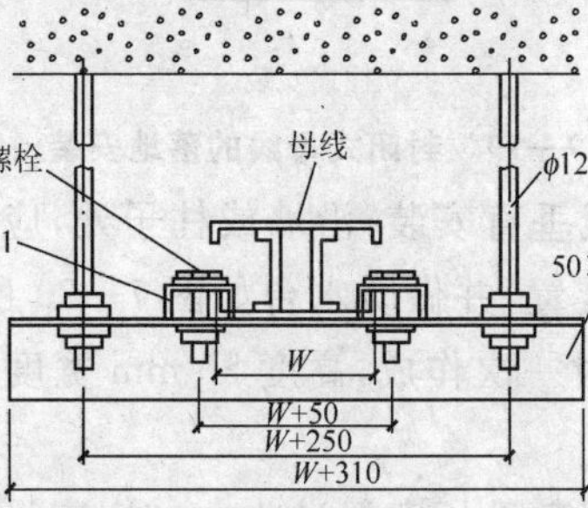

图 7—17　母线槽悬挂吊装（单位：mm）

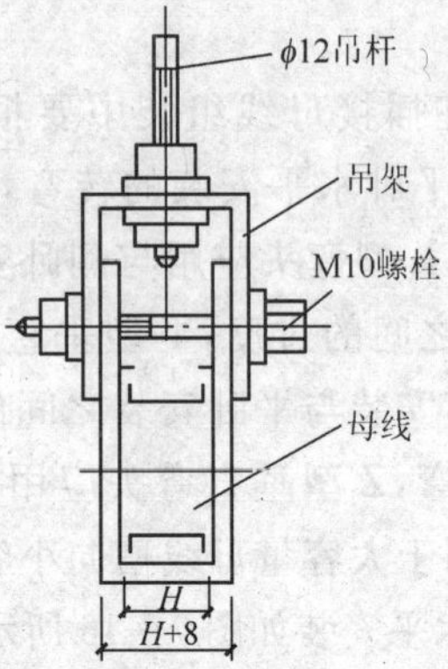

图 7—18　母线槽悬挂吊装（单位：mm）

(12)封闭式母线的落地安装如图 7—19 所示。安装高度按设计要求，设计无要求时应符合规范要求，立拄可采用钢管或型钢制作。

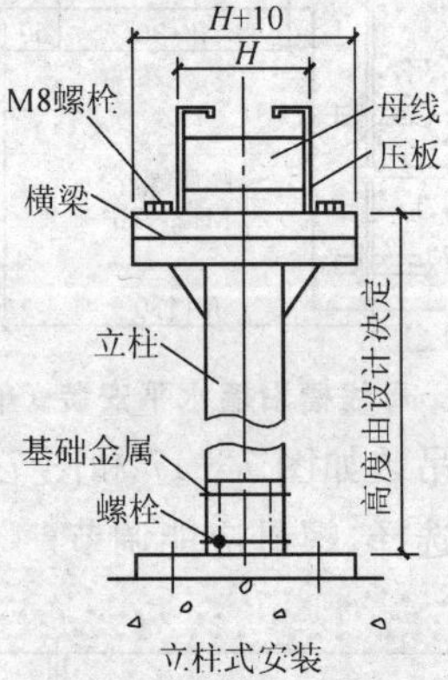

图 7—19　封闭式母线的落地安装

(13)封闭式母线垂直安装，沿墙或柱子处，应做固定支架，过楼板处应加装防震装置，并做防水台如图 7—20 所示。防水台应在土建浇灌混凝土时一次作成，高度 50 mm 宽度 80 mm，混凝土强度不少于 C20。

(14)封闭式母线敷设长度超过 40 m 时，应设置伸缩节，跨越建筑物的伸缩缝或沉降缝处，宜采取适当的措施如图 7—21 所示。

设备定货时,应提出此项要求。

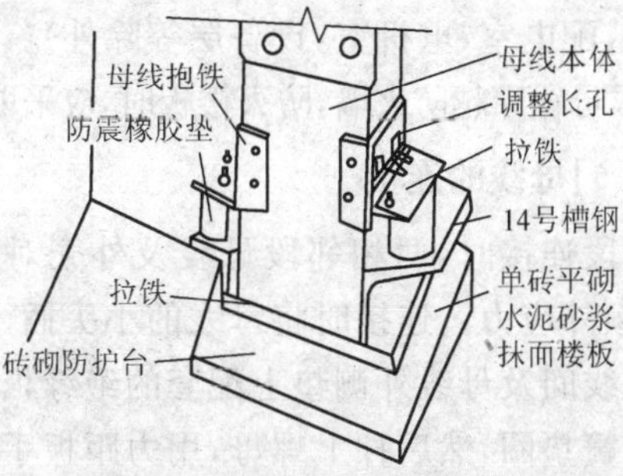

图 7—20　封闭式母线垂直安装

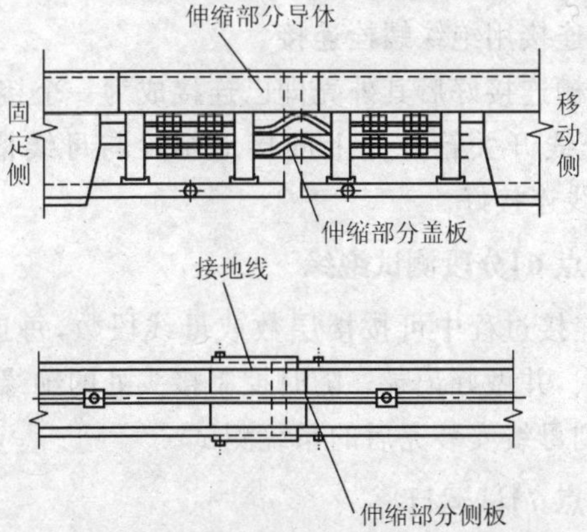

图 7—21　封密式母线敷设超长时的处理措施

(15)封闭式母线插接箱安装应可靠固定,垂直安装时,安装高度应符合设计要求,设计无要求时,插接箱底口宜为 1.4 m,如图 7—22 所示。

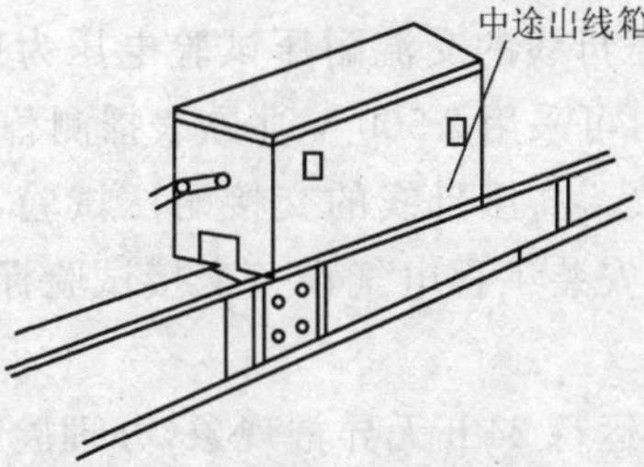

图 7—22　封闭式母线插接箱安装

(16)封闭式母线垂直安装距地 1.8 m 以下应采用保护措施(电气专用竖井,配电室,电机室,设备层等除外)。

(17)封闭式母线穿越防火墙,防火楼板时,应采取防火隔离措施。

【技能要点 5】母线的连接

(1)当段与段连接时,两相邻段母线及外壳对准,连接后不使母线及外壳受额外应力。连接时将母线的小头插入另一节母线的大头中去,在母线间及母线外侧垫上配套的绝缘板,再穿上绝缘螺栓加平垫片,弹簧垫圈,然后拧上螺母,用力距板手紧固,达到规定力矩即可,最后固定好上下盖板。

(2)母线连接用绝缘螺栓连接。

(3)母线槽连接好后其外壳即已连接成为一个接地干线,将进线母线槽,分线开关箱外壳上的接地螺栓与母线槽外壳之间用 16 mm^2 软铜线连接好。

【技能要点 6】分段测试绝缘

母线在连接过程中可按楼层数或母线段数,每连接到一定长度便测试一次,并做好记录。随时控制接头处的绝缘情况,分段测试一直持续到母线安装完后的系统测试。

【技能要点 7】试运行

(1)土建及装饰工程及其他工程全部完工,并清理干净,与插接式母线连接设备及连线安装完毕。

(2)对封闭式母线进行全面的清理,清扫干净,接头连接紧密,相序正确,外壳接地或接零良好,绝缘摇测和交流工频耐压试验合格,才能通电,低压母线的交流耐压试验电压为1 kV,当绝缘电阻值大于 10 MΩ 时,可采用 2 500 V 兆欧表摇测替代,试验持续时间 1 min,无闪络现象。高压母线的交接耐压试验,必须符合现行国家标准《电气装置安装工程电气设备交接试验标准》(GB 50150—2006)的规定。

(3)送电空载运行 24 h 无异常现象,办理验收手续,交建设单位使用,同时提交验收资料。

第八章　施工现场安全用电技术

第一节　触电

【技能要点1】触电的种类

(1)直接触电:指电气设备在安全正常的运行条件下,人体的任何部位触及带电体(包括中性导体)所造成的触电。

(2)间接触电:指电气设备在故障情况下,如绝缘损坏或失效,人体的任何部位接触设备的带电的外露可导电部分和外界可导电部分,所造成的触电。间接接触有跨步电压、接触电压触电。

(3)感应电压电击:是指带电设备由于电磁感应和静电器感应作用,将会在附近的停电设备上感应出一定电位,从而发生电击触电。

(4)雷电电击。雷电是自然界中的一种电荷放电现象,如人体正处于或靠近雷电放电的途径,可能遭受到雷电电击。

(5)残余电荷。电击由于电气设备的电容效应,使之在刚断开电源后,尚保留一定的残余电荷,当人体接触时,就会通过人体而放电,形成电击。

(6)静电电击。由于物体在空气中经摩擦而带有静电荷,静电荷大电积累形成高电位,一旦放电也会对人身造成危害。

【技能要点2】触电的伤害

人体触电后,通过心脏及中枢宰经系统的电流强度越大,触电时间越长,所造成的伤害就越严重。触电的伤害有电击和电伤两种。

电击对人体所引起的伤害,以心脏为最要害部位。由于电流刺激人体心脏,引起心室的纤维颤动、停搏和电流引起呼吸中枢神经麻麻痹，导致呼吸停止而造成死亡。

电流的化学效应会造成电烙印和皮肤炭化；电流热效应则会造成电灼伤；电磁场能量也会由于辐射作用造成头晕、乏力和神经衰弱等不适症状。

【技能要点3】触电急救

1. 脱离电源

(1)触电者触及低压带电设备，救护人员应设法迅速切断电源，如拉开电源开关或刀闸、拔除电源插头等；或使用绝缘工具、干燥的木棒、木板、绳索等不导电的工具解脱触电者；也可抓住触电者干燥而不贴身的衣服，将其拖开，切记要避免碰到金属物体和触电者的裸露身躯，也可戴绝缘手套或将手用干燥衣物等包裹起来绝缘后解脱触电者；救护人员也要部在绝缘垫上或干木板上，绝缘自己进行救护。

为使触电者与导电体解脱，最好用一只手进行。如果电流通过触电者入地，并且触电者紧握电线，可设法用干木板塞到身下，使其与地隔离，也要用干木把斧子或有绝缘柄的钳子等将电线剪断。剪断电线要分相，一根一根地剪断，并尽可能部在绝缘体或干木板上。

(2)触电者触及高压带电设备，救护人员应迅速切断电源或用适合该电压等级的绝缘工具(戴绝缘手套、穿绝缘靴并用绝缘棒)解脱触电者。救护人员在抢救过程中应注意保持自身与周围带电部分必要的安全距离。

(3)触电发生在架空线杆塔上，如系低压带电线路，若可能立即切断线路电源的，应迅速切断电源，或者由救护人员迅速登杆，系好自己的安全皮带后，用带绝缘胶柄的钢丝钳、干燥的不导电物体或绝缘物体将触电者接离电源；如系高压带电线路，又不可迅速切断电源开关的，可采用抛挂足够截面的适当长度的金属短路线方法，使电源开关跳闸。抛挂前，将短路线一端固定在铁塔或接地引下线上，另一端系重物。抛掷短路线时，应注意防止电弧伤人或断线危及人员安全。不论在哪种电压等级的线路上触电，救护人员在使触电者脱离电源时都要防止发生高处坠落的可能，防止再将触及其他有电线路的可能。

(4)如果触电者触及断落在地上的带电高压导线，如尚未确证线路无电，救护人员在未做好安全措施(如穿绝缘靴或临时又脚并紧跳跃地接近触电者)前，不能接近断线接地点附近半径为8～10 m，防上跨步电压伤人。触电者脱离带电导线后亦应迅速带至10 m以外，立即应地进行急救。

2. 脱离电源后的急救方法

(1)触电伤员脱离电源后如神态清醒，应使其就地躺平，严密观察，暂时不要走动或立。如神志昏迷，应就地平躺，且确保气道畅通，并用5 s时间呼叫伤员或轻拍其肩部，以判定伤员是否意识丧失，禁止摇动伤员头部来呼叫伤员。

(2)对于意识丧失的触电伤员应在10 s内，用看、听、试的方法，判定伤员呼吸心跳情况。若既无呼吸又无颈动脉搏动，可判定呼吸心跳停止。若出现呼吸、心跳均停止时应立即按心肺复苏法支持生命的3项基本措施，正确进行就地抢就，并速请医生诊治或送往医院。但救护人员不能消极等待医生，抢救工作始终不能停止，即使在送往医院途中也不能暂停抢救。

3. 抢救触电伤员生命的心肺复苏法

准确地用心肺复苏法进行抢救，是触电急救成功的关键。

(1)通畅气道触电呼吸停止时，重要的是要始终保持气道通畅，可采用仰头抬额的办法，用一只手放在触电者前额，另一只手的手指将其颌骨向上抬起，两手协同将头部推向后仰，舌根随之抬起，气道即可通畅。

通畅气道时要注意：禁止用枕头或其他物品垫放在伤员头下，这样会加重气道阻塞，且使胸外按压时流向脑部的血液减少甚至消失。

(2)口对口人工呼吸在保证伤员气道通畅的同时，救护人员用放在伤员额上的手指捏住伤员鼻子，救护人员深吸气后与伤员口对口紧合，在不漏气的情况下，先连续大口吹气两次，每次1～

1.5 s。如两次吹气后试测颈动脉仍无搏动，可判定心跳已经停止，要立即同时进行胸外按压。正常对口人工呼吸的吹气量不需过大，以免引起胃膨胀。施工速度每分钟 12 次，儿童则为 20 次。吹气和放松时，要注意伤员胸部应有起伏的呼吸动作。吹气时如有较大阻力，可能是头部后仰不够，及应时更正。

(3)胸外按压：

①确定正确的按压位置。将触电者仰卧，用右手的食指和中指沿左侧肋弓下缘向上，找到肋骨和胸骨接合处的中点，然后两手指并齐，将中指按在剑突底部，食指平放在胸骨下部，这时另一只手掌根要紧挨食指上缘，置于胸骨上，即为正确的按压位置。

②掌握正确的按压姿势。救护人员跪或立在伤员的一侧肩旁，救护人员的两肩位于伤员胸骨正上方，两臂伸直，肘关节固定不屈，两手掌根相叠，手指翘起，使得不接触伤员胸壁。然后以髋关节为支点，利用上身自不量力，垂直将触电人(成人)胸骨压陷 3～5 m(儿童和瘦弱者酌减)。当压至要求程度后，应全部放松，注意在放松时救护者的掌根不得离开胸壁，以免再次按压时造成撞击。

③操作频率。胸外按压要以均匀速度施行，一般每分钟 80 次左右，每次按压和放松的时间相等，若胸外按压口对口人工呼吸同时进行。压 5 次后再吹气 1 次。

④触电急救中不可滥用药物。现场急救中，对采用肾上腺素等药物，应持慎重态度，如没有诊断设备条件和足够的把握，不得乱用。在医院内抢救时，由医务人员经医疗仪器设备诊断，根据诊断结果决定是否采用。

【技能要点 4】防止触电的措施

1. 间接接触触电防护措施

(1)用自己动切断供电电源的保护，并辅以总等电位连接。自动切断供电电源的保护是根据低压配电网的运行方式和安全需要，采用适当的自动化元件和连接方法，使得发生故防障时能史在预期时间内自动切断供电电源，防止接触电压的危害。通常采用过电流保护(包括接零保护)、漏电保护、故障电压保护(包括接地保护)、绝缘监视器等保护措施。

为了防止上述保护失灵,辅以总等电位连接,可大幅度降低接地故障时人所遭受的接触电压。

(2)采用双重绝缘或加强绝缘的电气设备。Ⅱ类电工产品具有双重绝缘或加强绝缘的功能,因此采用Ⅱ类低压电器设备可以起到防止间接接触触电的作用,而且不需要采用保护接地的措施。

(3)将有触电危险的场所绝缘,构成不导电环境。这种措施是防止设备工作绝缘损坏时人体同明触及不同电位的两点。电气设备所处使用环境的墙和地板系绝缘体,当发生设备绝缘损坏时可能出现不同电位的两点之间的距离若超过 2 mm,即可满足这种保护条件。

(4)采用不接地的局部等电位连接的保护。对于无法或不需要采取自动切断供电电源防护的装置中的某些部分,要以将所有可能同时触及的外露可导电部分,以及装置处可导电的部分用等电位连接互相连接起来,从而形成一个不接地的局部等电位环境。

(5)采用电气隔离。采用隔离变压器或有同等隔离性能的发电机供电,以实现电气隔离,防止裸露导体故障带电时造成电击。被隔离的回路电压不应超过 500 V,其带电部分不能同其他回路或大地相连,以保持隔离要求。

2. 直接接触触电的防护措施

(1)绝缘防护将带电体进行绝缘,以防止与带电部分有任何接触的可能。被绝缘的设备必须满足该电气设备国家现行的绝缘标准,一般单独用涂漆、漆包等类似绝缘来防止触电是不够的。

(2)屏护防护采用遮栏和外护物防止人员触及带电部分的保护,遮栏和外护物在技术上必须遵照有关规定进行设置。

(3)障碍防护采用阻挡物进行保护。对于设置的障碍必须防止这样两种情况的发生:一是身体无意识地接近带电部分;二是在正常工作中,无意识地触及运行中的带电设备。

(4)保证安全距离的防护为了防止人和其他物体触及或接近

电气设备造成事故，要求带电气体与地面、带电体与其他设施的设备之间、带电体与带电休之间必须保持一定的距离。凡能同时触及不同电位的两部位间的距离，严禁在伸臂范围以内。以计算伸臂范围时，必须将手持较大尺寸的导电物体考虑在内。

(5)采用漏电保护装置是一种后备保护措施，可与其他措施同时使用。在其他保护措施一旦失效或者使用者不小心的情况下，漏电保护装置会自动断供电电源，从而保证工作人员的安全。

3. 间接接触和直接接触兼顾的防护措施

通常采用安全超低压的防护方法，其通用条件是供电电压值的上限不得超过 50 V(有效值)，在使用中应根据用电场所特点，采用相应等级的安全电压。一般条件下，采用了超低电压供电，即可认为为间接接触触电和直接接触触电防护都有了保证。

第二节　电气作业安全措施

【技能要点 1】电气作业安全措施

(1)停电。在检修设备时，必须把各方向可能来电的电源完全断开(任何运行中的星形接线设备的中性点，必须视为带电设备)，且应使各方向至少有一个明显的断开点。

(2)验电工作前，必须用电压等级合适的验电器，对检修设备的进出线两侧各相分别验电。

(3)装设接地线装设接地线是防止突然来电的唯一可靠的安全措施。同时设备断开的总分的剩余电荷，也可因接地而放尽。

(4)悬挂标示牌和装设遮栏在断开的开关和刀闸操作手柄上，均尖悬挂“禁止合闸，有人工作”的标示牌。当检修工作中与其他带电设备的距离小于规定的安全距离时，应加装临时遮拦。35 kV 及以下设备的临时遮拦，如因工作需要，可用经耐压试验合格的绝缘挡板与带电部分直接接触。

【技能要点 2】低压电气作业安全措施

(1)低压电气设备上停电作业的安全措施。对低压电气设备

停电工作,应行到电气部门负责人的同意或持有工作票,并完成下列安全措施:

①将检修设备的各方向电源断开,取下熔断器,在刀闸操作把手上挂“有人工作,禁止合闸”的标示牌,必要时加锁。

②对于工作中容易偶然触及或可能接近的导电部分,应加装临时遮拦或护罩。

③工作前必须验电。

④对于可能送电至检修设备的电源侧或有感应电的设备上,还应装设携带型接地线。

⑤根据现场需求采取其他安全措施。

(2)低压间接带电作业的安全措施。低压间接带电作业,系指人体与带电设备非直接接触,即工作人员手握绝缘工具对带电设备进行的工作。间接带电工作要遵守以下规定:

①低压带电作业人员应经过训练并考试合格,工作中由有经验的电气工作人员监护。使用有绝缘柄的工具,工作时站在干燥的绝缘物上进行,并戴手套和安全帽。必须穿长袖衣工作,禁止使用锉刀、金属尺和带金属物的毛刷、毛掸等工具。

②间接带电作业在天气良好的条件下进行,且作业范围内电气回路的漏电保护器必须投运。

③在低压配电装置上进行工作时,应采取防止相间短路和单相接地短路的隔离措施。

④在紧急情况下,允许用有绝缘柄的钢丝钳断开带电的绝缘照明线。断线时要一根一根地进行,断开点应在导线固定点的负荷侧。

⑤带电断开配电盘或接线箱中的电压表和电能表的电压回路时,必须采取防止短路或接地的措施;严禁在电流互感的二次回路进行带电工作。

(3)低压线路带电作业的安全措施。除了做好上述间接带电作业的有关安全措施外,还要遵守以下规定。

①上杆前,应先分清相、零线。断开导线时,先断相线,后断零

线，搭接时顺序相反。

②工作前，应检查与同杆架设的高压线的安全距离，采取防止误碰带电高压设备的措施。

③在低压带电导线未采取绝缘措施时，工作人员不得穿越。还要注意，切不可使人体同时接触两根导线。

(4)电气测量作业的安全措施如下：

①电气测量工作应在无雷雨和干燥的天气下进行。测量一般由两人进行，即一人操作，一人监护。

②测量时应戴白砂手套或绝缘手套。

③摇测低压设备绝缘电阻时，应使用 500 V 绝缘摇表。

④电压测量工作应在小容量开关或熔丝的负荷侧进行，不允许直接在母线上测量。测量配电变压器低压侧的线路负荷时，可使用钳形电流表，使用时应防止短路或接地。

(5)移动式电器具的安全使用注意事项如下：

①电钻、振动器、手提砂轮或其他手提式电动工具，为了确保使用安全，除了外壳接地，加强检查外，在使用中还要戴好橡胶绝缘手套，两脚部在绝缘垫上或穿绝缘鞋工作，以确保安全。

手提式电钻使用前应检查引线、插头是否完整无损，通电后，可用试电笔检查一下是否漏电。调换钻头时，必须将插头拔掉。工作时如有麻手现象，就立即切断电源，进行绝缘检查。

②电风扇每年使用前，应经过全面的检验，其中包括绝缘电阻测试(应不小于 2 MΩ)，风扇开关、引线、插头、金属外壳接地等是否完好、正确。

③行灯电压应为 36 V，但在特别危险场所(如锅炉、蒸发器及金属窗口等内部进行工作时)，使用的行灯电压不允许超过12 V。其电源变压器通常采用安全隔离变压器，禁止用自耦变压器代替行灯变压器。

使用行灯时，行灯变压器不准放在锅炉、加热器、水箱等金属容器内和特别潮湿的地方。行灯变压器至少每月进行一次全面检查。

④对于移动电器具,各单位应建立专人保管、定期检查和使用发放制度。

(6)低压临时用电的安全措施。临时用电一般为基建工地,农田水利以及市正建设等用电。工矿企业及事业单位,有时也有短暂的临时用电,但必须得到有关领导及安全部门同意后才可装设。

①临时用电时间一般不超过6个月,且不得向外转供电。

②临时线路安装要符合安全要求,并指定专人负责,使用中要定期检查,用毕即行拆除,严禁私拉乱接。

③在电源和用电均应装设开关箱,开关箱内必须装设漏电保护器,对每台用电设备要做到“一机一闸一器”。

④电气设备的金属外壳需采用保护接地或保护接零。

【技能要点3】自发电和双电源用户使用的安全措施

(1)防止倒送电的组织措施

①自发电、双电源用户事先必须向供电部门提出申请,并经批准后方可使用。

②供电企业和用户签订自发电协议、双电源使用协议,明确供电范围、安全技术措施以及防倒送电的负责人。

(2)防止倒送电的技术措施

双电源和自发用户应根据其容量和用电负荷性质的不同,分别采用加装双投刀闸、电气连锁装置等措施。自发电用户的接地装置不得与网供接地装置相连。

(3)自备发电机组并网运行的用户,须与供电部门签订并网运行协议,加装准同期装置。对用断路器并网的自发电机组,液压在断路器控制问路中加装同期检查继电器触点、防止非同期并列。

第三节 电气防火与防爆

【技能要点1】电气火灾与爆炸的原因

电气火灾与爆炸的原因主要有两个方面:

(1)易燃易爆的环境,也就是存在易燃易爆物及助燃物质。

(2)正常运行、设备老化及故障情况下产生的电弧、火花及高温。

【技能要点2】电气火灾与防爆的措施

(1)防止产生火源及高温的措施有:

①正确选择设备,正确连接;

②加强绝缘监察,保持合格的电气绝缘强度;

③注意充油设备的巡回检查、防渗、防漏;

④进行合理的保护整定;

⑤保持设备清洁;

⑥采用防误操作闭锁装置;

⑦严格按周期检修设备。

(2)保持必要的防火距离。

(3)采用耐火设施。

【技能要点3】电气火灾的扑救方法

1. 切断电源灭火

发生电气火灾后应尽可能先切断电源再扑救,防止人身触电。切断电源应按规定的操作程序进行,防止带负荷接隔离开关,采用工具切断电源时应使用绝缘工具,戴绝缘手套,穿绝缘靴。夜间扑救还应注意照明。

2. 带电灭火

发生电气火灾,有时情况危急,等断电再扑救就会扩大危险性,这时为了争取时间控制火势,就需带电灭火。带电灭火的注意事项如下:

(1)带电灭火必须使用不导电灭火剂,如二氧化碳、1211、干粉灭火器、四氯化碳等。

(2)扑救时应戴绝缘手套,与带部分保持足够的安全距离。

(3)当高压电气设备或线路发生接地时,室内扑救人员距离接地点不得小于4 m,室外不得小于8 m,进入目述范围应穿绝缘靴,戴绝缘手套。

(4)扑救架空丝路跨火灾时，人体与带电导体仰角不大于45°。

3. 充油设备的灭火

充油设备发生火灾时首先要切断电源，再用干燥黄沙盖住火焰。在火势严重的情况下，可进行放油，在储油池内用灭火剂灭火。禁止用水灭燃油火头。

4. 旋转电机的灭火

扑救旋转电机的火灾时，应防止轴承变形，可使用喷雾水流均匀冷却，不得用大水流直接冲射，另外可用二氧化碳、1211、干粉灭火器扑救。严重用黄沙扑救，防止进入设备内部损坏机芯。

第四节　电工安全操作

【技能要点1】暂设电工安全操作要求

(1)电工作业必须经专业安全技术培训，考试合格，持《特种作业操作证》方准上岗独立操作。非电工严禁进行电气作业。

(2)电工接受施工现场暂设电气安装任务后，必须认真领会落实临时用电安全施工组织设计(施工方案)和安全技术措施交底的内容，施工用电线路架设必须按施工图规定进行，凡临时用电使用超过6个月(含6个月)以上的，应按正式线路架设。改变安全施工组织设计规定，必须经原审批单位领导同意签字，未经同意不得改变。

(3)电工作业时，必须穿绝缘靴，戴绝缘手套，酒后不准操作。

(4)所有绝缘、检测工具应妥善保管，严禁他用，并应定期检查、校验。保证正确可靠接地或接零。所有接地或接零处，必须保证可靠电气连接。保护线PE必须采用绿/黄双色线，严格与相线、工作零线相区别，不得混用。

(5)电气设备的设置、安装、防护、维修必须符合《施工现场临时用电安全技术规范》(JGJ46—2005)的要求。

(6)在施工现场专用的中性点直接接地的电力系统中，必须采用TN－S接零保护。

(7)电气设备不带电的金属外壳、框架、部件、管道、金属操作台和移动式碘钨灯的金属柱等，均应做保护接零。

(8)定期和不定期对临时用电工程的接地、设备绝缘和漏电保护开关进行检测、维修，发现隐患及时消除，并建立检测维修记录。

(9)施工现场运电杆时，应由专人指挥。小动搬运，必须绑扎牢固，防止滚动。人抬时，前后要响应，协调一致，电杆不得离地过高，防止一侧受扭伤。

(10)人工立电杆时，应由专人指彀。立杆前检查工具是否牢固可靠(如叉木无伤痕，链子合适，溜绳、横绳、逮子绳、钢丝绳无伤痕)。地锚钎子要牢固可靠，溜绳各方向吃力应均匀。操作时，互相配合，听从指挥，用力均衡；机械立杆，吊车臂下不准站人，上空(吊起重臂杆回转半径内)所有带电线路必须停电。

(11)电杆就位移动时，坑内不得有人。电杆立直后，必须先架好叉木，才能撤去吊钩。电杆坑填土夯实后才允许撤掉叉木、溜绳或横绳。

(12)登杆作业应符合以下要求：

①登杆组装横掉时，活板子开口要合适，不得用力过猛。

②登杆脚扣规格应与杆径相适应。使用脚踏板，钩子应向上。使用的机具、护具应完好无损。操作时系统好安全带，并拴在安全可靠处，扣环扣牢，严禁将安全带拴在瓷瓶或横担上。

③杆上作业时，禁止上下投掷料具。料具应放在工具袋内，上下传递料具的小绳应牢固可靠。递完料具后，要离开电杆 3 m 以外。

④杆上紧线应侧向操作，并将夹紧螺栓拧紧，紧有角度的导线时，操作人员应在外侧作业。紧线时装设的临时脚踏支架应牢固。如用大竹梯，必须用绳将梯子与电杆绑扎牢固。调整拉线时，杆上不得有人。

⑤紧绳用的铅(铁)丝或钢丝绳，应能承受全部接力，与电线连接必须牢固。紧线时导线下方不得有人。终端紧线时反方向应设置临时接线。

⑥遇大雨、大雪及六级以上强风天，停止登杆作业。

（13）架空线路和电缆线路敷设、使用、维护必须符合《施工现场临时用电安全技术规范》的要求。

（14）建筑工程竣工后，临时用电工程拆除，应按顺序先断电源，后拆除。不得留有隐患。

【技能要点2】安装电工安全操作要求

1. 设备安装

（1）安装高压油开关、自动空气开关等返回弹簧的开关设备时，应将开关置于断开位置。

（2）搬运配电柜时，应有专人指挥，步调一致。多台配电盘（箱）并列安装时，指不得放在两盘（箱）的接合部位，不得触摸连接螺孔及螺丝。

（3）露天使用的电气设备，应有良好的防雨性能或有可靠的防雨设施。配电箱必须牢固、完整、严密。使用中的配电箱内禁止放置杂物。

（4）剔槽、打洞时，必须戴防护眼镜，锤子柄不得松动。錾子不得卷边、裂纹。打过墙、楼板透眼时，墙体后面，楼板下面不得有人靠近。

2. 内线安装

（1）安装照明线路时，不得直接在板条顶棚或隔声板上行走或堆放材料；因作业需要行走时，必须在大楞止铺设脚手板；顶棚内照明应采用36 V低压电源。

（2）在脚手架上作业，脚手板必须满铺，不得有空隙和探头板。使用的料具，应放入工具袋随身携带，不得投掷。

（3）在平台、楼板上用力弯管器煨弯时，应背向楼心，操作时面部避开。大管径管子灌砂煨管时，必须将沙子用火烘干后灌入。用机械敲打时，下面不得站人，人工敲打上下要错开，管口加热时，管口前不得有人停留。

（4）管子穿线时，不得对管子呼唤、吹气，防止带线弹出。两人穿线，应配合协设，一呼一应。高处穿线，不得用力过猛。

(5)钢索吊管敷设,在断钢索及卡固时,应预防钢索头扎伤。绷紧钢索应用力适度,防止花篮螺栓折断。

(6)使用套管机、电砂轮、台钻、手电钻时,应保证绝缘良好,并有可靠的接零接地。漏电保护装置灵敏有效。

3. 外线安装

(1)作业前应检查工具(铣、镐、锤钎等)牢固可靠。挖坑时应根据土质和深度,按规定放坡。

(2)杆坑在交通要道或人员经常通过的地方,挖好后的坑应及时覆盖,夜间设红灯示警。底盘运输及下坑时,应防止碰手、砸脚。

(3)现场运杆、立杆、电杆就位和登杆作业均应按"本节二、暂设电工"中要求进行安全操作。

(4)架线时在线路的每 2～3 km 处,应设一次临时接地线,送电前必须拆除。大雨、大雪及六级以上强风天,停止登杆作业。

4. 电缆安装

(1)架设电缆轴的地面必须增实。支架必须采用有底平面的专用支架,不得用行斤顶等代替。敷设电缆必须按安全技术措施交底内容执行,并设专人指挥。

(2)人力接引电缆时,力量要均匀,速度应平稳,不得猛拉猛跑。看轴人员不得站在电缆轴前方。敷设电缆时,处于拐角的人员,必须站在电缆弯曲半径的外侧。过管处的人员必须做到:关电缆时手不可离管口太近;留电缆时,眼及身体严禁直对管口。

(3)竖直敷设电缆,必须有预防电缆失控下溜的安全措施。电缆放完后,应立即固定、卡牢。

(4)人工滚运电缆时,推轴人员不得站在电缆前方,两侧人员所站位置不得超过缆轴中心。电缆上、下坡时,应采用电缆轴中心孔穿铁管,在铁管上拴绳接放的方法,平稳、缓慢进行。电缆停顿时,将绳接紧,及时"打掩"制动。人力滚动电缆路面坡度不宜超过15°。

(5)汽车运输电缆时,电缆应心量放在车头前方(跟车人员必须站在电缆后面)，并用钢丝绳固定。

(6)在已送电运行的变电室沟内进行电缆敷设时，电缆所进入的开关柜必须停电，并应采用绝缘隔板等措施。在开关柜旁操作时，安全距离不得小于 1 m(10 kV 以下开关柜)。电缆敷设完如剩余较长，必须捆扎固定或采取措施，严禁电缆与带电体接触。

(7)挖电缆沟时，应根据土质和沉度情况按规定放坡。在交通道路附近或较繁华地区施工电缆沟时，应设置栏杆和标志牌，夜间设线色标志灯。

(8)在隧道内敷设电缆时，临时照明的电压不得大于 36 V。施工前应将地面进行清理，积水排净。

5. 电气调试

(1)进行耐压试验装置的金属外壳，必须接地，被调试设备或电缆两端如不在同一地点，另一端尖有专人看守或加锁，并悬挂警示牌。待仪表、接地检查无误，人员撤离后方可升压。

(2)电气设备或材为作非冲击性试验，升压或降压，均应缓慢进行。因故暂停或试验结束，应先切断电源，安全放电，并将升压设备高压侧短接地。

(3)电力传动装置系统及高低压各型开关调试时，应将有关的开关手柄取下或锁上，悬挂标志牌，严禁合闸。

(4)用摇表测定绝缘电阻，严禁有人触及正在测定中的线路或设备，测定容性或感性设备材料后，必须放电，遇到电天气，停止摇测线路绝缘。

(5)电流互感器禁止开路，电压互感器禁止知路和以升压方式进行。电气材料或设备需放电时，应穿戴绝缘防护用品、用绝缘棒安全放电。

6. 施工现场变配电及维修

(1)现场变配电高压设备，不论带电与否，单人值班严禁跨越遮栏和从事修理工作。

(2)高压带电区域内部分停电工作时，人体与带电部分必须保持安全距离，并应有人监护。

(3)在变配电室内，外高压部分及线路工作时，应按顺序进行。停电、验电悬挂地线，操作用柄应上锁或挂标示牌。

(4)验电时必须戴绝缘手套，按电压等级使用验电器。在设备两侧各相或线路各相分别验电。验明设备或线路确定无电后，即将检修设备或线路做短路接地。

(5)装设接地线，应由两人进行。先接接地端，后接导体端，拆除时顺序相反。拆接时均应穿戴绝缘防护用品。设备或线路检修完毕，必须全面检查无误后，方可拆除接地线。

(6)接地线应使用截面不小于25 mm^2 的多股软裸铜线和专用线夹。严禁使用缠绕的方法进行接地和短路。

(7)用绝缘棒或传统机构拉、合高压开关，应戴绝缘手套。雨天室外操作时，除穿戴绝缘防护用品外，绝缘棒应有防雨罩，应专人监护。严禁带负荷接、合开关。

(8)电气设备的金属外壳必须接地或接零。同一设备可做接地和接零。同一供电系统不允许一部分设备采用接零，另一部分采用接地保护。

(9)电气设备所用的保险丝(片)的额定电流应与其负荷量相适应。严禁用其他金属线代替保险丝(片)。

参考文献

[1] 辽宁省建设厅．暖、卫、燃气、通风空调建筑设备分项工艺标准[S]. 第 2 版．北京：中国建筑工业出版社，2001.

[2] 唐定曾，崔顺芝，唐海．现代建筑电气安装[M]. 北京：中国电力出版社，2001.

[3] 史湛华．建筑电气施工百问[M]. 北京：中国建筑工业出版社，2006.

[4] 中华人民共和国住房和城乡建设部．GB 50300—2001 建筑工程施工质量验收统一标准[S]. 北京：中国建筑工业出版社，2001.

[5] 工程建设标准强制性条文(房屋建筑部分)[M]. 北京：中国建筑工业出版社，2002.

[6] 姜敏．电工操作技巧[M]. 北京：中国建筑工业出版社，2003.

[7] 郎禄平．建筑电气设备安装调试技术[M]. 北京：中国建材工业出版社，2003.